高等职业技术教育"十二五"规划教材

U0296930

移动通信设备与实训

主 编 梁卫华

副主编 陈 畅 彭小春 邹绍华

郑 和 田绍川

主 审 何开国

西南交通大学出版社

·成 都·

内容简介

本书主要包括 9 章、6 个实训项目。首先简单介绍了移动通信系统的组成、特点等基本技术。然后以中兴 GSM、TD-SCDMA 设备为例重点介绍了系统硬件结构、单板配置、基本原理及仿真实训，重点讲解了移动通信基站的安装与维护。最后介绍了 LTE 的关键技术和传输技术。

本书可作为高等职业院校通信相关专业教材，也可作为通信专业相关方向的培训教材，还可供从事通信行业的工程技术人员自学阅读。

图书在版编目（ＣＩＰ）数据

移动通信设备与实训 / 梁卫华主编. —成都：西南交通大学出版社，2014.2（2020.8 重印）

高等职业技术教育"十二五"规划教材

ISBN 978-7-5643-2916-7

Ⅰ.①移... Ⅱ.①梁... Ⅲ.①移动通信 – 通信设备 – 高等职业教育 – 教材　Ⅳ.①TN929.5

中国版本图书馆 CIP 数据核字（2014）第 027338 号

高等职业技术教育"十二五"规划教材

移动通信设备与实训

主编　梁卫华

*

责任编辑　黄淑文

助理编辑　宋彦博

特邀编辑　黄庆斌

封面设计　黑创文化

西南交通大学出版社出版发行

四川省成都市二环路北一段 111 号西南交通大学创新大厦 21 楼

邮政编码：610031　发行部电话：028-87600564

http: //press.swjtu.edu.cn

四川森林印务有限责任公司印刷

*

成品尺寸：185 mm×260 mm　印张：15

字数：373 千字

2014 年 2 月第 1 版　2020 年 8 月第 3 次印刷

ISBN 978-7-5643-2916-7

定价：38.00 元

前 言

随着移动通信的飞速发展，第三代移动通信系统得到了广泛应用和普及，第四代移动通信系统的电信业务日新月异，对网络宽带化、网络融合提出了更高要求。

本书本着教育部《关于全面提高高等职业教育教学质量的若干意见》的精神并按照教育部《关于"十二五"职业教育教材建设的若干意见》的要求，全面落实了教育规划纲要，以服务为宗旨，以就业为导向，遵循技能型人才成长规律，能适应经济发展方式、产业发展水平、岗位对技能型人才的要求；坚持行业指导、企业参与、校企合作的教材开发机制，特别邀请了重庆移动无线中心基站部陈畅主任参与教材的开发和编写，由中国通信产业服务公司重庆移动通信服务分公司何开国总经理担任主审。本教材切实反映了职业岗位能力要求，对接企业用人需求。

全书共分为 9 章，三大模块，具体为：基本技术模块（第 1～3、9 章）；设备及应用模块（第 4～5 章）；安装与维护模块（第 6～8 章）。根据理论和实训相结合的方式，在介绍了移动通信技术基本概念以及移动通信设备系统的基础上，以中兴公司的 ZXG10 B8018 和 TD NodeB B328 设备为例，详细介绍了设备的系统结构、特点、系统功能、系统配置、安装与维护。

本书由梁卫华担任主编，负责全书的统稿工作。由陈畅、彭小春、邹绍华、郑和、田绍川担任副主编。由中国通信产业服务公司重庆移动通信服务分公司何开国总经理担任主审，并为本书的编写提出了很多指导性意见。

本书在编写过程中参考了众多专家学者的研究成果，在此，向所有作者表示深深的谢意。

由于编者水平有限，加之时间仓促，书中难免存在不妥之处，诚望读者批评指正。

编 者

2013 年 4 月于重庆

目　录

第 1 章　移动通信概述

随着社会的发展，人们对通信需求日益迫切，对通信要求也越来越高。理想的通信目标是任何人能在任何时候、任何地方与任何人都能及时沟通联系、交流信息。显然，没有移动通信，这种愿望是无法实现的。

所谓移动通信是指通信双方或一方在移动中（或者临时停留在某一非预定位置上）进行信息的传递和交换。它包括移动体（车辆、船舶、飞机或行人）和移动体之间的通信，移动体和固定点（固定无线电台或有线用户）之间的通信。通信信息除了话音外，还可以是数据、传真、图像等。

由于移动通信不受时间和空间的限制，其信息传递机动灵活、迅速可靠，因此它是一种在人们生活和工作中经常使用且十分方便的通信方式。同时，移动通信也是军事通信的重要手段之一，广泛应用于军队平时与战时的陆上、地空、岸舰、空空、舰舰之间，用以保障指挥所、单兵以及各种武器平台的通信。

1.1　移动通信的发展

1897 年意大利人 G·马克尼在岸舰之间进行的海上无线电通信试验，是最早的移动通信实践。进入 20 世纪后，移动通信进入快速发展轨道。1934 年，美国开发的短波频段车载无线电系统用于底特律警务移动通信，是最早的专用移动通信系统。该系统工作频率为 2 MHz，到 40 年代提高到 30～40 MHz。1946 年，贝尔在美国圣路易斯城开通了第一个公用汽车电话网，实现了以基地台为中心，覆盖 70～80 km、能与市话网相连的大区制移动通信。20 世纪 60 年代中期到 70 年代中期，是移动通信系统的改进与完善阶段，其代表为美国推出的改进型移动电话系统（IMTS）。其特点为采用大区制、中小容量，使用 450 MHz 频段，实现了自动选频与自动接续。1976 年，美国在太平洋、大西洋、印度洋上空发射 3 颗海事通信卫星，实现了部分地区的海上和航空救险移动通信。

移动通信的类型和工作方式很多，应用范围很广，这里所要讨论的是公用陆地蜂窝移动通信系统（PLMN），在其发展历程中主要经历了三代，并将继续朝第四代的目标发展。20 世纪 70 年代末，采用小区制和频率复用等模拟技术体制的蜂窝网、无线寻呼、无绳电话和集群等移动通信系统，一般称为第一代移动通信（1G）。20 世纪 80 年代末，相继开发出高速无线寻呼、数字无绳电话、数字集群和数字蜂窝等移动通信系统，使蜂窝网由频分多址走向时分多址和码分多址，开拓了移动通信的新领域。在同样的频谱条件下，数字式蜂窝网的容量比模拟式蜂窝网扩大 10 倍左右。典型的数字式蜂窝有欧洲的 GSM 数字蜂窝系统、美国的 IS-95CDMA、D-AMPS 数字蜂窝系统等，一般称为第二代移动通信系统（2G）。20 世纪 90 年代中期，世界各国开始积极研发第三代移动通信。1996 年，国际电信联盟确定以 IMT-2000 为第三代移动通信系统工程的基本标准，后向各国征集具体技术标准时，全球共有 10 个组织提交了候选方案，其中比较典型的是欧洲提出的 WCDMA 标准方案、美国提出的 CDMA-2000 标准方案和中国提出的 TD-SCDMA 标准方案。1998 年 11 月，美国推出由 66 颗卫星组成的移动通信"铱"系统投入运营，实现了全球卫星移动通信。

1. 第一代移动通信系统

20 世纪 70 年代末、80 年代初，第一代蜂窝移动通信系统（1G）发展起来并大规模投入商用。第一代移动通信最重要的技术特征是传输模拟的话音信息，采用了频分多址（FDMA）和模拟调制（FM）方式，第一次在全双工公用移动电话中实现了蜂窝小区的网络结构（同频复用、小区切换等），提高了频率资源的利用率，达成了具有一定漫游功能的移动通信系统。具有代表性的系统美国的 AMPS、英国的 TACS、北欧的 NMT 等。

1G 系统的主要缺点是频谱利用率较低，系统容量有限，抗干扰能力差，通信业务质量比有线电话差。但由于当时移动通信的国际标准化落后于应用，因而有多个互不兼容的系统标准，因此跨国漫游无法实现。而且由于 1G 系统只能完成模拟话音通信，不能发送数字信息，不能与综合业务数字网（ISDN）兼容，因此已逐步被各国淘汰。

2. 第二代移动通信系统

第二代移动通信系统（2G）出现在 20 世纪 80 年代末 90 年代初，采用了当时条件下最新的数字通信技术，这些主要技术特征包括：

（1）信息内容全部数字化。采用了话音编码、数字调制、自适应均衡等技术，实现了从信号采集到传输的全过程数字通信。

（2）采用了更好的多址方式。时分多址（TDMA）和码分多址（CDMA）；双工方式仍为频分双工（FDD）。

（3）能传送其他数据业务信息，并可与综合业务数字网（ISDN）兼容。

2G 系统包含了 TDMA 和 CDMA 两种体制。应用最广泛的 TDMA 系统主要有三种：欧洲的泛欧移动通信系统 GSM、美国的数-模兼容系统 D-AMPS 以及日本的 PDC 系统。CDMA 体制只有一种，即美国的 IS-95CDMA 系统。

2G 系统除了传统的语音通信外，还可以传送低速率的数据业务，如传真和分组数据业务等，因此其应用功能得到了极大扩展。其主要缺点是系统工作频带有限，限制了高速数据业务的发展，还无法实现移动多媒体业务。并且由于各国标准仍不统一，也无法实现各种体制之间的全球漫游。

3. 第三代移动通信系统

1985 年国际电信联盟（ITU）提出了三代移动通信的概念，在当时被称为未来公众陆地移动通信系统，简称 3G。1996 年正式定名为 IMT-2000（国际移动通信-2000），包含三层含义：系统工作在 2 000 MHz 频段，最高业务数据速率可达 2 000 kbit/s，预期在 2000 年左右得到商用。

由于第二代移动通信系统的巨大成功，导致用户数量的高速增长与有限的系统容量和单一的业务功能之间的矛盾渐趋明显，因此对第三代移动通信系统的需求也更加迫切。在 3G 商业化到来之前，各运营商也提出了过渡性的 2.5G 移动通信系统解决方案。例如：在 GSM 系统基础上实现的通用分组无线数据业务（GPRS）和 GSM 增强型数据业务（EDGE）；CDMA 运营商也开发了 2.5G 系统，被称为 CDMA-1X。从 1997 年开始，3G 系统的标准制定工作逐渐进入实质阶段，到 2001 年，3G 的系统标准和框架结构已基本确定。

3G 系统的局限性主要在于：IMT-2000 标准中最关键的无线传输技术（RTT）以及核心网制式并未统一，因此很难达到原 IMT-2000 系统的全球通用、自动漫游的要求。此外，3G 系统带宽对宽带多媒体业务的传输而言仍不够宽，不足以适应宽带互联网飞速发展的要求。因此，世界各国又继续开始了新的第四代、第五代移动通信系统的框架、标准及关键技术的研究。

4. 我国移动通信的发展

我国的公用移动通信发展始于 1987 年，在上海首次开通了 900 MHz 模拟蜂窝移动电话系统，属 TACS 制式。同年 11 月广东省珠江三角洲地区也建成并开通了该制式的移动电话网，而后全国各大城市都陆续建立了 TACS 制式的第一代模拟蜂窝移动电话系统。在运行十多年后，到 2001 年底，我国的 1G 模拟蜂窝网已经全部停止了运营。

1994 年 10 月，邮电部公布了我国数字蜂窝移动电话的标准（暂行）为 GSM 制式。同年广东首先建成 GSM 制式的移动电话网络，初期容量 5 万用户，于 10 月试运营。1996 年，我国研制出自己的 GSM 数字蜂窝移动通信系统全套样机并完成了公众网的运行试验，而后逐步实现了产业化开发。

另外，1996 年 12 月在广州建立了我国第一个 CDMA 试验网。1997 年 10 月，广州、北京、上海、西安四个城市的 CDMA 实验网通过了漫游测试。同年 11 月，北京试验点向社会开放，并逐渐推广到全国。

2009 年 1 月 7 日，工业和信息化部正式向 3 大运营商颁发了 3G 牌照，这意味着我国正式迈进 3G 时代。中国移动将使用我国具有自主知识产权的 3G 标准 TD-SCDMA，中国电信采用 CDMA-2000，中国联通采用 WCDMA 标准。

经过十几年的发展，我国已建成了覆盖全国的移动通信网络。到 2002 年底，我国的 GSM 网用户超过 1.6 亿，成为世界第一大移动通信网；CDMA 网也覆盖全国各大、中以上城市，其用户数超过 5000 万户。2002 年底，国内移动总用户数已超过 2 亿。2003 年 10 月，中国移动电话用户数首次超越固定电话用户。截止 2009 年 1 月 31 日，我国移动用户数量增至 6.2693 亿户（其中中国移动为 4.64 亿户，中国联通为 1.34 亿户，中国电信为 2893 万户），而固定电话用户为 3.16 亿户，全国电话用户总数已经超过 9 亿户，其中移动电话用户是固定电话的 2 倍。

随着信息技术和通信技术的发展，我国通信行业业务结构正在也并将继续发生重大变化，即从过去的以语音业务为主导迅速转变为以互联网为基础的数据业务。随着移动通信业的发展，移动短信业务量继续快速增长。

1.2　移动通信的主要特点

与其他通信方式相比，移动通信有如下特点：

（1）移动通信必须利用无线电波进行信息传输。

这种传播媒质允许通信中的用户可以在一定范围内自由活动，其位置不受束缚，不过无线电波的传播特性一般都很差。首先，移动通信的运行环境十分复杂，电波不仅会随着传播距离的增加而变弱，而且会受到地形、地物的遮蔽而发生"阴影效应"，信号经过多点反射，会从多条路径到达接收地点，这种多径信号的幅度、相位和到达时间都不一样，它们相互叠加会产生电平衰落和时延扩展；其次，移动通信常常在快速移动中进行，这不仅会引起多普勒频移，产生随机调频，而且会使得电波传播特性发生快速的随机起伏，这会严重影响通信质量。因此，移动通信系统必须根据移动信道的特征进行合理设计。

（2）移动通信是在复杂的干扰环境中运行的。

除去一些常见的外部干扰（如天电干扰、工业干扰和信道噪声）外，在系统本身与不同系统之间还会产生这样或那样的干扰。因为在移动通信系统中，常常有多部用户电台在同一地区工作，基站还会有多部收发信机在同一地点工作，这些电台之间会产生干扰。由于移动通信网采用的制式不同，因此所产生的干扰也会有所不同（有的干扰在某一制式中容易产生，而在另一制式中不会产生）。归纳起来，这些干扰有邻道干扰、互调干扰、共道干扰、多址干扰以及近地无用强信号压制远地有用弱信号的现象（称为远近效应）等。因此，在移动通信系统中，如何对抗和减少这些有害干扰的影响是至关重要的。

（3）移动通信可以利用的频谱资源非常有限，而移动通信业务量的需求却与日俱增。

如何提高通信系统的通信容量，始终是移动通信发展中的焦点。为了解决此矛盾，一方面要开辟和启用新的频段；另一方面要研究各种新技术和新措施，以压缩信号所占的频带宽度和提高频谱利用率。可以说，移动通信无论是从模拟向数字过渡，还是再向新一代发展，都离不开这些新技术和新措施的支撑。此外，有限频谱的合理分配和严格管理是有效利用频谱资源的前提，这是国际上和各国频谱管理机构和组织的重要职责。

（4）移动通信系统的网络结构多种多样，网络管理和控制必须有效。

根据通信地区的不同需要，移动通信网络可以组成带状（如铁路、公路沿线）、面状（如覆盖城市或地区）或立体状（如地面通信设施与中、低轨道卫星通信网络的综合系统）等。可以单网运行，也可以多网并行并实现互联互通。为此，移动通信网络必须具备很强的管理和控制功能，如用户登记和定位，通信（呼叫）链路建立和拆除，信道分配和管理，通信计费、鉴权、安全和保密管理以及用户过境切换和漫游控制等。

（5）移动通信设备（主要是移动台）必须适宜在移动环境中使用。

对手机的主要要求是体积小、重量轻、省电操作简单和携带方便。而对车载台和机载台除要求操作简单和维修方便外，还要求其保证在震动、冲击、高低温变化等恶劣环境中正常工作。

1.3 移动通信的分类

移动通信按不同方法可以进行多种分类：

（1）按使用地域移动通信可分为陆地移动通信、海上移动通信和空中移动通信，或分为线状移动通信、块状移动通信和线块混合结构移动通信。

（2）按使用性质移动通信可分为公用移动通信、专用移动通信和特种移动通信，也可分为民用移动通信和军用移动通信。

（3）按工作方式移动通信可分为单工制、半双工制和全双工制移动通信。

（4）按技术体制移动通信可分为模拟移动通信和数字移动通信。

（5）按多址方式移动通信可分为频分多址 FDMA、时分多址 TDMA、码分多址 CDMA、空分多址 SDMA 以及混合多址。

（6）按系统规模（用户数量）移动通信可分为大容量、中容量、小容量移动通信。

（7）按控制方式移动通信可分为集中式控制和分散式控制移动通信。

（8）按业务方式移动通信可分为对讲机通信、大区制移动通信、小区制移动通信（包括蜂窝移动通信）、集群移动通信、无中心移动通信、无线电寻呼通信、无绳电话通信、双工无线电移动通信和卫星移动通信等。

1.4 移动通信中的多址技术

多址技术是学习移动通信的基础。所谓多址技术就是为了使众多用户能够共用无线信道，将无线信道划分成无数小段所采用的一种技术。目前常用的多址技术主要有 3 种：频分多址（FDMA）、时分多址（TDMA）和码分多址（CDMA）。

1. FDMA

在 FDMA 中，把可以使用的总频段划分为若干占用较小带宽的频道，这些频道在频域上互不重叠，每个频道就是一个通信信道，分配给一个用户。

在接收设备中采用带通滤波器，它允许指定频道里的能量通过，而滤除其他频率的信号，从而限制邻近信道之间的相互干扰。FDMA 通信系统的基站必须同时发射和接收多个不同频率的信号，任意两个移动用户之间进行通信都必须经过基站的中转，因而必须占用 4 个频道才能实现双工通信。不过，移动台在通信时所占用的频道并不是固定指配的，它通常是在通信建立阶段由系统控制中心临时分配的；通信结束后，移动台将退出它占用的频道，这些频道又可以重新分配给别的用户使用。

这种方式的特点：技术成熟，易于与模拟系统兼容，对信号功率控制要求不严格，但是在系统设计中需要周密的频率规划，基站需要多部不同载波频率发射机同时工作，设备多且容易产生信道间的互调干扰。

2. TDMA

在 TDMA 中，把时间分成周期性的帧，每一帧再分割成若干时隙，每一个时隙就是一个通信信道，指配给一个用户，然后根据一定的时隙分配原则，使各个移动台在每帧内只能按指定的时隙向基站发射信号。在满足定时和同步的条件下，基站就可以在各时隙中接收到各移动台的信号而互不干扰。同时，基站发向各个移动台的信号都按顺序安排在预定的时隙中传输，各移动台只要在指定的时隙内接收，就能从合路的信号中将发给它的信号区分出来。

与 FDMA 通信系统比较，TDMA 通信系统的特点如下：

（1）TDMA 系统的基站只需要一部发射机，可以避免像 FDMA 系统那样因多部不同频率的发射机同时工作而产生互调干扰。

（2）频率规划简单。TDMA 系统不存在频率分配问题，对时隙的管理和分配通常比对频率的管理与分配容易而且经济，便于动态分配信道。如果采用语音检测技术，实现有语音时分配时隙，无语音时不分配时隙，就有利于提高系统容量。

（3）移动台只在指定的时隙中接收基站发给它的信号，因而在一帧的其他时隙可以测量其他基站发射的信号强度，或检测网络系统发射的广播信息和控制信息，这对于加强通信网络的控制功能和保证移动台的越区切换都是有利的。

（4）TDMA 系统设备必须有精确的定时和同步，以保证各移动台发送的信号不会在基站发生重叠或混淆，并且能准确地在指定的时隙中接收基站发给它的信号。因此，同步技术是 TDMA 系统正常工作的重要保证。

有些系统综合采用 FDMA 和 TDMA 技术，例如 GSM 数字蜂窝系统采用 200 kHz FDMA 信道，并将其再分割成 8 个时隙，用于 TDMA 传输。

3. CDMA

在 CDMA 通信系统中，不同用户传输信息所用的信号用各自不同的编码序列来区分，或者说，靠信号的不同波形来区分。如果从频域或时域来观察，多个 CDMA 信号是互相重叠的，接收机的相关器可以从多个 CDMA 信号中选出使用预定码型的信号，其他使用不同码型的信号因为与接收机本地产生的码型不同而不能被解调。它们的存在类似于在信道中引入了噪声或干扰，通常称之为多址干扰。

在 CDMA 蜂窝通信系统中，为了实现双工通信，正向传输和反向传输各使用一个频率，即通常所谓的频分双工。无论正向或反向，除去传输业务信息外，还必须传送相应的控制信息。为了传送不同的信息，需要设置相应的信道，但是 CDMA 通信系统既不分频道又不分时隙，无论传送何种信息的信道都靠采用不同的码型来区分。类似的信道属于逻辑信道。这些逻辑信道无论从频域或者时域来看都是相互重叠的，或者说它们均占用相同的频段和时间。

与 FDMA 模拟蜂窝通信系统或 TDMA 数字蜂窝移动通信系统相比，CDMA 蜂窝移动通信系统具有更大的系统容量、更高的语音质量以及抗干扰、保密等优点。

本章小结

本章首先介绍了移动通信的概念。所谓移动通信是指通信双方或一方在移动中（或者临时停留在某一非预定位置上）进行信息的传递和交换。同时还介绍了移动通信的发展历程和代表制式，其中发展历程主要经历了三代，并将继续朝第四代的目标发展。20 世纪 70 年代末、80 年代初，第一代蜂窝移动通信系统（1G）发展起来并大规模投入商用，具有代表性的有美国的 AMPS、英国的 TACS、北欧的 NMT 等系统。第二代移动通信系统（2G）出现在 20 世纪 80 年代末 90 年代初，采用了当时条件下最新的数字通信技术，2G 系统包含了 TDMA 和 CDMA 两种体制。应用最广泛的 TDMA 系统主要有三种：欧洲的泛欧移动通信系统 GSM、美国的数 - 模兼容系统 D - AMPS 以及日本的 PDC 系统。CDMA 体制只有一种，即美国的 IS - 95CDMA 系统。1985 年国际电信联盟（ITU）提出第三代移动通信的概念，当时称为未来公众陆地移动通信系统，简称 3G，其代表制式有 WCDMA、CDMA 2000、TD - SCDMA。

本章还叙述了移动通信的主要特点：移动通信必须利用无线电波进行信息传输；移动通信是在复杂的干扰环境中运行的；移动通信可以利用的频谱资源非常有限，而移动通信业务量的需求却与日俱增；移动通信系统的网络结构多种多样，网络管理和控制必须有效；移动通信设备（主要是移动台）必须适宜在移动环境中使用。

接着简单介绍了移动通信按照不同方式的分类。

最后介绍了移动通信中的多址技术。首先说明了什么是多址技术，然后重点介绍了移动通信中的几种多址方式，包括 FDMA、TDMA、CDMA 方式。

习　题

1. 什么是移动通信？其主要特点有哪些？
2. 移动通信经历了哪几个阶段，每个阶段主要有哪些代表制式？
3. 什么是多址技术？
4. 什么是 FDMA、TDMA、CDMA？

第 2 章　GSM 系统原理

2.1　GSM 系统结构

　　系统结构是指系统内部各组成要素之间的相互联系、相互作用的方式或秩序，即各要素在时间或空间上排列和组合的具体形式。这里提到的 GSM 系统结构就是为了实现 GSM 所提供的功能而服务的设备集合，大家通过对它的学习，可以掌握 GSM 系统的基本构成和各部分设备或者部件的功能。

2.1.1　GSM 系统的结构

　　GSM 系统的逻辑结构如图 2.1 所示。

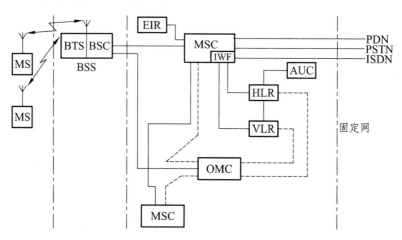

图 2.1　GSM 系统的逻辑结构

图 2.1 各名称含义如下：
- MS（Mobile Station）：移动台；
- BSS（Base Station Subsystem）：基站子系统；
- BTS（Base Transceiver Station）：基站收发信台；
- BSC（Base Station Controller）：基站控制器；
- IWF（Interworking Function）：交互功能；
- EIR（Equipment Identity Register）：设备识别寄存器；
- MSC（Mobile Switching Center）：移动交换中心；
- NMS（Network Management System）：操作维护子系统；

- NSS（Network Subsystem）：移动交换系统；
- VLR（Visitor Location Register）：拜访位置寄存器；
- HLR（HOME Location Register）：归属位置寄存器；
- AUC（Authentication Center）：鉴权中心；
- PSTN（Public Switched Telephone Network）：公用电话网；
- ISDN（Integrated Services Digital Network）：综合业务数字网；
- PDN（Public Data Networks）：公用数据网。

GSM 数字移动通信系统主要由移动交换系统（NSS）、基站子系统（BSS）、操作维护子系统（NMS）和移动台 MS（Mobile Station）构成。下面就具体描述各部分的功能。

2.1.2　移动交换子系统（NSS）

NSS 由移动交换小心（MSC）、归属位置寄存器（HLR）、拜访位置寄存器（VLR）、设备识别寄存器（EIR）和鉴权中心（AUC）等功能实体构成，主要用于完成交换功能以及用户数据管理、移动性管理、安全性管理所需的数据库功能。

1. MSC

MSC 是 GMS 网络系统的核心部分，是 GMS 网络系统所覆盖区域中的移动台进行控制和完成话路交换的功能实体，也是移动通信系统与其他公用通信系统网络之间的接口。由此可知，MSC 除提供交换功能，完成移动用户寻呼接入、信道分配、呼叫接续、话务量控制、计费、基站管理等外，还可以完成 BSS 与 MSC 之间的切换和辅助性的无线资源管理、移动性管理等，并提供面向系统其他功能实体和固定网的接口。作为网络的核心的 MSC 通过与网络其他部件协同工作，完成了移动用户位置登记、越区切换和自动漫游、合法性检查及频道转换等功能。

MSC 处理用户呼叫所需的数据与后面介绍的 3 个数据库有关，分别是 HLR、VLR、AUC。MSC 会根据用户当前位置和状态信息更新数据库或是从上述 3 种数据库中提取信息。

2. HLR

HLR 是一个静态数据库，用来存储本地用户的数据信息。一个 HLR 能控制若干个移动交换区域或者整个移动通信网，所有用户的重要静态数据都存储在 HLR 中。在 GSM 通信网中，通常设置若干个 HLR，每个用户都必须在某个 HLR 中登记。登记的内容分为两类：一种是永久性的参数，如用户号码、移动设备识别码、接入的优先登记、预定的业务类别以及保密参数等；另一种是暂时性的、需要随时更新的参数，即用户当前所处位置的有关参数，即使用户漫游到 HLR 所服务的区域外，HLR 也能登记用户目前所在地的位置信息。这样做的目的是保证当呼叫任一个不知处于哪一个地区的移动用户时，均可以由该移动用户的原籍位置寄存器获知它当时处在哪一个地区，进而建立起通信链路。

3. VLR

VLR 是一种用于存储来访用户位置信息的数据库。一个 VLR 通常为一个 MSC 控制区服务而且与此 MSC 合置，也可以为几个相邻的 MSC 控制区服务。当移动用户漫游到新的 MSC 控制区后，必须向该地区的 VLR 申请登记。VLR 要从该用户的 HLR 查询有关的参数，给该用户分配一个新的漫游号码，并通知其 HLR 修改用户的位置信息，准备为其他用户呼叫此移动用户提供路由信息。如果移动用户由一个 VLR 服务区移动到另一个 VLR 服务区时，HLR 在修改该用户的位置信息后，还要通知原来的 VLR 删除该用户的位置信息，因此 VLR 可以被看做是一个动态的数据库。由于 VLR 用于存储所有进入本交换机服务区域内用户的信息，因此它堪称是分布不同区域的 HLR。VLR 也存储两类信息：第一种是本交换区内登记的用户参数，该参数是从 HLR 中获得的；第二种是交换区位置区号。

4. AUC

AUC 是一个受到严格保护的数据库，它用于存储用户的鉴权信息和加密参数。在物理实体上，AUC 一般与 HLR 合置在一起。它为鉴权和加密流程提供三参数组，以保证非授权的用户不能使用相应业务。三参数组包含的参数有：随机数（Random Number，RAND）、符号响应（Sign Response，SRES）、加密密钥（Key Ciphering，KC）。其中，SRES 由 RAND 和 Ki（鉴权密钥）通过 A3 算法计算得到，KC 由 RAND 和 Ki 通过 A8 算法计算得到，Ki 存储在 HLR 和用户 SIM 卡中。认证中心（AUC）的功能是认证各个 SIM 卡以连接到 GSM 核心网络（典型的如通话过程的情况）。一旦认证成功，即允许 HLR 管理 SIM 卡和以上所述服务，并生成一个加密密钥，用于加密随后的位于移动电话和 GSM 核心网络间的所有无线通信（语音、SMS 等）。

5. EIR

EIR 也是一种数据库，存储有关移动台设备参数。它主要完成对移动设备的识别、监视、闭锁等，以防止非法移动台的使用。EIR 存储移动设备的国际移动设备识别码（IMEI），用户可通过核查白色清单、黑色清单、灰色清单这 3 种表格，分别列出准许使用、出现故障需监视、失窃不准使用的移动设备识别号。运营部分可据此确定被盗移动台的位置并将其阻断，对故障移动台采取及时的防范措施。目前在我国没有采用 EIR 进行设备识别。

2.1.3　基站子系统（BSS）

基站子系统包含 GSM 系统中用于完成无线通信部分的所有基础设施，它通过无线接口直接与 MS 实现通信连接，同时又连接到网络端的交换机，为 MS 和交换子系统提供传输通道。BSS 又分为 BSC 和 BTS 两部分。从功能上说，BSC 主要负责控制管理；BTS 主要负责无线传输。同时 BSS 还包括 16 kbit/s RPE-LTP 和 64 kbit/s A 律 PCM 之间的码型转换。

1. BSC

BSC 位于 MSC 与 BTS 之间，用于控制一组基站，其任务是管理无线网络，即管理无线小区及其无线信道、无线设备的操作和维护、移动台的业务过程，并提供基站至 MSC 之间的接口。将有关无线控制的功能尽量集中到 BSC 上来，以简化基站的设备。其功能如下：

（1）无线基站的监视与管理由 BSC 控制，同时通过在语音信道上的内部软件测试及环路测试来监控基站的工作。

（2）无线资源的管理。BSC 为每个小区配置业务及控制信道。为了能够准确地进行重新配置，BSC 收集各种统计数据，比如损失呼叫的数量、成功与不成功的切换、各小区的业务量、无线环境等。另外特殊记录功能可以跟踪呼叫过程的所有事件，可检测网络故障和故障设备。

（3）处理与移动台的连接。负责与移动台连接的建立和释放，给每一路语音分配一个逻辑信道。在呼叫期间，BSC 对连接进行监视，移动台及收发信机测量信号强度及语音质量，并将测量结果传回 BSC，由 BSC 决定移动台及收发信机的发射功率。这样做既能保证好的连接质量，又能确保网络内的干扰降低到最小。

（4）定位和切换。切换是由 BSC 控制的，定位功能不断地分析语音接续的质量，由此可做出是否切换的决定。切换可以分为 BSC 内切换、MSC 内 BSC 间的切换、MSC 之间的切换。一种特殊切换称为小区内切换，即当 BSC 发现某连接的语音质量太低，而测量结果中又找不到更好的小区时，BSC 就将连接切换到本小区内另外一个逻辑信道上，希望通话质量有所改善。切换同时可以用于平衡小区间的负载，如果一个小区内的话务量太高，而相邻小区话务量较低，信号质量也可以接收，则会将部分通话强行切换到其他小区上去。

（5）寻呼管理。BSC 负责分配从 MSC 来的寻呼消息。

（6）码型变换功能。将无线传输的 16 kbit/s 的数据转化成适合于 64 kbit/s 的 PCM 线路传输的信号，由于这个转化过程并不是一个简单的填充过程，因此需要单独的硬件支持。

（7）BSS 的操作和维护。BSC 负责整个 BSS 的操作与维护，如系统数据管理、软件安装、设备闭塞与解闭、告警处理、测试数据的采集以及收发信机的测试等。

2. BTS

基站收发信台包括无线传输所需的各种硬件和软件，如发射机、接收机、支持各种小区结构所需的天线、连接基站控制器的接口电路以及收发信台本身所需要的监测和控制装置等。BTS 完全由 BSC 控制，主要附着无线传输，完成无线与有线的转换、无线分集、无线信道加密、跳频等功能。BTS 硬件本身包括无线收发信机和天线，此外还有与无线接口相关的信号处理电路。信号处理电路将实现多址复用所需帧和时隙的形成和管理，以及为改善无线传输所需的信道编码和加密、解密等。

2.1.4　移动台（MS）

移动台就是移动客户设备部分，它由移动终端和客户识别卡（SIM）两部分组成。

SIM 卡是"身份卡"，它类似于现在所用的 IC 卡，因此也称作智能卡。它存有认证客户身份所需的所有信息，并能执行一些与安全保密有关功能，以防止非法客户进入网络。SIM 卡还存储与网络和客户有关的管理数据，只有插入 SIM 后移动终端才能接入网络，但 SIM 卡本身不是代金卡。任何一个移动用户只要拥有自己的用户识别卡，就可以使用终端设备。SIM 卡是一张符合 ISO 标准的"智慧"卡，它包含与用户有关的被储存用户无线接口一侧的信息，包括鉴权和加密信息等。使用 GSM 标准的移动台都需要插入 SIM 卡，只有在处理异常的紧急呼叫时，可以在不用 SIM 卡的情况下操作移动台。SIM 卡通过 PIN 码来保护存储在上面的信息的安全。同时每个用户都拥有一个全球唯一的国际移动用户识别号 IMSI，它存储在 SIM 卡上。

移动设备是 GSM 系统的用户设备，可以是车载台、便携台或手持机。它可完成语音编码、信道编码、信息加密、信息的调制和解调、信息发射和接收。

通过上面的学习，我们可以把移动设备理解为加入了语音编解码能力的超小型 BTS。每一个移动设备都有一个自己的识别码，即国际移动用户识别号 IMEI，IMEI 主要由型号许可代码以及与厂家有关的产品号构成，存储在移动设备上。

2.1.5　操作维护子系统（NMS）

　　NMS 是 GSM 系统的操作维护部分。GSM 系统的所有功能单元都可以通过各自的网络连接到 NMS，通过 NMS 可以实现对 GSM 网络各功能单元的监视、状态报告和故障诊断等。

　　NMS 分为两部分：OMC-S（操作维护中心--系统部分）和 OMC-R（操作维护中心--无线部分）。OMC-S 用于 NSS 的操作和维护；OMC-R 用于 BSS 的操作和维护，一般是通过 SUN 工作站在 BSS 上的应用来实现的。

2.2　GSM 网络服务区

　　GSM 网络服务区是指所有 GSM 运营商提供的网络覆盖区域的总和。大家通过学习网络服务区知识以及划分方法，从而认识到 GSM 服务区域的等级及其作用。在物理上，GSM 的服务区是由若干个 MSC 服务区组成的，而每个 MSC 服务区又是由若干个小区（Cell）组成的。在逻辑上若干个小区归为一个位置区（LA），服务区划分如图 2.2 所示。

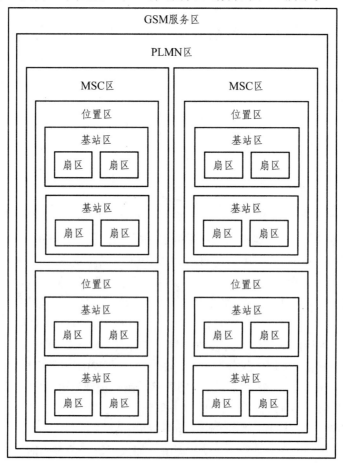

图 2.2　GSM 系统的区域定义

2.2.1　GSM 服务区

GSM 服务区由联网的 GSM 全部成员国组成，移动用户只要在服务区内，就能得到系统的各种服务，包括国际漫游。

2.2.2　PLMN 业务区

由 GSM 系统构成的公用陆地移动网（GSM/PLMN）处于国际或国内汇接交换机的级别上，该区域为 PLMN 业务区，它可以与公用交换电信网（PSTN）、综合业务数字网（ISDN）和公用数据网（PDNN）互联。在该区域内，有共同的编号方法及路由规划。一个 PLMN 业务区包括多个 MSC 业务区，甚至可扩展至全国，也可能是数个小国合用一个 PLMN 业务区。

2.2.3　MSC 服务区

一个 PLMN 服务区通常由多个 MSC 服务区构成。一个 MSC 服务区是指由该 MSC 所覆盖的服务区域，即是指与该 MSC 相连的所有 BSC 所控制的 BTS 的覆盖区域的总和。位于该区域的移动台均在该服务区的拜访寄存器（VLR）中进行登记，因此，在实际网络中，MSC 总是与 VLR 集成在一起，在网络中形成一个节点。

2.2.4　位置区（LA）

每个 MSC/VLR 服务区又被划分为若干个位置区。在一个位置区内，移动台可以自由地移动，而不需要进行位置更新，因此一个位置区是广播寻呼消息的寻呼区域。一个位置区只能属于某一个 MSC/VLR，因此位置区的划分不能跨越 MSC/VLR。利用位置区识别码（LAI），系统可以区别不同的位置区。

2.2.5　小区（Cell）

一个位置区包括若干个小区，每个小区具有专门的识别码（CGI），表示网络中一个基本的无线覆盖区域。

2.3　GSM 系统编号计划

GSM 系统是一个十分复杂的通信系统，它包括众多的功能实体和繁杂的实体间、子系统间及网络间的接口。为了将一个呼叫接续至某个用户，系统需要调用相应的实体，因此要实现正确的寻址，此时编号计划就显得尤为重要了。由于 GSM 系统的业务类似于 ISDN 网的延伸，因此 GSM 系统采用了 CCITT 建议中的"网号"编号方案，即将 GSM 系统作为一个电话网的独立编号方案,此时的 PLMN 相对于 PSTN 完全独立,其各种号码也就完全独立于 PSTN。下面我们依次对 GSM 移动通信网中的各种号码进行介绍。

2.3.1 移动用户的电话号码—MSISDN

MSISDN 是 GSM 系统中 MS 作为被叫时，主叫用户所拨的号码。其编号结构如图 2.3 所示。

图 2.3 MSISDN 编号结构

其中：

CC：国家码。即移动台登记注册的国家码，中国为 86。

NDC：国内网络接入号码。中国移动网为 135～139，中国联通网为 130～131。

SN：用户号码。采用等长 8 位编号计划，具体号码分配由运营公司决定。

2.3.2 国际移动客户识别码—IMSI

为了在无线路径和整个 GSM 网络中正确识别某个移动客户，必须为每个客户分配一个特定识别码，用于 GSM 网的所有信令。IMSI 存储在 SIM 卡、HLR 和 VLR 中，其编号结构如图 2.4 所示。

图 2.4 IMSI 编号结构

其中：

MCC：移动国家码。唯一地识别移动用户所属的国家。中国的 MCC 为 460。

MNC：移动网号，识别移动用户所归属的移动通信网（PLMN）。中国移动的 MNC 为 00，中国联通为 01。

MSIN：移动用户识别码，唯一地识别某一移动通信网中的移动用户。

NMSI：国家移动用户识别码，由 MNC 与 MSIN 组成。

2.3.3 移动漫游号码—MSRN

被叫客户所归属的 HLR 知道该客户目前所处的 MSC/VLR 业务区，为了提供给 GMSC 一个路由选择的临时号码，HLR 请求被叫所在业务区的 MSC/VLR 给该被叫分配一个漫游号码（MSRN），并将此号码送到 HLR，HLR 收到后再发给 GMSC，GMSC 据此选择路由，将呼叫接至被叫客户目前正在访问的 MSC/VLR。路由一旦建立，此号码就可立即释放。这种查询、呼叫选择路由功能是 No.7 信令 MAP 的一个程序，在 GMSC—HLR—MSC/VLR 间的 No.7 信令网中传递。其编号结构如图 2.5 所示。

图 2.5　MSRN 编号结构

其中：

国家码（CC）以及国内目的码（NDC）与 MSISDN 的一样。SN 为临时漫游号码，SN 一共有 7 位，分为 MSC 号码和个人临时漫游号码两部分。其中 MSC 号码为 4 位 M0M1M2M3，用以代表不同的 MSC；个人临时漫游号码为 3 位 ABC，由 MSC 临时分配范围为 000～499。

2.3.4　临时移动客户识别码—TMSI

为了对 IMSI 进行保密，MSC/VLR 可给来访的移动客户分配一个唯一的 TMSI 号码。该号码是由 MSC 自行分配的 4 字节的 BCD 编码，仅在本 MSC 业务区内使用。

TMSI 可以在 MS 登记时由运营商写入 SIM 卡，用于正常呼叫和被寻呼的号码，但由于 MS 在不同的 VLR 中 TMSI 必须重新赋值，因此 SIM 卡的寿命将受到影响。

2.3.5　切换号码—HON

HON 是在移动交换局间进行越局切换时，为选择路由，由目标 MSC（即切换到要转移的 MSC）临时分配给移动客户的一个号码。此号码为 MSRN 号码的一部分，其编号结构与 MSRN 一样，只是最后 3 位的范围是 500～999。

2.3.6　国际移动台设备识别码—IMEI

IMEI 是唯一识别移动台的识别码，为一个 15 位的 10 进制号码。其编号结构如图 2.6 所示。

图 2.6　IMEI 编号结构

其中：

TAC：型号批准码，6 位，由欧洲型号认证中心分配。
FAC：工厂装配码，2 位，由厂家编码，表示生产厂家及装配地。
SNR：序号码，6 位，由厂家分配，用于识别每个设备。
SP：备用码，2 位。

2.3.7　漫游区域识别码—RSZI

RSZI 主要识别移动用户的漫游区。它在某一 PLMN 内唯一地识别允许漫游的区域，由运营者自己设定，在 VLR 内存储。其编号结构如图 2.7 所示。

图 2.7　RSZI 编号结构

其中的 CC 和 NDC 与 MSISDN 中的一样，ZN 为漫游区域识别码，由 2 字节构成。

2.3.8　位置识别码—LAI

位置区是指移动台可任意移动而不需要进行位置更新的区域，它可由一个或若干个小区组成。为了呼叫移动台，系统在一个位置区内所有基站同时发寻呼信号。位置区识别码 LAI 用于检测位置更新和信道切换的请求。其编号结构如图 2.8 所示。

图 2.8　LAI 编号结构

其中：

MCC、MNC 与 IMSI 中该部分相同。

LAC 是位置区号码，用于识别 GSM 网络中的一个位置区，位置区号 LAC 为一个 2 Byte BCD 编码，表示为 $X_1X_2X_3X_4$。在 PLMN 网络中可定义 65 536 个不同的位置区。其中 X_1X_2 由国家统一分配，X_3X_4 由省内主管部门分配。

2.3.9　全球小区识别码—CGI

CGI 是在所有 GSM PLMN 中用作小区的唯一标识，是在位置区识别码 LAI 基础上加上小区识别号 CI 构成。其编号结构如图 2.9 所示。

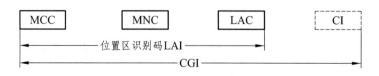

图 2.9　CGI 编号结构

图中 LAI 同上，CI 是可由运营部门自定义的小区识别号码，是一个 2 Byte BCD 编码。

2.3.10　基站识别码—BSIC

基站识别码 BSIC 是用以识别相邻基站的，是一个 6 bit 的编码。其编号结构如图 2.10 所示。

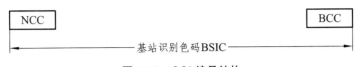

图 2.10　CGI 编号结构

基站识别码分为国家色码（NCC）和基站色码（BCC）。其中国家色码（NCC），用以区分国界各侧的运营商（国内为区分不同的省或市），用 $X_1Y_1Y_2$ 表示，X_1 为运营商（1 移动，0 联通），Y_1Y_2 分配如表 2.1 所示。

表 2.1　Y_1Y_2 分配原则

Y_2 ＼ Y_1	0	1
0	吉林、甘肃、西藏、广西、福建、湖北、北京、江苏	黑龙江、辽宁、宁夏、四川、海南、江西、天津、山西、山东
1	新疆、广东、河北、安徽、上海、贵州、陕西	内蒙古、青海、云南、河南、浙江、湖南

2.4　GSM 系统语音处理过程

2.4.1　语音处理过程简介

在 GSM 系统中，MS 在无线侧接口的语音信号处理过程是一个系统化的工作，如图 2.11 所示。

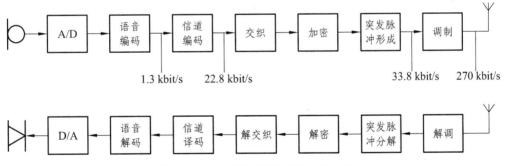

图 2.11　MS 无线侧语音信号处理过程

语音信号的发送过程为：由 MS 形成模拟语音信号，对于模拟语音信号，要先进行模—数转换，然后进行语音编码，输出 13 kbit/s 的数字语音信号，其目的就是在不增加误码的情况下，以较小的速率优化频谱占用，达到与固话尽量相近的语音质量。为了控制传输过程中产生的差错，需要对数字语音信号进行信道编码并使用交织技术，按输入输出比特流为 1∶1 的关系进行加密处理，然后对这些比特形成 8 个 1/2 突发脉冲序列，在适当的时隙中将它们以大约 270 kbit/s 的速率发射出去。

2.4.2　语音编码过程

下面以全速率语音编码过程为例，简单地介绍 GSM 系统的语音编码过程，如图 2.12 所示。

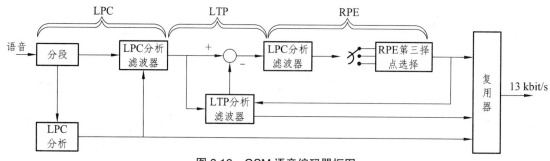

图 2.12　GSM 语音编码器框图

目前，GSM 系统采用的是 13 kbit/s 的语音编码方案，称其为 RPE-LTP（规则脉冲激励长期预测）。这个方案的目的就在于无差错的产生与固定电话网相近的语音质量。它首先将语音分成 20 ms 为单位的语音块，并用 8 kHz 的频率对它进行抽样，得到 160 个样本值，然后又对每个样本值进行量化，产生 16 bit 的数字语音信号，这样就得到了 128 kbit/s 的数据流。由于该速率太高，无法在无线路径上传输，需要通过编码器进行压缩。如果采用全速率编码器，每个语音块将压缩成 260 bit，最后形成 13 kbit/s 的源编码速率。规则激励线性预测编码技术是一种混合编码技术，它集成了波形编码与声源编码两项技术之长。波形编码器可以精确地再现出原来声音的语音波形，语音质量较高，但要求的比特速率相应较高，在 12～16 kbit/s 的范围内会造成语音的质量恶化。波形编码器硬件上更容易实现，不受时延的影响。声源编码是将语音信息用特定的声源模型表示。声源编码器可以用很低的速率（可以低于 5 kbit/s），这样虽然不影响语音的可懂性，但是语音的质量十分不自然，很难分辨出是谁在说话，因此 GSM 系统语音编码器采用的是声源编码器和波形编码器的结合，全称为线性预测编码—长期预测编码—规则脉冲激励编码器（LPC－LTP－RPE 编码器，其中 LPC+LTP 为声源编码器，RPE 为波形编码器），再通过复用器混合完成模拟语音信号的数字编码，每个语音信道的编码速率为 13 kbit/s。声源编码器的原理就是模仿人类发音器官喉、嘴、舌的组合，将该组合看做一个滤波器，人发出的声音是声带振动形成激励脉冲。当然滤波器脉冲的频率是在不断地变换，但是在很短的时间（10～30 ms）内观察它，则发声器官是没有变换的，因此声源编码器要做的事就是将语音信号分成 20 ms 的声码块，然后分析这一时间段内所对应的滤波器的参数，并提取此时的脉冲串频率，输出其激励脉冲序列。相关的语音段是十分相似的，LTP 将当前段与前一段进行比较，差值就被低通滤波后进行一种波形编码。故 LPC+LTP 参数为：3.6 kbit/s；RPE 参数为：9.4 kbit/s。因此语音编码器的输出比特速率是 13 kbit/s。此后再进行信道编码等其他信号处理过程。在 BTS 基站收发信台侧，基站收发信台能够恢复 13 kbit/s 的源速率，但是为了形成 16 kbit/s 的速率以便在基站子系统的内部接口 Abis 接口上传输，需要增加 3 kbit/s 的信令用于控制远端 TC 码型变换器的工作。在码型变换器侧，为了适应基站子系统与网络交换子系统之间的 A 接口的 64 kbit/s 的传输速率，还需要完成 16～64 kbit/s 速率转换，此处的码型转换是将 GSM 专用的 16 bit/s 的 RPE-LTP 编码转换成适用于全部通信网的 A 律 PCM 编码。

2.4.3　信道编码

信道编码用于改善传输质量，并克服各种干扰对信号产生的不良影响。

信道编码采用专门的冗余技术。在发送端按一定的规则插入冗余数据位进行编码，接收端的解码过程利用这些冗余数据位检测误码并尽可能地纠正错误，恢复出原始的发送信息。

GSM 系统中使用的编码方式有卷积编码和分组编码，在实际应用过程中基本都是把两种方式组合在一起使用的。

分组编码的原理如图 2.13 所示。分组编码是把信息序列以 k 个码元分组，通过编码器将每组的 k 元信息按一定的规律产生 r 个多余码元（称为检验元或监督元），输出长为 $n=k+r$ 的一个码组。每个码组的 r 个检验元仅与本组的信息元有关，与别组无关。分组码用 (n, k) 表示，n 表示码长，k 表示信息位数目，$R=k/n$ 称为分组编码的效率，也称为编码率或码率。

卷积编码的原理如图 2.14 所示。卷积码是 1955 年由 Elias 等人提出的，把 k 个信息比特编成 N 个比特，k、n 都很小，适宜以串行方式传输，而且延时也小，编码后的 n 个码元不但与本组 k 个信息码元相关，还与前面 $(N-1)$ 组的信息码元相关，其中 N 称为约束长度。卷积码一般可表示成 (n, k, N)。卷积编码的纠错能力随 N 的增大而增大，而差错率随 N 的增大而呈指数下降。卷积码主要用于纠错，当解调器采用最大似然估计方法时，可以产生十分有效的纠错结果。可以把卷积码比喻成排队，不同位置的人都有各自的排队表，比如第一个只有自己名字的表，第二有第一个和自己的名字的表，第二个有前两个和自己的表……依次类推。

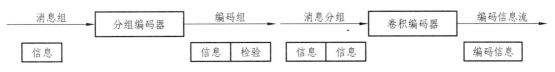

　　　图 2.13　分组编码　　　　　　　　　　　　　图 2.14　卷积编码

2.4.4　交织技术

无线通信的突发误码的产生，常常是因为持续时间较长的衰落引起的，这样的误码常常成段成段地出现，如果只依靠上述的信道编码方式来检错和纠错是不够的。为了更好地解决这类误码问题，在系统中采用了信道交织技术。

交织实际上是把一个消息块原来连续的比特按一定规则分开发送，即在传送过程中，原来的连续块变成不连续，然后形成一组交织后的发送消息块，在接收端对这种交织信息块复原（解交织）成原来的信息块，这一过程如图 2.15 所示。

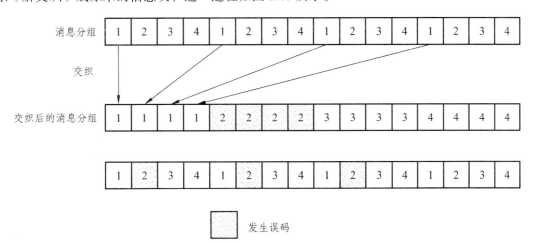

图 2.15　交织原理

采用交织技术后，如果传送过程中某块消息丢失，在恢复后实际上只丢失每个信息块的一部分，而不至于全部丢失，采用编码技术后就很容易恢复那些被丢失的消息了。

由于一次交织后误码率仍然很高，因此引入了对信号进行二次交织，二次交织过程如图2.16 所示。

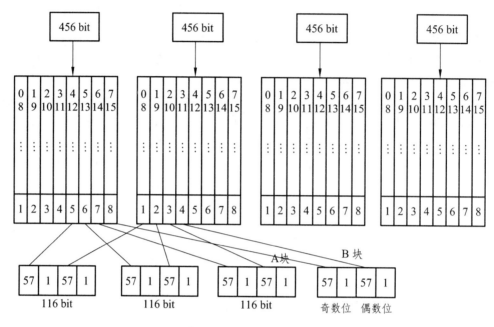

图 2.16　二次交织过程

经信道编码后的数据为每 20 ms 携带 456 bit，456 bit 被分成 8 组，每组 57 bit 分别承载于不同的突发脉冲（BP，共 8 个）。为了获得比特序列之间的最大非相关性，排列顺序如表2.2 所示。

表 2.2　排列顺序

序　号	项　目	说　明
1	0，8，…，448	BP（N）的偶数位（B 块）
2	1，9，…，449	BP（N+1）的偶数位（B 块）
3	2，10，…，450	BP（N+2）的偶数位（B 块）
4	3，11，…，451	BP（N+3）的偶数位（B 块）
5	4，12，…，452	BP（N+4）的奇数位（A 块）
6	5，13，…，453	BP（N+5）的奇数位（A 块）
7	6，14，…，454	BP（N+6）的奇数位（A 块）
8	7，15，…，455	BP（N+7）的奇数位（A 块）

456 bit 被分成 8 组（行），每组 57 bit（列），分别占有 BP（N）～BP（N+7）的信息块 A或信息块 B。交织后的一个 BP 携带 114 bit 信息另加 2 bit，共 116 bit，其中 114 bit 包含信息块 A 的 57 bit（奇数位）和信息块 B 的 57 bit（偶数位），另 2 个比特中一个比特指示前半个BP（奇数位）是用户数据还是快速随路信令，另一个比特指示后半个 BP（偶数位）是用户数据还是快速随路信令。

2.4.5　加密和解密

GSM 系统可以提供加密措施。这种加密可以用于语音、数据和信令，与数据类型无关，只限于用在常规突发脉冲上。加密通过一个加密序列（由加密密钥 Kc 与帧号通过 A5 加密算法产生）和常规突发脉冲之中的 114 个信息比特进行异或操作得到。

在接收端采用相同的序列，与加密序列进行异或操作便可得到原始发送数据。

2.4.6　调制和解调

调制和解调是信号处理的最后一步，GSM 系统采用 GMSK 调制方式，通常采用 Viterbi 算法进行解调。解调是调制的逆过程。

调制就是对信号源的信息进行处理，使其变为适合于信道传输形式的过程。一般来说，信号源的信息含有直流分量和频率较低的频率分量，称为基带信号。基带信号往往不能作为传输信号，因此必须把基带信号转变为一个相对基带频率而言频率非常高的信号以适合于信道传输。这个信号叫做已调信号，而基带信号叫做调制信号。调制是通过改变高频载波即消息的载体信号的幅度、相位或者频率，使其随着基带信号幅度的变化而变化来实现的。而解调则是将基带信号从载波中提取出来以便预定的接收者处理和理解的过程。

调制在通信系统中有十分重要的作用。通过调制不仅可以进行频谱搬移，把调制信号的频谱搬移到所希望的位置上，从而将调制信号转换成适合于传播的已调信号，而且它对系统的传输有效性和可靠性有着很大的影响，调制方式往往决定了一个通信系统的性能。

2.4.7　语音以及语音信号传输过程

在一次正常的通话过程中，主叫用户的语音首先通过 MS 设备上的话筒转化成模拟信号传输到 MS 之中，然后在 MS 中进行相应的处理：语音编码→信道编码→交织→加密→形成突发脉冲→调制成可以发射的无线电信号。随后 MS 就通过自带的发射机将相应的无线电信号发送到无线空间中，信号被基站子系统的天线所接收后在基站子系统中进行下列处理：解调→分解突发脉冲→解交织→解信道编码→通过有线链路传输给基站控制器，随后通过基站控制器的交换发送到相应的码型转换单元，在码型转换单元中把只用于 GSM 的 LTP—RPE 编码转换成基本可以通用的 A 律 PCM 编码，然后通过有线方式传输到 MSS 子系统中（具体在什么单板用什么方法完成将会在后面的章节中有完整介绍）。

如果此时是拨打固话用户，则进行以下处理：

通过 MSC 交换到相应的被叫的交换机之上，然后再由用户电路解 A 律 PCM 编码，再通过电话线传输模拟语音信号到被叫的座机上，再通过听筒使用空气震动还原语音。

如果此时拨打的是 GSM 用户，则进行下列处理：

通过主叫 MSC 交换到相应的被叫 MSC 上，然后通过有线方式传输 A 律 PCM 编码到被叫的 BSC 上，在被叫 BSC 上的码型转换单元中进行码型转换，从 A 律 PCM 编码转换成 GSM 使用的 LTP—RPE 编码，然后通过有线方式传送到 BTS 上，在 BTS 的相应单元上进行信道编码、交织、加密、形成突发脉冲、调制成可以发射的无线电信号，随后发射到无线空间，手机通过接收机接收到无线信号，然后进行与基站一样的工作：解调、分解突发脉冲、解交织、解信道编码，最后解语音编码，然后通过听筒以震动方式还原语音信号成语音信息。

2.5 GSM 系统关键技术

无线空间中的干扰是 GSM 无线信号传输过程中最大的问题，所以 GSM 系统采用很多无线技术来避免干扰或者提高信号质量。

2.5.1 非连续发送（DTX）和非连续接收（DRX）

1. 非连续发送（DTX）

语音传输有两种方式：一种是连续发送方式，就是无论用户是否讲活，语音总是连续编码；另一种是非连续发送（Discontinuous Transmission，DTX）方式，在语音激活期进行 13 kbit/s 编码，在语音非激活期进行 500 bit/s 编码，每 480 ms 传输一个舒适噪声帧（每帧 20 ms），如图 2.17 所示。

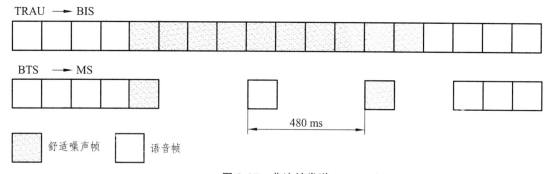

图 2.17 非连续发送

采用 DTX 方式有两个目的：一是降低总的干扰电平；二是节约发射机的功率。DTX 模式与普通模式是可选的，因为 DTX 模式会使传输质量稍有下降。

2. 非连续接收（DRX）

手机绝大部分时间处于空闲状态，此时需要随时准备接收 BTS 发来的寻呼信息。在 GSM 中，手机均采用非连续接收（DTX）方式进行信息的接收，系统按 IMSI 将 MS 用户分成不同的寻呼组，不同寻呼组的手机在不同的时刻接收系统寻呼消息，而无需采用连续接收，在其他时间处于休眠状态，MS 关闭某些硬件设备的电源以节约功率开销。

2.5.2 跳频技术

在数字移动通信系统中，为了提高系统抗干扰能力，常用到扩频技术，其中包括直扩方式和跳频方式，在 GSM 系统中采用的是跳频方式。

引入跳频的原因有两个：一是基于频率分集的原理，用于对抗瑞利衰落。移动无线传输在遇到障碍时不可避免地会遭受短期的幅度变化，这种变化称为瑞利衰落。不同的频率遭受的衰落不同，而且随着频率差增大，衰落更加独立。通过跳频，突发脉冲不会被瑞利衰落以同一种方式破坏；二是基于干扰源特性。在业务密集区，蜂窝系统容易受到频率复用产生的干扰限制，相对载干比（C/I）可能在呼叫中变化很大。引入跳频使得它可以在一个可能干扰小区的许多呼叫之间分散干扰，而不是集中在一个呼叫上。

跳频是指载波频率在很宽的频带范围内按某种序列进行跳变。控制和信息数据经过调制后成为基带信号，送入载波调制，然后载波频率在伪随机码的控制下改变频率，这种伪随机码序列即为跳频序列。最后再经过射频滤波器送至天线发射出去。接收机根据跳频同步信号和跳频序列确定接收频率，把相应的跳频后信号接收下来，进行解调。跳频基本结构如图 2.18 所示。

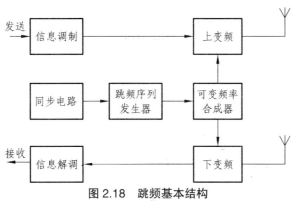

图 2.18　跳频基本结构

2.5.3　分集接收

1. 多径衰落

发射机天线发出的无线电波，可依不同的路径到达接收机，当频率 $f>30$ MHz 时，典型的传播通路如图 2.19 所示。沿路径①从发射天线直接到达接收天线的电波称为直射波，它是 VHF 和 UHF 频段的主要传播方式；沿路径②的电波经过地面反射到达接收机，这种电波称地面反射波；沿路径③的电波沿地球表面传播称为地表面波，由于地表面波的损耗随频率升高而急剧增大，传播距离迅速减小，因此在 VHF 和 UHF 频段地表面波的传播可以忽略不计。除此之外，在移动信道中，电波遇到各障碍物时会发生反射和散射现象，它对直射波会引起干涉，即产生多径衰落现象。下面先讨论直射波和反射波的传播特性。

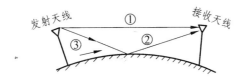

图 2.19　典型的传播通路

为了减少由多径引起的系统性能降低，GSM 系统 BTS 在无线接口采用分集接收技术，即接收处理部分有两套，以接收两路不同的信号。

分集技术就是把各个分支的信号按照一定的方法再集合起来变害为利。把收到的多径信号先分离成互不相关的多路信号，由少变多，再将这些信号的能量合并起来，由多变少，从而改善接收质量。

分集技术包括：时间分集、空间分集、频率分集、极化分集等。

2. 空间分集

在空间设立两副接收天线，独立地接收同一信号，再合并输出，衰落的程度能被大大减小，这就是空间分集。空间分集是利用场强随空间的随机变化实现的，空间距离越大，多径传播的差异就越大，所接收场强的相关性就越小。所谓相关性是指信号间的相似程度，因此必须确定必要的空间距离。经过测试和统计，CCIR 建议为了获得满意的分集效果，两天线间距大于 0.6 个波长，即 $d>0.6\lambda$，并且最好选在 $\lambda/4$ 的奇数倍附近。若减小天线间距，即使小到 $\lambda/4$，也能起到相当好的分集效果。

3. 时间分集

时间分集是指采用一定的时延来发送同一消息或者在系统所能承受的时延范围内在不同的时间内发送消息的一部分。在 GSM 系统中，通过交织技术实现时间分集。

4. 频率分集

频率分集是指用两个以上的频率同时传送一个信号，在接收端对不同频率的信号进行合成，利用不同频率的无线载波的不同路径减少或消除衰落的影响。这种方法的效率较好，且接收天线只需一副。在 GSM 系统中通过跳频技术实现频率分集。

5. 极化分集

极化分集是指使两副接收天线的极化方向互成一定的角度进行接收，可以获得较好的分集效果。极化分集可以把两副分集接收天线集成在一副天线内实现，这样对于一个小区只需一个发送天线和一个接收天线即可。如果采用双工器，则只需一副收发合一的天线，大大减少了天线的数量。

2.5.4　功率控制

功率控制，就是指在无线传播上对手机或基站的实际发射功率进行控制，以尽可能降低基站或手机的发射功率，这样就能达到降低手机和基站的功耗、整个 GSM 网络干扰两个目的。当然，功率控制的前提是要保证正在通话的呼叫拥有比较好的通信质量。功率控制过程如图 2.20 所示。

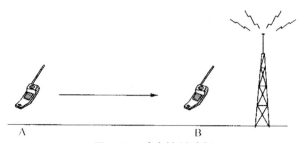

图 2.20　功率控制过程

由图 2.20 可见，由于在 A 点的手机离基站的天线比较远，而电波在空间的传播损耗与距离的 N^2 成正比，因此，为了保证一定的通信质量，A 点的手机通信时就要使用比较大的发射功率。相比而言，由于 B 点离基站的发射天线比较近，传播损耗也就比较小，因此，为了得到类似的通信质量，B 点的手机通信时就可以使用比较小的发射功率。当一个正在通话的手机从 A 点向 B 点移动时，功率控制可以使它的发射功率逐渐减小，相反，当正在通话的手机从 B 点向 A 点移动时，功率控制可以使它的发射功率逐渐增大。

功率控制可以分为上行功率控制和下行功率控制。上行和下行功率控制是独立进行的。所谓的上行功率控制，也就是对手机的发射功率进行控制。而下行功率控制，就是对基站的发射功率进行控制。不论是上行功率控制还是下行功率控制，它们通过降低发射功率，都能够减少上行或下行方向的干扰，同时降低手机或基站的功耗，其表现出来的最明显的好处就是：整个 GSM 网络的平均通话质量大大提高，手机的电池使用时间也大大延长。

1. 功率控制过程

提供给功率控制过程进行决策的原始信息来自手机和基站的测量数据，通过处理和分析这些原始数据，作出相应的控制决策。与切换控制过程类似，一般来说，整个功率控制过程如图 2.21 所示。

（1）测量数据保存。

与功率控制有关的测量数据类型包括：上行信号电平、上行信号质量、下行信号电平和下行信号质量。

（2）测量数据平均处理。

为了减小复杂的无线传输对测量值带来的影响，对测量数据的平均处理一般采用前向平均法。也就是说在功率控制决策时，使用的是多个测量值的平均值。对不同的测量数据类型，在求平均处理中参数设置可以不一样，也就是说所使用的测量数据的个数可以不一样。

（3）功率控制决策。

功率控制决策需要 3 个参数：一个门限值、一个 N 值和一个 P 值。若最近的 N 个平均值中有 P 个超过门限值，就认为信号电平过高或信号质量太好；若最近的 N 个平均值中有 P 个低于门限值，则认为信号电平过低或信号质量太差。

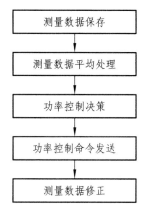

图 2.21　功率控制过程

根据信号电平或信号质量的好坏，手机或基站就可以判断如何控制发射功率，提高或者降低的幅度由预先配置好的值决定。

（4）功率控制命令发送。

根据功率控制决策的结论，将相应的控制命令发送到基站，由基站负责执行或转发给手机。

（5）测量数据修正。

在功率控制之后，原先的测量数据和平均值已经没有意义，如果仍旧原封不动地保留的话，会造成后面错误的功率控制决策，因此，要将原来的这些数据统统废弃，或对其进行相应的修正，使得数据可以继续使用。

功率控制的速度最快 480 ms 一次，实际上也就是测量数据的最快上报速度。也就是说，一个完整功率控制过程最快是 480 ms 被执行一次。

2. 快速功率控制

ETSI 规范推荐的功率控制过程的控制幅度都是固定的，一般取值是 2 dB 或 4 dB，然而在实际情况下，固定的功率控制幅度并不能达到最佳的效果，举例如下。

当手机在离基站天线很近的地方发起一次呼叫，它使用的初始发射功率是所在小区 BCCH 上广播的系统消息中手机最大发射功率 MS_TXPWR_MAX_CCH，很明显，由于这时手机离基站的天线非常近，功率控制过程应该尽可能快地将它的发射功率降下去。然而，ETSI 规范推荐的功率控制过程做不到，因为它每次只能命令手机降 2 dB 或 4 dB，加上每两次功率控制之间会有一定的间隔期，因此，要将手机发射功率降到合理的值，会经历一段比较长的时间，下行方向也是一样的。可见，这对降低整个 GSM 网络的干扰情况明显不利，要改善这一点，就要加大每次功率控制的度，这就是快速功率控制的核心思想。

快速功率控制过程能够根据实际的信号强度和信号质量情况，判断出应该使用的功率控制幅度，不再局限于一个固定的幅度，这样就可以轻易解决手机初始接入时功率的控制问题。当然，它的作用也不仅仅局限于这种情况，还有很多，比如快速移动的手机、突然出现的干扰或障碍等，只要出现需要进行大幅度功率控制的现象，快速功率控制过程都能够圆满地给予解决。

2.5.5　时间提前量

移动台收发信号要求有 3 个时隙的间隔，这是由于移动台是利用同一个频率合成器来进行发射和接收的，因而在接收和发送信号之间应有一定的间隔。从基站的角度上来看，上行链路的编排方式可由下行链路的编排方式延迟 3 个突发脉冲获得。这 3 个突发脉冲的延时对于整个 GSM 网络是个常数。

移动台在接收信号的同时，将在频率上平移 45 MHz，并在偏移 3 个时隙的基础上考虑时间提前量 TA 后发送，然后可以再次平移以监视其他小区的 BCCH 信道。

在通信过程中，如移动台在呼叫期间向远离基站的方向上移动，则从基站发出的消息将越来越迟的到达移动台。与此同时，移动台的应答信息也会越来越迟的到达基站。如不采取措施，时延过长会导致这样一种情况：基站收到的移动台在本时隙上发送的消息与基站在其下一个时隙收到的另一个呼叫信息重叠起来，从而引起干扰。因此，在呼叫进行期间，移动台发送给基站的测量报告报头上携带着移动台测量的时延值，而基站必须监视呼叫到达的时间，并在下行 SACCH 的系统消息上以每两秒一次的频率向移动台发出指令，随着移动台离开基站的距离的变化，逐步指示移动台应提前发送的时间，这就是时间的调整。在 GSM 中被称为时间提前量 TA，如图 2.22 所示。

时间提前量值可以为 0～233 μs，该值会影响到小区的无线覆盖。GSM 小区的无线覆盖半径最大可达到 35 km，这个限制值是由于 GSM 定时提前的编码是在 0～63。基站最大覆盖半径算法如下：

$$3.7 \text{ μs/bit} \times 63 \text{ bit} \times (3 \times 10^8) \text{ m/s} \div 2 = 35 \text{ km}$$

其中，3.7 μs/bit——每个比特的时长；63 bit——时间调整的最大比特数；3×10^8 m/s——光速。

但在某些情况下，客观需要基站能覆盖更远的地方，比如在沿海地区，如需用来覆盖较大范围的一些海域或岛屿。这种覆盖在 GSM 中是能实现的，代价是须减少每载频所容纳的信道数，办法是仅使用 TN 为偶数的信道（因为 TS0 必须用做 BCCH），空出奇数的 TS 来获得较大的保持时间。这被称为扩展小区技术，这一技术有专门的接收处理。这样定时提前的编码将会增大一个突发脉冲的时长。即基站的最大覆盖半径为：

$$3.7\ \mu s/bit×（63+156.25）bit×（3×10^8）m/s÷2=120\ km$$

根据以上所述，1 bit 对应的距离是 554 m，精确度为 0.25 bit（即 138.5 m）。表 2.3 给出了 TA 值所对应的距离和精确度。

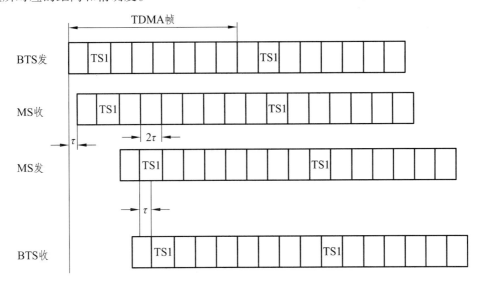

图 2.22　**TA 的使用**

表 2.3　**TA 值所对应的距离和精确度**

时间提前量 TA	距离/m	精确度（推荐值）
0	0～554	25%
1	554～1108	12.5%
2	1108～1662	6.1%
3	1662～	3.1%
…	…	…
63	34902～35456	0.4%

由于多径传播和 MS 同步精确度的影响，因此两个在同一位置接收同一小区信号的移动台对 TA 测量的差异可能会达到 3 bit 左右（1.6 km）。

2.6　GSM 无线信道和帧结构

前面多处提到了信道，那么什么是信道呢?本章就对信道相关其他知识做一个详细讲解。

2.6.1　GSM 频段划分

我国陆地蜂窝数字移动通信网 GSM 通信系统采用 900 MHz 与 1 800 MHz 频段。GSM900 MHz 频段为：890～915 MHz（移动台发，基站收），935～960 MHz（基站发，移动台收）。

DCS1800MHz 频段为：1 710 ~ 1 785 MHz（移动台发，基站收），1 805 ~ 1 880 MHz（基站发，移动台收），如表 2.4 所示。

表 2.4　GSM 网络的工作频段

GSM 系统	上行（MHz）	下行（MHz）	带宽（MHz）	双工间隔（MHz）	双工频点数
GSM900	890 ~ 915	935 ~ 960	2×25	45	124
GSM900E	880 ~ 890	925 ~ 935	2×35	45	174
GSM1800	1710 ~ 1785	1805 ~ 1880	2×75	95	374
GSM1900	1850 ~ 1910	1930 ~ 1990	2×60	80	299

绝对频点号和频道标称中心频率的关系为：

GSM900MHz 频段：

$Fu(n)=890+0.2×n$ MHz，上行频率（移动台发，基站收）

$Fd(n)=Fu(n)+45$ MHz，下行频率（基站发，移动台收）；$n∈[1，124]$

GSM1800MHz 频段为：

$Fu(n)=1710.2+0.2×(n-512)$ MHz（移动台发，基站收）

$Fd(n)=Fu(n)+95$ MHz （基站发，移动台收）；$n∈[512，885]$

1. 频道间隔

相邻两频点间隔为 200 kHz，每个频点采用时分多址（TDMA）方式，分为 8 个时隙，即 8 个信道（全速率），如 GSM 采用半速率话音编码后，每个频点可容纳 16 个半速率信道，可使系统容量扩大一倍，但其代价必然是导致语音质量的降低。

2. 频道配置

（1）我国 GSM900 使用的频段为：

890 ~ 915 MHz　上行频率

935 ~ 960 MHz　下行频率

频道号为 1 ~ 124，共 25 M 带宽。

中国移动公司：890 ~ 909 MHz（上行），935 ~ 954 MHz（下行），共 19 M 带宽，94 个频道，频道号为 1 ~ 94。

中国联通公司：909 ~ 915 MHz（上行），954 ~ 960 MHz（下行），共 6 M 带宽，29 个频道，频道号为 96 ~ 124。

频道号 95 是隔离频点，移动联通都不使用。

（2）我国 DCS1800 使用的频段为：

1 710 ~ 1 785 MHz　上行频率

1 805 ~ 1 880 MHz　下行频率

频道号为 512 ~ 885，共 75 M 带宽。

中国移动公司：1 710 ~ 1 725 MHz（上行），1 805 ~ 1 820 MHz（下行），共 15 M 带宽，75 个频道，频道号为 512 ~ 586。

中国联通公司，1 745 ~ 1 755 MHz（上行），1 840 ~ 1 850 MHz（下行），共 10 M 带宽，50 个频道，频道号为 687 ~ 736。

2.6.2　物理信道

GSM 系统采用的是 FDMA 和 TDMA 混合多址接入技术，具有较高的频率利用率。FDMA 是指在 GSM900 频段的上行 890 ~ 915 MHz 或下行 935 ~ 960 MHz 频率范围内分配了 124 个载波频率，简称载频，每个载频之间的频率间隔为 200 kHz。上行与下行载频是成对的，即所谓的双工通信方式。双工收发载频对之间的频率间隔为 45 MHz。TDMA 是指在 GSM900 的每个载频上按时间分为 8 个时间段，每一个时间段称为一个时隙（Time Slot），如图 2.23 所示。这样的时隙叫做信道，或者叫物理信道。一个载频上连续的 8 个时隙组成一个 TDMA 帧，也就是说 GSM 的一个载频上可提供 8 个物理信道。

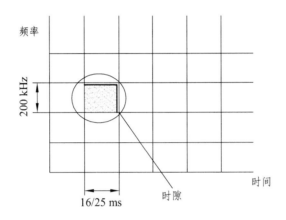

图 2.23　物理信道的时隙结构

如果把 TDMA 帧的每个时隙看作物理信道，那么在物理信道上所传输的内容就是逻辑信道。逻辑信道是指按照移动网通信的需要，为传送的各种控制信令和语音或数据业务在 TDMA 的 8 个时隙所分配的控制逻辑信道或语音、数据逻辑信道。

GSM 数字系统在物理信道上传输的信息是由 100 多个调制比特组成的脉冲串，称为突发脉冲序列——"Burst"，以不同的"Burst"信息格式来携带不同的逻辑信道。逻辑信道分为公共信道和专用信道两大类。

1. 公共信道

公共信道主要是指用于传送基站向移动台广播消息的广播控制信道和用于传送移动业务交换中心与移动台之间建立连接所需的双向信号的公共控制信道。

（1）广播信道。

广播信道（BCH）是指从基站到移动台的单向信道，包括以下几种。

● 频率校正信道（FCCH）。用于给用户传送校正移动台频率的信息，移动台在该信道接收频率校正信息并用来校正自己的时间基准频率。

● 同步信道（SCH）。用于传送帧同步信息和 BTS 识别码（BSIC）信息给移动台（用以准备切换等事宜）。

● 广播控制信道（BCCH）。用于 BTS 基站收发信台广播通用的信息。例如，在该信道上广播本小区和相邻小区的基本信息以及同步信息（频率和时间）信息。移动台则周期性地监听 BCCH，以获取 BCCH 上的信息，如本地区识别（Local Area Identity），相邻小区列表（List of Neighboring Cell），本小区使用的频率表，小区识别，功率控制（移动台的发射功率对小区内通话的其他用户而言就是干扰，所以要限制移动台的发射功率，使系统的总功率保持最小。功率控制能保证每个用户所发射功率到达基站时保持最小，既符合最低的通信要求，又避免对其他用户信号产生不必要的干扰）指示，间断传输允许、接入控制（例如紧急呼叫等）。

● 小区广播信道（CBCH，Cellular Broadcast Channel）。用于基站给小区内移动台广播消息。BCCH 载波是由基站以固定功率发射，其信号强度能被所有移动台测量。

（2）公共控制信道。

公共控制信道（CCCH）是基站与移动台间的点对多点的双向信道，包括以下几种。

● 寻呼信道（PCH）。用于广播发送基站寻呼移动台的寻呼消息，是点对多点的下行信道。

● 随机接入信道（RACH）。移动台随机接入网络时用此信道向基站发送信息，包括对基站寻呼消息的应答以及移动台始呼时的接入。移动台还在此信道上向基站申请独立专用控制信道（SDCCH）。此信道是上行信道。

● 接入允许信道（AGCH）。用于基站向随机接入成功的移动台发送指配了的独立专用控制信道 SDCCH。此信道是下行信道。

2. 专用信道

专用信道主要是指用于传送用户语音或数据业务的信道，另外还包括一些用于控制的专用控制信道。

（1）专用控制信道。

专用控制信道（DCCH）是基站与移动台间的点对点的双向信道，用于对移动台的专用控制，包括以下几种。

● 独立专用控制信道（SDCCH）。用于传送基站和移动台间的指令与信道信息，如鉴权、登记信令消息等。此信道在呼叫建立期间支持双向数据传输以及短消息业务信息的传送。

● 慢速随路信道（SACCH）。基站一方面用此信道向移动台传送功率控制信息、帧调整信息；另一方面，基站用此信道接收移动台发来的信号强度报告和链路质量报告。此信道一般伴随着专用独立控制信道或者业务信道存在。

● 快速随路信道（FACCH）。此信道主要用于传送基站与移动台间的越区切换信令消息。此信道一般不存在，必要时由业务信道转化而来。

（2）业务信道。

业务信道（TCH）是用于传送用户的语音和数据业务的信道。根据交换方式的不同，业务信道可分为电路交换信道和数据交换信道；依据传输速率的不同可分为全速率信道和半速率信道。GSM 系统全速率信道的速率为 13 kbit/s；半速率信道的速度为 6.5 kbit/s。另外，增强型全速率信道的速率与全速率信道的速率一样为 13 kbit/s，只是其压缩编码方案比全速率信道的压缩编码方案优越，因而它有较好的语音质量。

3. 信道组合

在实际应用中，总是将不同类型的逻辑信道映射到同一物理信道上，称为信道组合。

以下为 GSM 系统的 9 种信道组合类型。

- 全速率业务信道 TCHFull：TCH/F+FACCH/F+SACCH/TF。
- 半速率业务信道 TCHHalf：TCH/H（0，1）+FACCH/H（0，1）+SACCH/TH（0，1）。
- 半速率 1 业务信道 TCHHalf2：TCH/H（0，0）+ FACCH/H（0，1）+ SACCH/TH（0，1）+TCH/H（1，1）。
- 独立专用控制信道 SDCCH：SDCCH/8（0，…，7）+SACCH/C8（0，…，7）。
- 主广播控制信道 MainBCCH：FCCH+SCH+BCCH+CCCH。
- 组合广播控制信道 BCCHCombined：FCCH+SCH+BCCH+CCCH+SDCCH/4（0，…，3）+SACCH/C4（0，…，3）。
- 广播信道 BCH：FCCH+SCH+BCCH。
- 小区广播信道 BCCHwithCBCH：FCCH+SCH+BCCH+CCCH+SDCCH/4（0，…，3）+SACCH/C4（0，…，3）+CBCH。
- 慢速专用控制信道 SDCCHwithCBCH：SDCCH+SACCH+CBCH。

以上信道组合中，CCCH=PCH+RACH+AGCH。CBCH 只有下行信道，携带小区广播信息，与 SDCCH 使用相同的物理信道。

每个小区广播一个 FCCH 和一个 SCH。其基本组合在下行方向包括一个 FCCH、一个 SCH、一个 BCCH 和一个 CCCH（PCH+AGCH），严格地分配到小区配置的 BCCH 载频的 TN0 位置上，如图 2.24 所示。

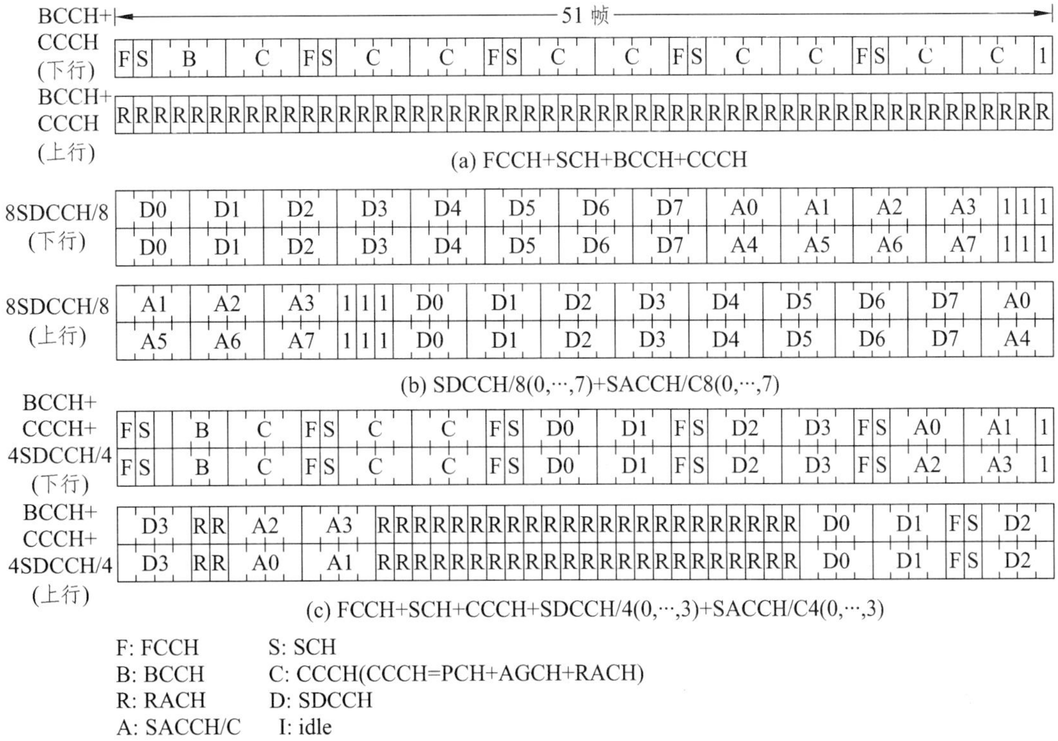

图 2.24　51 帧的信道结构

对于半速率语音信道组合，每个时隙有 2 条半速率子信道和相应的 SACCH，以 26TDMA

帧为复帧，帧结构如图 2.25 所示。

| | 26 帧 | |

| H 0 | H 1 | H 0 | H 1 | H 0 | H 1 | H 0 | H 1 | H 0 | H 1 | H 0 | H 1 | S 0 | H 0 | H 1 | H 0 | H 1 | H 0 | H 1 | H 0 | H 1 | H 0 | H 1 | H 0 | H 1 | S 1 |

图 2.25　半速率语音信道结构

2.6.3　GSM 帧结构

GSM 是数字化系统，其任务是传输比特流。不同的信道可以同时传输不同的比特流，信道可分为物理信道和逻辑信道，逻辑信道至物理信道的映射是指将要发送的信息安排到合适的 TDMA 帧和时隙的过程。GSM 的无线帧结构有五个层次，即时隙、TDMA 帧、复帧、超帧和超高帧，其中时隙是物理信道的基本单元。

TDMA 帧由 8 个时隙组成，是占据载频带宽的基本单元，每个载频有 8 个时隙。

复帧有两种类型：由 26 个 TDMA 帧组成的复帧，用于 TCH、SACCH 和 FACCH；由 51 个 TDMA 帧组成的复帧，用于 BCCH、CCCH 和 SDCCH。超帧是一个连贯的 51×26 的 TDMA 帧，由 51 个 26 帧的复帧或 26 个 51 帧的复帧构成。超高帧由 2048 个超帧构成。GSM 系统分级帧结构如图 2.26 所示。

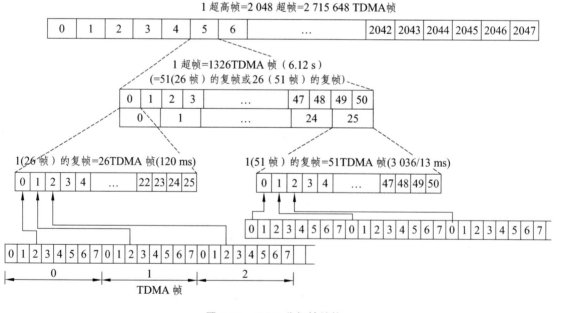

图 2.26　GSM 分级帧结构

2.6.4　逻辑信道和物理信道的映射

大家在学过 TDMA 信道、TDMA 帧和突发脉冲序列之后，就可以学习逻辑信道映射到物理信道的方法了。我们知道每小区有若干个载频，每个载频都有 8 个时隙，我们定义载频数为 C0，C1，…，Cn，时隙数为 T30，T51，…，T87。

1. 控制信道的映射

对某小区超过 1 个载频时，该小区 C0 上的 TS0 就映射广播和公共控制信道，具体映射方法如图 2.27 所示。

F（FCCH）——移动台依此同步频率，它的突发脉冲序列为 FB。

S（SCH）——移动台依此读 TDMA 帧号和 BSIC 码，突发脉冲序列为 SB。

B（BCCH）——移动台依此读有关此小区的通用信息。突发脉冲序列为 NB。

I（IDEL）——空闲帧，不包括任何信息。突发脉冲序列为 DB。

C（CCCH）——移动台依此接受寻呼和接入，突发脉冲序列为 NB。

即便没有寻呼或接入进行，BTS 也总在 C0 上发射，用空位突发脉冲序列代之。

我们从帧的分级结构知道，51 帧的复帧用于携带 BCH 和 CCCH，因此在 51 帧的复帧中共有 51 个 TS0，所携带的控制信道排列的序列如图 2.27 所示。此序列在第 51 个 TDMA 帧上映射一个空闲帧之后开始重复下一个 51 帧的复帧。

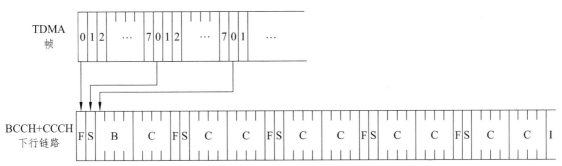

图 2.27　BCCH 和 CCCH 在 TS0 上的复用

以上叙述了下行链路 C0 上的 TS0 的映射。对上行链路 C0 上映射的 TS0 是不包含上述各信道的，它只含有随机接入信道（RACH），用于移动台的接入，如图 2.28 所示，它给出了 51 个连续 TDMA 帧的 TS0。

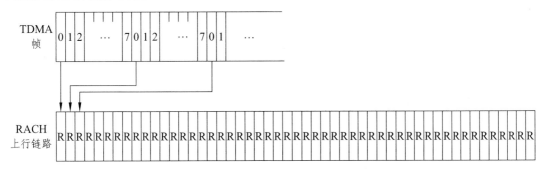

图 2.28　TS0 上 RACH 的复用

下行链路 C0 上的 TS1 用于映射专用控制信道。它是 102 个 TDMA 帧复用一次，三个空闲帧之后从 D0 开始，如图 2.29 所示。

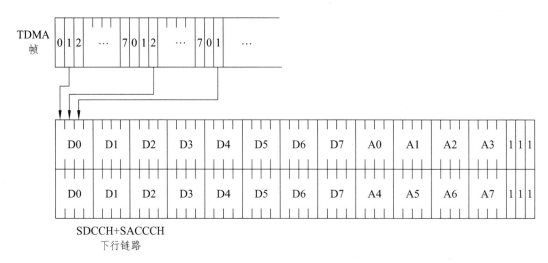

图 2.29   SDCCH 和 SACCH 在 TS1 上的复用（下行）

DX（SDCCH）——此处移动台 X 是一个正在建立呼叫或更新位置或与 GSM 交换系统参数的移动台。DX 只在移动台 X 建立呼叫时使用，在移动台 X 转到 TCH 上开始通话或登记完释放后，DX 可用于其他 MS。

AX（SACCH）——在传输建立阶段（也可能是切换时）必须交换控制信令，如功率调整等信息，移动台 X 的此类信令就是在该信道上传送。

由于是专用信道，因此上行链路 C0 上的 TSI 也具有同样的结构，即意味着对一个移动台同时可双向连接，但时间上有个偏移，如图 2.30 所示。DX、AX 含义与下行链路相同。

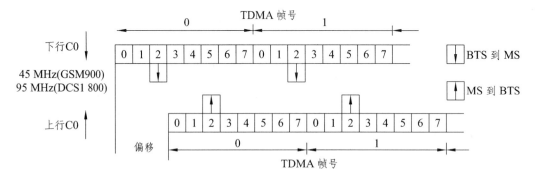

图 2.30   SDCCH 与 SACCH 在 TS1 上的复用（上行）

2. 业务信道的映射

TCH 到物理信道的映射如图 2.31 所示。图 2.31 中只给出了 TS2 的时分复用关系，其中 T 表示 TCH，用于传送语音或数据；A 表示 SACCH，用于传送控制命令，如命令改变输出功率等；I 为 IDEL 空闲，不含任何信息，主要用于配合测量。TS2 是以 26 个时隙为周期进行时分复用的，以空闲时隙 I 作为重复序列的开头或结尾。

上行链路的 TCH 与下行链路的 TCH 结构完全一样，只是有一个时间偏移。时间偏移为 3 个 TS，也就是说上行的 TS2 与下行的 TS2 不同时出现，表明移动台的收发不必同时进行。图 2.32 中给出了 TCH 上行与下行偏移的情况。

通过以上论述可以得出在载频 f_0 上:

- TS0 是逻辑控制信道,重复周期为 51 个 TS。
- TS1 是逻辑控制信道,重复周期为 102 个 TS。
- TS2 是逻辑业务信道,重复周期为 26 个 TS。
- TS3 ~ TS7 是逻辑业务信道,重复周期为 26 个 TS。

其他 f_0 ~ f_N 个载频的 TS0 ~ TS7 全部是业务信道。

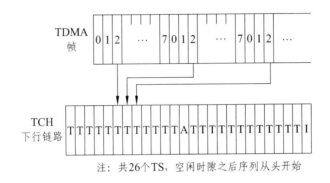

图 2.31　TCH 的复用

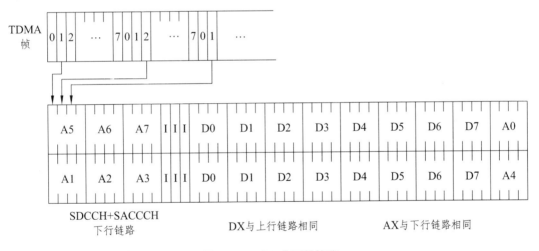

图 2.32　TCH 上下行偏移

2.7 GSM 系统接口与协议

接口是两对等实体之间的连接点。GSM 系统中的对等实体就是 GSM 系统中的各种设备。GSM 系统中一共有多达 12 种的接口。在各种应用系统中,要完成某项功能通常需要多个设备的相互配合,因此各设备必须通过各种接口按照规定的协议实现互联。也就是说两个实体之间必须遵守某种协议,双方才能通话,因此接口代表两个相邻实体之间的连接点,而协议就是连接点上交换信息需要遵守的规则。

2.7.1　GSM 系统的内部接口

　　移动通信系统是由许多功能单元通过接口互连构成的，接口是指各组成单元之间的物理上和逻辑上的连接。NSS 部分的 B、C、D、E、F、G 接口定义了相应功能单元之间的互连标准，各接口都采用了 7 号信令系统，以便实现国际漫游和通信网互连。BSS 和 MS 两部分有 A、Um、Abis、Ater 接口等，其中 A 接口和 Um 接口具有统一和公开的标准，以便于设备生产和组网，也有利于各种 ISDN 业务的引入和功能扩展。Abis 接口和 Ater 接口的定义尚不统一，实现差别较大，因此 BSC 和 BTS 配置目前还不能实现多厂家设备互连，各接口结构如图 2.33 所示。

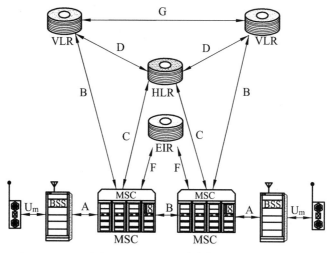

图 2.33　GSM 系统内部接口

　　1. Sm 接口

　　Sm 接口是人机接口，是客户与网络之间的接口，主要包括客户对移动终端进行的操作程序、移动终端向客户提供的显示等。Sm 接口还包括客户识别卡（SIM）与移动终端（ME）间接口的内容。

　　2. Um 接口

　　Um 接口是空中无线接口，是移动台和 BTS 之间的通信接口，用于移动台与 GSM 系统的固定部分之间的互通，其物理连接通过无线链路实现。Um 接口传递的信息包括无线资源管理、移动性管理和接续管理等。

　　3. Abis 接口

　　Abis 接口是 BSS 系统的两个功能实体 BSC 与 BTS 之间的通信接口，用于 BTS 和 BSC 之间的远端互连方式，物理连接通过标准的 2 Mbit/s 或 64 kbit/s 的 PCM 数字传输链路来实现。Abis 接口支持系统向移动台提供的所有服务，并支持对 BTS 无线设备的控制和无线频率的分配。由于 Abis 接口是 GSM 系统 BSS 的内部接口，因此它是一个未开放的接口，可由各设备厂家自行定义。

　　4. Ater 接口

　　当 TC 位于 MSC 侧时，为了降低传输线路的成本，BSC 与 TC 之间通常采用子复用单元

SMU。BSC 与 TC 之间的接口称为 Ater 接口，它是 ZXG10-BSC（V2）自定义的接口，Ater 接口的传输内容与 A 接口类似，不同的只是语音信号在两个接口中的传输速率：A 接口中的语音信号为 64kbit/s A 律 PCM 编码信号，在 Ater 接口中的语音编码信号同 Abis 接口。

5. A 接口

BSS 部分与 MSC 之间的接口为 A 接口。A 接口基于 2 Mbit/s 数字接口，采用 14 位七号信令方式，主要传递呼叫处理、移动性管理、基站管理、移动台管理等信息。

6. B 接口

MSC 与 VLR 之间的接口为 B 接口，主要用于 MSC 向 VLR 询问有关移动台当前位置信息，或通知 VLR 有关移动台的位置更新信息等。B 接口作为设备内部接口，一般不作规定，但应能完成 GSM 规范所规定的功能。

7. C 接口

MSC 与 HLR 之间的接口为 C 接口。C 接口是一个至七号信令网的接口（采用 24 位七号信令方式），是 2 Mbit/s 或 64 kbit/s 的数字接口。它主要完成被叫移动用户信息的传递以及获取被叫用户被分配的漫游号码。

8. D 接口

HLR 与 VLR 之间的接口称为 D 接口。它也是一个至七号信令网的接口（采用 24 位七号信令方式），是 2 Mbit/s 或 64 kbit/s 的数字接口。它主要交换位置信息和用户信息。当移动台漫游到某 VLR 所辖区后，VLR 将通知 MS 的 HLR。HLR 向 VLR 发送有关该用户的业务消息，以便 VLR 给漫游客户提供合适的业务。同时 HLR 还要通知前一个为该移动用户服务的 VLR 删除该移动用户的信息。当移动用户要求进行补充业务的操作或修改某些用户参数时（如将呼叫转移功能激活），也是通过 D 接口进行数据交换的。

9. E 接口

MSC 与 MSC 之间的接口称为 E 接口。也是采用 24 位七号信令方式，用于移动台在呼叫期间从一个 MSC 区域移动到另一个 MSC 区时为了通话的连续而进行的局间切换，以及两个 MSC 间建立用户呼叫接续时传递有关信息。

10. F 接口

MSC 与 EIR 之间的接口为 F 接口。它采用 24 位七号信令方式，用于 MSC 检验移动台的 IMEI 时使用。

11. G 接口

G 接口是 VLR 之间的接口，当移动台以 TMSI 启动位置更新时，VLR 使用 G 接口向前一个 VLR 获取 MS 的 IMSI 和相应信息。

12. NSS 或 BSS 与 OMC 之间的接口

该接口是基于 X.25 接口或七号信令网的接口，执行 TMN Q3 协议。

2.7.2　GSM 系统的业务协议

目前商用的 GSM 设备大都支持电路业务和 GPRS 分组业务，对于这两类业务，分别采用不同的协议进行处理。下面简单介绍电路业务和分组业务在各相关接口上采用的协议。

1. 电路业务协议

电路业务是采用电路交换的业务总称，其接口协议栈如图 2.34 所示。

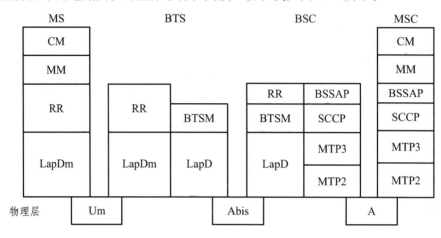

图 2.34　电路业务接口协议栈

（1）A 接口协议。

A 接口上电路业务的协议分层如图 2.35 所示。

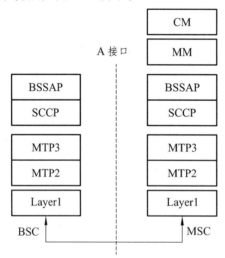

图 2.35　A 接口电路业务协议分层

物理层定义了 MSC 和 BSC 的物理层结构，包括物理参数、电气参数以及信道结构。采用公共信道信令 No.7（CSS7）的消息转移部分（MTP）的第一级来实现，以 2 Mbit/s 的 PCM 数字链路作为传输链路。

网络操作程序定义了数据链路层和网络层。MTP2 是 HDLC（高级数据链路控制）协议的一种变体，帧结构分别由标志字段、控制字段、信息字段、校验字段和标志序列组成。MTP3

和 SCCP（信令连接控制部分）主要完成信令路由选择等功能。

应用层主要包括 BSS 应用规程 BSSAP，完成基站子系统资源和连接的维护管理、业务接续以及拆除的控制。

（2）Abis 接口协议。

Abis 接口上电路业务的协议分层如图 2.36 所示。

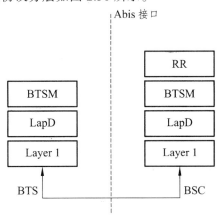

图 2.36 Abis 接口电路业务协议分层

物理层通常采用 2 Mbit/s PCM 链路。

在数据链路层，LapD（D 信道链路接入规程）是 BTS 与 BSC 之间传送信令的数据链路规程，其目的是使用 D 信道在第三层各实体间传送信息。LapD 是一种点对多点的通信协议，采用帧结构，实现了以下功能：

- 在 D 信道上提供一个或多个数据连接；
- 数据链路连接利用包含在各帧中的数据链路连接标识符（DLCI）来识别，DLCI 包括 TEI 和 SAPI 两部分，分别表示接入到什么服务和什么实体；
- 帧的分界，定位和透明性；
- 顺序控制，保证帧的有序传送；
- 差错检测；
- 差错恢复；
- 把不能修复差错通知给管理实体；
- 流量控制。

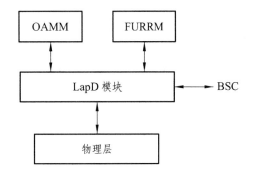

图 2.37 LapD 模块在 RSL 的位置

LapD 主要在 RSL 的 LapD 模块中实现，LapD 模块在 RSL 的位置如图 2.37 所示。

LapD 模块与物理层、第三层进行通信。第三层协议主要在 FURRM 模块中处理。OAMM 模块配置 LapD 模块运行所需的定时器的值、TEI 等各种参数。LapD 模块向 FURRM 模块提供两种信息传输方式：I 帧多帧操作和 UI 帧操作。

① I 帧多帧操作。

三层消息以接收方必须确认的信息帧方式发送。该方式提供了一整套差错恢复和流量控制机制，以及多帧操作的建立和释放机制。

I 帧结构如图 2.38 所示，由标志序列、地址段、控制段、信息段和校验段组成。

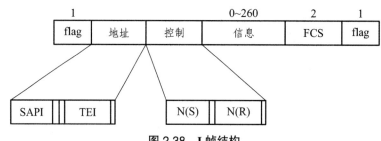

图 2.38　I 帧结构

地址段包括服务接入点标识（SAPI）和终端设备识别（TEI）。在 Abis 接口链路上通过 TEI 来寻址不同的单元；同样的单元通常有多个功能实体，在不同的功能实体之间的逻辑链路通过功能地址 SAPI 来识别。LapD 支持三种信息：信令（包括短消息信息）、操作维护和 LapD 层管理信息。这三种信息链路由 SAPI 来区分。"SAPI=0" 表示信令链路，"SAPI=62" 表示操作维护链路，"SAPI=63" 表示 LapD 层管理链路。

在控制段中，N（S）表示发送序号，即发送端当前发送的 I 帧的序号；N（R）表示接收序号，即期望的下个 I 帧的发送序号，N（R）用来预计接收端的指示。

FCS 是帧校验序列，用于误码检测。

flag 是帧开始和结尾标志，包括 6 个连续 "1" 的 8bit 字型。

② UI 帧操作。

三层消息以无序号帧的方式发送，接收方接收到 UI 帧无需发送接收确认信息，该操作方式不提供流量控制和差错恢复机制。

UI 帧结构如图 2.39 所示，由地址段、控制段和信息段组成。

地址段包括服务接入点标识（SAPI）和终端设备识别（TEI）。地址段中 P 是询问比特，该比特置 1 表示要求对端同类实体的响应帧。

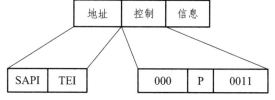

图 2.39　UI 帧结构

第三层主要传输 BTS 的应用部分，包括无线链路管理功能和操作维护功能。

（3）Um 接口协议。

Um 接口上电路业务的协议分层如图 2.40 所示。

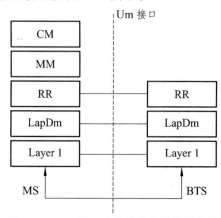

图 2.40　Um 接口上电路业务的协议分层

传输层（或物理层）：Um 接口的第一层，提供无线链路的传输通道，通过无线电波载体来传送数据，为高层提供不同功能的信道，包括业务信道和逻辑信道。

数据链路层：Um 接口的第二层，为 MS 和 BTS 之间提供可靠的数据连接，采用的是 LapDm 协议，它是 GSM 的专用协议，是 ISDN "D"信道协议 LapD 的变形。

在 GSM 中，LapDm 是 MS 与 BTS 之间传送信令的数据链路规程，其目的是使用 Dm 信道通过无线接口为第三层各实体传送信息。LapDm 在 LapD 基础上作了简化和改动，实现以下功能：

● 在 Dm 信道上提供一个点到点的数据链路连接并为上层提供多种业务服务，数据链路连接利用包含在各帧中的数据链路连接标识符（DLCI）来识别，DLCI 只包括 SAPI 部分，表示接入到什么服务；

● 支持各种帧类型的辨认识别；

● 支持三层消息在各三层实体间透明传输；

● 顺序控制，以保持通过数据链路连接的各帧的次序；

● 在数据链路层检测格式和操作错误；

● 对不可恢复差错通知三层实体处理；

● 流量控制；

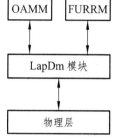

图 2.41　LapDm 模块在 RSL 中的位置

● RACH 接入经立即指配后冲突解决模式的接入支持。

LapDm 主要在 RSL 的 LapDm 模块中实现。LapDm 模块在 RSL 中的位置如图 2.41 所示。LapDm 模块和物理层、第三层进行通信。三层协议主要在 FURRM 模块中处理。OAMM 模块配置 LapDm 模块运行所需的定时器的值。

LapDm 模块向 FURRM 模块提供两种信息传输方式：UI 帧操作和 I 帧多帧操作。在帧结构上，LapDm 取消了帧定界标志 flag 和帧校验序列 FCS。在 LapDm 中，利用无线接口的同步方案来传递帧边界的信息，无需相应的帧起始和结束的标志。LapDm 没有使用帧校验序列 FCS，Um 接口的物理层提供的传输方案已经具有差错校验功能。

① I 帧多帧操作。

三层消息以接收方必须确认的信息帧方式发送。该方式提供了一整套差错恢复和流量控制的控制机制，以及多帧操作的建立机制和释放机制。LapDm 的 I 帧结构如图 2.42 所示，由地址段、控制段和信息段组成。

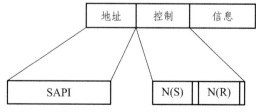

图 2.42　LapDm 的 I 帧结构

地址段包括服务接入点标识 SAPI。在无线接口上，LapDm 支持两种信息：信令和短消息业务，这两种信息链路由 SAPI 来区分。"SAPI=0"表示信令链路，"SAPI=3"表示短消息链路。

在 LapDm 帧中，所有 TCH 上的信息最大长度是 23byte，在 SACCH 最多 21byte，这种差别来自每个 SACCH 块有两个特殊用途的字节：时间提前量和发送功率控制。由于无线接口的帧最大长度为 21byte 或 23byte，不能满足大多数信令的需要，因此在 LapDm 中要定义分段和重组。它利用了一个"附加"位，将报文的最后一帧与其他帧区分开来。由于这一机制对无线路径上的报文长度没有固定限制，唯一的限制来自这些消息也要在其他接口上传送，即无线接口规范中提到的 260 byte。

控制段中，N（S）表示发送序号，即发送端当前发送的 I 帧的序号；N（R）表示接收序号，即期望的下个 I 帧的发送序号，N（R）用来预计接收端的指示。

② UI 帧操作。

三层消息以无序号帧的方式发送，接收方接收到 UI 帧无需发送接收确认信息，该操作方式不提供流量控制和差错恢复机制。LapDm 的 UI 帧结构如图 2.43 所示，由地址段、控制段和信息段组成。

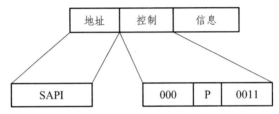

图 2.43 LapDm 的 UI 帧结构

地址段包括服务接入点标识 SAPI。地址段中 P 是询问比特，该比特置 1 表示要求对端同类实体的响应帧。

应用层是 Um 接口的第三层，主要负责控制和管理协议，把用户和系统控制过程的信息按一定的协议分组安排在指定的逻辑信道，它包括 CM、MM 和 RR 三个子层。

CM 层：实现通信管理，在用户之间建立链接、维持和释放呼叫，可分为呼叫控制（CC）、附加业务管理（SSM）和短消息业务（SMS）。

MM 层：实现移动性和安全性管理，移动台在发起位置更新时所做的处理。

RR 层：实现无线资源管理，在呼叫期间建立和释放移动台和 MSC 之间的连接。

2. 分组业务协议

分组业务接口协议栈结构如图 2.44 所示。

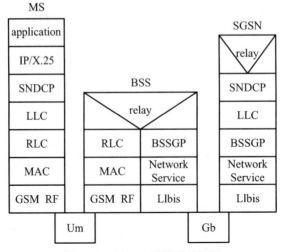

图 2.44 GPRS 协议栈结构图

（1）GTP。

GTP 即 GPRS 隧道协议。在 GPRS 骨干网中，GSN 间的用户数据和信令利用 GTP 进行隧道传输。所有的点对点 PDP 协议数据单元（PDU）将由 GTP 协议进行封装。GTP 是 GPRS 骨干网中 GSN 节点之间的互联协议，它是为 Gn 接口和 Gp 接口定义的协议，在 GSM09.60 中对其作了规范。

（2）TCP。

在 GPRS 骨干网中需要一个可靠的数据链路（如 X.25）进行 GTP PDU 传输时，所用的传输协议是 TCP 协议。如果不要求一个可靠的数据链路（如 IP），就使用 UDP 协议来承载 GTP PDU。TCP 提供流量控制功能和防止 GTP PDU 丢失或破坏的功能。UDP 提供防护 GTP PDU 受到破坏的功能。

（3）IP。

IP 是 GPRS 骨干网络协议，用以用户数据和控制信令的选路。GPRS 骨干网最初是建立在 IPv4 协议基础上的，随着 IPv6 的广泛使用，GPRS 会最终采用 IPv6 协议。

（4）SNDCP。

SNDCP 即子网相关融合协议，主要作用是完成传送数据的分组、打包，确定 TCP/IP 地址和加密方式。在 SNDC 层，移动台和 SGSN 之间传送的数据被分割为一个或多个 SNDC 数据包单元。SNDC 数据包单元生成后被放置到 LLC 帧内。SNDCP 在 GSM04.65 中有说明。

（5）LLC。

LLC 是一种基于高速数据链路规程 HDLC 的无线链路协议，能够提供高可靠的加密逻辑链路。LLC 层负责从高层 SNDC 层的 SNDC 数据单元上形成 LLC 地址、帧字段，从而生成完整的 LLC 帧。另外，LLC 可以实现一点对多点的寻址和数据帧的重发控制。LLC 独立于底层无线接口协议，这是为了在引入其他可选择的 GPRS 无线解决方案时，对网络子系统 NSS 的改动程度最小。GSM04.64 对 LLC 进行了规范。

（6）Relay。

在 BSS 中，这项功能中继转发（Relay）Um 和 Gb 接口间的 LLC PDU；在 SGSNN 中，这项功能转发 Gb 和 Gn 接口间的 PDP PDU。

（7）BSSGP。

BSSGP 即 GPRS 基站系统协议，用来传输在 BSS 和 SGSN 之间与选路服务质量有关的信息。BSSGP 没有纠错功能。GSM08.18 对 BSSGP 进行了规范。

（8）NS。

NS 即网络服务，这个层传输 BSSGP PDU。NS 以 BSS 和 SGSN 之间的帧中继连接为基础，而且具有多跳功能，并能横贯有帧中继交换节点的网络。GSM08.16 对 NS 进行了规范。

（9）RLC/MAC。

这个层具备两个功能：一是 RLC，即无线链路控制功能，能提供一条独立于无线解决方案的可靠链路。二是 MAC，即介质访问控制功能，主要作用是定义和分配空中接口的 GPRS 逻辑信道，使得这些信道能被不同的移动台共享。MAC 除了控制着信令传输所用无线信道外，还将 LLC 帧映射到 GSM 物理信道中去。GSM04.60 对 RLC/MAC 进行了规范。

（10）GSM RF。

Um 接口的物理层为射频接口部分，而逻辑链路层则负责提供空中接口的各种逻辑信道。

GSM 空中接口的载频带宽为 200 kHz，一个载频分为 8 个物理信道。如果 8 个物理信道都分配为传送 GPRS 数据，则原始数据速率可达 200 kbit/s。考虑前向纠错码的开销，最终的数据速率可达 164 kbit/s 左右。

2.8　GSM 业务流程

2.8.1　移动用户状态

移动用户一般处于空闲、忙、关机 3 种状态。其中空闲为 IMSI 附着，关机为 IMSI 分离。通常来说，IMSI 附着又分以下 3 种情况。

（1）MS 第一次开机：在 SIM 卡中没有位置区识别码（LAI），MS 向 MSC 发送"位置更新请求"消息，通知 GSM 系统这是一个该位置区的新用户。MSC 根据该用户发送的 IMSI 向 HLR 发送"位置更新请求"，HLR 记录发请求的 MSC 号以及相应的 VLR 号，并向 MSC 回送"位置更新接收"消息。至此 MSC 认为 MS 已被激活，在 VLR 中对该用户对应的 IMSI 作"附着"标记，再向 MS 发送"位置更新证实"消息，MS 的 SIM 卡记录此位置区识别码。

MS 不是第一次开机，而是关机后再开机的，MS 接收到的 LAI 与它 SIM 卡中原来存储的 LAI 不一致，则 MS 立即向 MSC 发送"位置更新请求"，VLR 要判断原有的 LAI 是否是自己服务区的位置：如判断为肯定，MSC 只需要对该用户的 SIM 卡原来的 LAI 改成新的 LAI 即可；若为否定，MSC 根据该用户 IMSI 中的信息，向 HLR 发送"位置更新请求"，HLR 在数据库中记录发请求的 MSC 号，再回送"位置更新接收"，MSC 再对用户的 IMSI 作"附着"标记，并向 MS 发送"位置更新证实"消息，MS 将 SIM 卡原来的 LAI 改成新的 LAI。MS 再开机时，所接收到的 LAI 与它 SIM 卡中原来存储的 LAI 一致，此时 VLR 只对该用户作"附着"标记。

（2）IMSI 分离：MS 切断电源后，MS 向 MSC 发送分离处理请求，MSC 接收后，通知 VLR 对该 MS 对应的 IMSI 作"分离"标记，此时 HLR 并没有得到该用户已脱离网络的通知。当该用户被寻呼时，HLR 向拜访 MSC/VLR 要漫游号码（MSRN）时，VLR 通知 HLR 该用户已关机。

（3）忙：此时，给 MS 分配一个业务信道传送语音或数据，并在用户 ISDN 上标注用户"忙"。

2.8.2　各种状态下的活动

1. 空闲状态下

（1）小区的选择与重选。

MS 开机后，会试图与一个公用的 GSMPLMN 取得联系，它将选择一个合适的小区，并从中提取控制信道的参数和 TA 消息。这种选择过程称为小区选择。小区选择分为以下两种情况。

① 在 MS 无存储广播消息情况下的小区选择过程。

如果 MS 没有存储广播消息，那么它首先要搜索所有的 124 个 RF 射频信道（如果是双模手机还要搜索 374 个 GSMl800 的信道），并在每个 RF 信道上读取接收的信号强度，计算出平均接收电平，整个测量过程要持续 3~5 s，在这段时间内将至少分别从不同的 RF 射频信道上抽取 5 个测量样品，然后调谐到接收电平最大的载波上，识别此载波是否为本 MS 提供服务的运营商提供的，若是即识别载波信号强度 C1 值是否大于 1，该小区是否被禁止接入。如果都通过即驻留该小区。

如果前 30 个最强的 RF 射频信道都搜索后未找到合适的小区，MS 将继续监测所有的 RF 射频信道的信号强度，此时 MS 不考虑网络识别问题，找到小区后直接驻留，此时仅可以进行紧急呼叫。

② MS 有存储广播消息情况下的小区选择过程。

如果 MS 在上次关机时储存了广播消息，它将首先搜索储存的广播载波并驻留。如果 MS 不能驻留储存的广播消息的载波，则进行无储存的小区选择。无线信道的质量是小区选择的重要因素。

GSM 规范中定义了路径损耗准则 C1。

$$C1=（RxLev-ACCMIN）$$

其中：RxLev 是 MS 从 BTS 接收的下行信号强度电平；ACCMIN 是系统允许 MS 接入本小区的最小信号强度电平。

C1 体现了系统对 MS 接入需要的最小下行信号强度要求，并对 MS 造成的上行信号不足进行补偿。MS 选择 C1 值最大的小区进行接入，在各种条件不发生重大变化的情况下 MS 将驻留在所选小区。

小区重选就是 MS 在空闲模式（IDLE）下改变主服务小区的过程。MS 选择小区后，在各种条件不发生重大变化的情况下，移动台将驻留在所选的小区中，同时开始测量邻近小区的 BCCH 载频的信号电平，记录其中信号电平最大的 6 个相邻小区，并从中提取出每个相邻小区的各类系统消息和控制信息。在满足一定的条件时 MS 将从当前驻留的小区转移到另一个小区。

现行的移动蜂窝技术将整个服务区分为若干个小的区域，用很多小功率发射机覆盖每个小区以实现频率复用。另外，由于 MS 移动的特性，其主服务小区是在不停地变化，因此为了使 MS 在移动的过程中与网络保持联系，必须采用一定的重选机制保证 MS 在空闲模式下能够通过重选变更主服务小区，这也是业务平衡的需要。小区重选算法类似小区选择算法，采用 C2 准则。C2 准则在考虑无线信道的质量的基础上，尽量使 MS 驻留在原小区。

（2）位置更新。

由于移动用户的移动性，移动用户的位置常处于变动状态。为了在处理呼叫、短消息、补充业务等业务时便于获取移动用户的位置信息，提高无线资源的有效利用率，要求移动用户在网络中进行位置信息登记和报告激活状态——发起位置更新业务。位置更新分为 3 种：一般位置更新、周期性位置更新和 IMSI 附着。

① 一般位置更新。

用户发生位置区改变时，MS 主动发起位置更新操作，如果原 LA（位置区）与新 LA 属于同一个 MSC/VLR 时，则可以简单地在 VLR 中修改；如果不属于同一个 MSC/VLR 时，新 MSC/VLR 就向 HLR 要求获得该 MS 的数据，HLR 在送出新 MSC/VLR 所需信息的同时，通知原 MSC/VLR 进行位置删除，并在新的 MSC/VLR 中注册该 MS，在 HLR 中登记 MS 的 MSC 号码/VLR 号码。

一般位置更新可以分为相同 VLR 的位置更新和不同 VLR 的位置更新两种，它们的过程如图 2.45 所示。

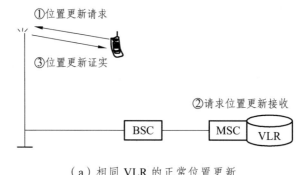

（a）相同 VLR 的正常位置更新

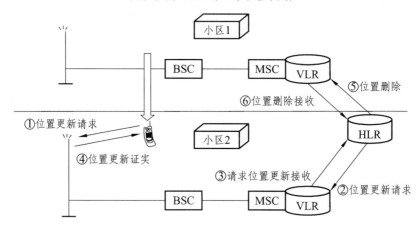

（b）不同 VLR 的正常位置更新

图 2.45　一般位置更新过程

② 周期性位置更新。

MS 关机时，有可能因为无线质量差或其他原因，GSM 系统无法获知，而仍认为 MS 处于"附着"状态；或者 MS 开机但漫游到覆盖区以外的地区，即盲区，GSM 系统也无法获知，仍认为 MS 处于"附着"状态。在这两种情况下，用户若被叫，系统将不断地发出寻呼消息，无限占用无线资源。为解决这个问题，GSM 系统采取了强制登记的措施，要求 MS 每过一定时间登记一次，这就是周期性位置更新。但如果用户长时间无操作（由系统管理员灵活设定，一般为 24 h），VLR 将自动删除该用户数据，并通知 HLR。

③ IMSI 的附着与分离。

当关机或 SIM 卡取出后，MS 不能建立任何链接。如果 MSC 仍然对它进行正常的寻呼，必然会浪费宝贵的资源。IMSI 附着/分离过程的引入就是为了克服这种不必要的浪费。

用户开机时要发起位置更新操作，其当前所在的位置区将登记在用户所在的 MSC/VLR 中，如果当前 MSC/VLR 中没有用户记录，则根据用户 IMSI 向 HLR 请求用户数据。HLR 记录用户当前位置（记录当前的 MSC/VLR 号码），并将用户数据传送给 MSC/VLR，MSC/VLR 将用户状态置为"附着"。如果 MSC/VLR 中有用户数据，则不必向 HLR 要数据，只发起 MSC/VLR 内的位置更新操作，然后将用户状态标注为"附着"。

2. 忙（专用）状态卜

1）呼叫或者被呼。

GSM 通信可分为网内 MS 之间呼叫、网间 MS 呼叫、PSTN 内的固定电话呼叫 GSM 的 MS 和 GSM 内 MS 呼叫 PSTN 内的固定电话。

（1）移动用户出局呼叫。

移动用户出局呼叫流程如图 2.46 所示。

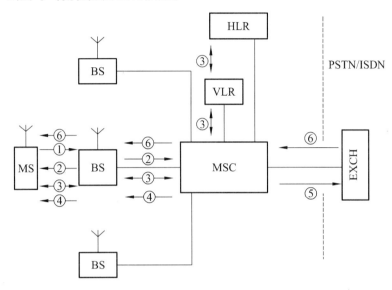

图 2.46　移动用户出局呼叫流程

流程说明如下：

① MS 请求随机接入信道；

② 建立信令链接；

③ 鉴权、加密，呼叫建立；

④ 分配话务信道；

⑤ 与固定网（ISDN/PSTN）建立至被叫用户的通路，并向被叫用户振铃，向移动台回送呼叫接通证实信号；

⑥ 被叫用户取机应答。

（2）移动用户接受固定网用户呼叫。

移动用户接受固定网用户呼叫流程如图 2.47 所示。

流程说明如下：

① GMSC 接收来自 ISDN/PSTN 的呼叫；

② GMSC 向 HLR 询问被叫的 MSC 地址（即 MSRN）；

③ HLR 请求 VLR 分配 MSRN；

④ GMSC 根据 MSRN，建立至被访 MSC 的通路；

⑤、⑥ 被访 MSC 从 VLR 获取用户数据；

⑦、⑧ MSC 通过 BS 向移动台发送寻呼消息；

⑨、⑩ 被叫移动用户的移动台发回寻呼响应消息，然后执行与前述的出局呼叫流程中的

①、②、③、④相同的过程，直到移动台振铃，向主叫用户回送呼叫接通证实信号；

⑪ 移动用户取机应答，向固定网发送应答（连接）消息，最后进入通话阶段。

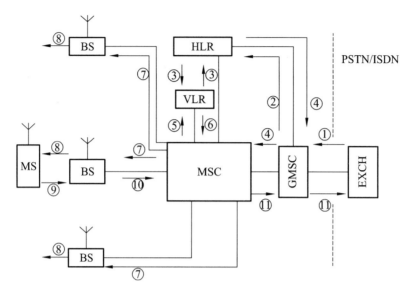

图 2.47　移动用户接收固定网用户呼叫

（3）移动用户之间的呼叫。

移动用户之间的呼叫流程如图 2.48 所示。

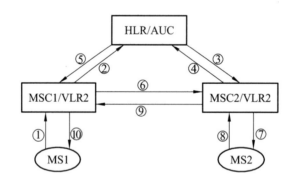

图 2.48　移动用户之间的呼叫流程

流程说明如下：

① 主叫 MS1 拨叫 MS2 电话号码，通知 MSC1；

② MSC1 找到 MS2 所属的 HLR，向 HLR 发送路由申请；

③ HLR 查询 MS2 的当前位置信息，获得 MS2 服务于 MSC2/VLR2，HLR 向 MSC2/VLR2 请求路由信息；

④ MSC2/VLR2 分配路由信息，即漫游号码 MSRN，将 MSRN 提交给 HLR；

⑤ HLR 将 MSRN 送给主叫 MSC1；

⑥ MSC1 在 MSRN 与 MSC2 之间进行呼叫建立；

⑦ MSC2/VLR2 向被叫用户 MS2 发送寻呼消息；

⑧ MSC2/VLR2 收到 MS2 用户可以接入消息；

⑨ 在 MSC2 与 MSC1 之间呼叫建立；

⑩ MSC1 向主叫 MS1 发送信号并接通，MS1 与 MS2 可以通话。

2）切换。

切换技术是 GSM 数字移动通信系统保证移动用户进行正常通信的一种重要手段。它既可能是由用户终端（MS）的移动所引起的，也有可能是频谱、容量或网络管理的需要。从近年移动通信的发展情况来看，随着用户数的猛增，小区的半径正变得越来越小，切换越来越频繁，同时还有分层网络以及双频网络之间的切换。因此，切换的作用正越来越重要，其对网络性能的影响也将越来越大。

（1）切换的目的。

切换的目的是保证通话中的 MS 越出当前小区时保持现有的通话不中断。一种是当通话中的 MS 越出管理它的小区的无线覆盖时，为了避免丢失一个正在进行中的通话；另一种是为了优化干扰电平，能够明显避开强干扰而触发的切换；还有由业务量引起的切换，若当前小区异常拥挤，而邻近小区较空闲，由于在网络规划时总要保证一些重复覆盖，于是就将一些呼叫从拥挤小区切换到较空闲的小区，但是这种切换在小区规划时要仔细安排，它只是解决拥塞的临时手段，同时将增加邻近小区的干扰。

根据不同的切换目的，可以有多种切换判决方法。以保证通话为目的的切换，其依据是上行和下行的传输质量。在数字系统中，传输误码率就是质量指标，另外还包括无线路径上的传输损耗以及边缘地域的传播时延。当时延太大时，一次连接就会中断。上述参数的测量值是执行切换的判决基础，因此，MS 和 BTS 要有规律地测量上行、下行传输质量和接收电平。MS 把记录的结果以每秒两次的频率报告 BTS。

另一判决方法是把当前小区中 MS 的上行传输质量与邻近小区进行比较。由于这个过程比较复杂，目前大多数是采用 MS 与邻近小区的路径损耗作为比较的依据。实际上，MS 仅测量下行传输情况，根据无线传播的互易定理，可以假定上下行的传输损耗是一致的。

由于拥塞引发的切换过程，需要依据每个 BTS 的当前负载进行判决，这个值只有 MSC 和 BSC 知道。这与前面两种切换过程大不相同。这个过程要求在给定的小区内，由于话务量原因，命令一定量的 MS 切换，而不明确指明是哪些 MS（通常是一些由于其他原因已经接近门限的 MS），因此，这类切换还要结合其他判决方法和相应的测量。

为了有效地执行切换，要以尽可能高的频率进行测量。GSM 系统中要求 MS 不仅报告当前业务小区的测量结果，还要报告 6 个邻近小区的测量结果。

（2）参与切换的设备及作用。

GSM 系统中的 MSC、BSC、BTS、MS 均参与切换。其中 MS 的作用是测量无线子系统下行链路性能和从周围小区中接收的信号强度，并且以测量报告的形式发送给 BTS。BTS 监视每个被服务的 MS 上行接收电平和质量以及干扰电平，并且整合 MS 的测量报告，将结果送往 BSC。BSC 分析 BTS 发送的测量报告，做出切换的最初判决。MSC 起交换作用，对从其他 BSS 和 MSC 发来的信息，测量结果的判决由 MSC 完成。

（3）切换的分类。

不同的原因都会要求执行切换规程，不过所有的切换都是由 BSC 决定对一个给定 MS 的切换尝试。一旦作出决定，并且选择了新的小区，真正的切换必须在 MS 和管理新小区、原小区（BTS）的设备之间协调进行。

切换规程通常根据以下两个准则进行：

① 第一种准则与时间提前量有关，且仅仅影响 MS 和新 BTS 之间的无线接口规程的呼入部分，主要有同步切换和异步切换。

● 同步切换：由于新旧小区是相同的，因而可由 MS 计算新的时间提前量（在切换命令中有是否是同步切换的指示）。

● 异步切换：在切换规程中，时间提前量必须由 MS 和 BTS 两方面决定。

② 第二种准则关心基础设施内交换点的位置，可分为以下几类：

小区内切换：同一小区内发生的切换。

BSC 间切换：不同 BSC 控制下小区的切换。

MSC 间切换：MSC 之间的切换。MSC 间切换以触发的条件主要分为以下几种：

功率预算切换：为了使移动用户将通话永远建立在接收电平最高的小区上，在 MS 穿过两小区的边界时，如果 BSC 根据移动台的测量报告发现某邻近小区的接收电平满足一定的要求，就将触发到该小区的功率预算切换。正常情况下功率预算切换占切换总数的 50%以上。

救援性电平切换：在小区切换参数中定义了上下行的电平切换门限值，当 BSC 从移动台和基站的上下行测量报告中发现上下行接收电平值低于参数所定义的上下行电平切换门限值（该门限在设置时应比小区的最小接收电平高）时，它将从 MS 的邻小区测量报告中找一个最合适的邻小区作为目标小区来触发切换，若没有邻小区符合条件，就很容易导致掉话。

救援性质量切换：原理同救援性电平切换，当 BSC 从移动台和基站的上下行测量报告中发现上下行的误码率过高，且高于参数所定义的上下行电平门限切换值时，就会触发救援性质量切换。针对该种切换，也需要一个救援性质量切换门限值，对该值的设置应宽松一些，只要目标小区的信号电平不是比当前小区差很多，就应鼓励进行切换，以尽量改善正在进行的通话质量。

距离切换：为了达到控制基站的覆盖范围并减小系统干扰的目的，可以考虑激活距离切换功能。BSC 发现移动台所回报的 TA 值大于其规定的门限值后，即可触发距离切换。激活距离切换后，应注意引起切换的 TA 值定义较小时，会引发频繁的乒乓切换，如因为距离原因切入某小区后，可能又会由于功率或者电平切换又切换回原小区。距离切换容限一般来说可设置得小一些，也可为负数，以保证切换及时。

话务切换：在呼叫建立阶段，小区首先会分配专用控制信道（SDCCH）以连通移动台和基站，并进一步分配话语信道 TCH 以建立通话信道，若此时该服务小区无空闲的 TCH，通常会导致因 TCH 拥塞而试呼失败。因此为了充分利用周围的无线资源以减少拥塞，系统提供了话务切换功能。若 SDCCH 已经指配成功，而该小区却没有空闲的 TCH，则将指配请求通过移动台测量报告的指示来将通话接入到最佳邻小区的空闲语音信道上去，但应注意在激活小区的话务切换的功能后，应将排队功能先打开，以给系统充分的时间来选择可供话务切换的邻小区。

3. 关　机

关机：关机时，MS 发消息给 MSC/VLR，网络收到后认为 MS 已经关机，从而将用户状态置为"分离"。

本章小结

GSM 系统是运用最广泛的移动通信系统，本章首先介绍了 GSM 系统的结构，GSM 数字移动通信系统主要由移动交换系统（NSS）、基站子系统（BSS）、操作维护子系统（NMS）和移动台 MS（Mobile Station）构成，并具体的描述了各组成部分的功能。大家通过学习 GSM 网络服务区的划分，从而认识到 GSM 服务区域的等级及其作用。在物理上，GSM 的服务区由若干个 MSC 服务区组成，而每个 MSC 服务区由若干个小区（Cell）组成。在逻辑上若干个小区归为一个位置区（LA）。然后介绍了 GSM 系统中各种号码的结构以及在 GSM 通信网络中的作用。简单介绍了 GSM 系统中语音信号处理过程，由 MS 形成模拟语音信号，对于模拟语音信号，要先进行转换，然后进行语音编码，输出 13 kbit/s 的数字语音信号，其目的就是在不增加误码的情况下，以较小的速率优化频谱占用，达到与固话尽量相近的语音质量。为了控制传输过程中产生的差错，需要对数字语音信号进行信号编码并使用交织技术，按输入输出比特流为 1∶1 的关系进行加密处理，然后对这些比特形成 8 个 1/2 突发脉冲序列，在适当的时隙中将它们以大约 270kbit/s 的速率发射出去。

在 GSM 系统中，干扰是无线信号传输过程中最大的敌人，本章重点讲述了 GSM 系统中为了避免干扰以提高通信质量采取的关键技术，包括 DTX 技术、分集接收技术、功率控制、时间提前量。

接下来还讲述了 GSM 系统频率的划分以及物理信道帧结构、GSM 系统信道的划分、逻辑信道和物理信道的映射、GSM 系统接口与协议（GSM 系统内部接口以及业务协议）。

最后介绍了 GSM 系统的业务流程，包括移动用户的状态和在各种状态下的流程。

习 题

一、填空题

1. GSM 系统主要结构由_____、_____、_____三个子系统和_____组成。

2. 基站子系统（BSS）由_____和_____两个基本部分组成。

3. 移动台就是移动客户设备部分，它由两部分组成，移动终端（MT）和_____。

4. LAI 由三部分组成：_____。

5. 分集技术可以被看做是一个质量改善的方法。有三种方法的分集：_____、_____和_____。

6. 跳频技术主要分为两种：_____跳频和_____跳频，在 GSM 规范中跳频序列由_____和_____两个参数决定。

7. GSM900MHz 的频段为：_____（下行），_____（上行）。

8. DCS1800MHz 的频段为：_____（下行），_____（上行）。

9. GSM900 采用等间隔频道配置方法，频道序号为 1～124，共 124 个频点，频点号为 64，那么其上行中心频率为_____。

10. GSM 的载波间隔为_____，每个载波有_____个时隙。

11. GSM 规范中，一个载频的一个 TDMA 帧，包含_____个时隙。

12. GSM 规范中，逻辑信道可分为_____和_____。

13. 业务信道用于_____，可分为话音业务信道和数据业务信道。

14. TCH 是传送用户话音和数据的逻辑信道，它可以是半速率、_____、增强型全速率。

15. 26 复帧主要用于_____信道；51 复帧主要用于_____信道。

16. 在 GSM 系统中，BSC 与 BTS 之间的接口称为_____接口，BTS 与 MS 之间的接口称之为_____接口，也叫空中接口，BSC 与码变换器之间的接口叫_____接口。

17. GSM 主要接口协议分为三层，其中第三层包括三个基本子层：____、____、____。

二、简答题

1. 写出下列的中文名称

OSS:　　　　　　　　　　　　BSS:

OMC:　　　　　　　　　　　　HLR:

BTS:　　　　　　　　　　　　BSC:

PSTN:　　　　　　　　　　　　ISDN:

2. GSM 中，BSC 的基本功能是什么？

3. 描述 GSM 语音处理的过程？

4. 功率控制的目的是什么？

5. 什么是 DTX（不连续发射），其主要作用为？

6. 试用图说明 GSM 主要接口的协议分层结构。

7. 位置更新包括哪几个过程？试简述之。

第 3 章 第三代移动通信系统

3.1 3G 技术概述

3.1.1 什么是 3G

3G（The Third Generation）是对第三代移动通信系统的简称。第三代移动通信系统最早由国际电信联盟组织（ITU）于 1985 年提出，当时称为未来公共陆地移动通信系统，1996 年更名为 IMT—2000（国际移动通信—2000）。欧洲的电信业巨头们则称其为 UMTS（通用移动通信系统），在欧洲，基于 GSM 演进的第三代移动通信系统是一种能够提供多种类型、高质量的多媒体业务，能实现全球无缝覆盖，具有全球漫游能力，与固定网络相兼容，并以小型便携式终端在任何时候、任何地点进行任何种类的通信的系统。

IMT—2000 是第三代移动通信系统的统称，IMT—2000 系统使用 2 000 MHz 附近的统一频段，在 2000 年实现商用，数据传输速率最高可达 2 000 kbit/s。第三代移动通信系统的主要特点如下：

① 全球普及和全球无缝漫游的通信系统。2G 系统一般为区域或国家标准，而 3G 是一个可以实现全球范围内覆盖和使用的通信系统，它可以实现使用统一的标准，以便支持同一个移动终端在世界范围内的无缝通信。

② 具有支持多媒体业务的能力，特别是支持因特网业务。2G 系统主要以提供语音业务为主，即使 2G 的增强技术一般也仅能提供 100 kbit/s ~ 200 kbit/s 的传输速率，GSM 系统演进到最高阶段的速率传输能力为 384 kbit/s。但是 3G 系统的业务能力将有明显的改进，它能支持从语音到分组数据再到多媒体业务，并能支持固定和可变速率的传输以及按需分配带宽等功能，国际电信联盟（ITU）规定的 3G 系统无线传输技术的最低要求中，必须满足四个速率要求：卫星移动环境中至少可提供 9.6 kbit/s 的速率的多媒体业务；高速运动的汽车上可提供 144kbit/s 速率的多媒体业务；在低速运动的情况下（如步行时）可提供 384kbit/s 速率的多媒体业务；在室内固定情况下可提供 2M bit/s 速率的多媒体业务。

③ 便于过渡和演进。由于 3G 引入时，现在的 2G 已具相当的规模，因此 3G 网络一定要能在原来 2G 网络的基础上灵活地演进而成，并应与固定网络兼容。

④ 高频谱效率。3G 具有高于现在 2G 移动通信系统两倍的频谱效率。

⑤ 高服务质量。3G 移动通信系统的通信质量与固定网络的通信质量相当。

⑥ 高保密性。尽管 2G 系统的 CDMA 也有相当的保密性，但是还是不及 3G 的保密性高。

目前国际上最具代表性的第三代移动通信技术标准有三种：WCDMA、CDMA2000 和 TD-SCDMA。其中 WCDMA 和 TD-SCDMA 标准由第三代伙伴关系计划（3th Generation Partner Project，3GPP）标准化组织负责制定，CDMA2000 由 3GPP2 标准化组织负责制定。WCDMA

和 CDMA2000 采用频分双工（FDD）模式，而 TD-SCDMA 采用时分双工（TDD）模式。

3.1.2　3G 网络的演进策略

我国形成三大运营商竞争 3G 市场的新格局。

1. GSM 向 WCDMA 网络演进策略

对于无线侧网络的演进，目前普遍认同的方案是在原 GSM 设备的基础上进行 3G 网络的叠加。

对于核心网侧的演进，由于核心网侧电路域和分组域的演进方式不同，主要有 3 种解决方案。

（1）核心网全升级过渡。在原有的 GSM/GPRS 核心网的基础上，通过硬件的更新和软件的升级来实现向 WCDMA 系统的演进。

（2）叠加、升级组合建网。是将原有 GSM/GPRS 核心网的电路域进行叠加、分组域进行升级的一种组网方式。

（3）完全叠加建网。

对于电路域，本地网采用完全叠加的方案。因为长途网一般仅起到话务转接的作用，与 GSM 作用相同，所以 WCDMA 和 GSM 可以共享长途网资源。

对于分组域，WCDMA 网络 PS 域骨干网与现有的 GPRS 骨干网共享，WCDMA 网络 PS 域省网新建 SGSN 和 GGSN，并且由于 WCDMA 的 PS 域与 GPRS 在流程以及核心网的协议方面都非常相似，省网的 CG、DNS 和路由器等设备与 GPRS 现网共用。

而对于大多数现网的情况，GPRS 网络无法只是通过软件升级过渡到 3G 的 PS 域，因此建议采用完全叠加网的方案。该方案避免了对现有 2G 业务的影响，易于网络规划和实施，充分保障了现有网络的稳定性，容量不受原有网络的限制；且通过核心网的叠加来引入宽带接入、补充新的频谱和核心网资源，可以分流语音和数据业务，从而刺激业务增长，促进 3G 系统的发展。采用叠加方式建设 WCDMA 网络，不仅有利于 3G 网络建设的逐步推进，而且为网络向全 IP 方向演进扫除了障碍。

2. IS-95 向 CDMA2000 的网络演进策略

与 GSM 系统相比，窄带 CDMA 系统无线部分和网络部分向第三代移动通信过渡都采用演进的方式。

基于无线部分尽量与原有部分兼容，通过 IS-95A（速率 9.6/14.4 kbit/s）、IS-95B（速率 115.2 kbit/s）、CDMA2000 1x（144 kbit/s）的方式演进。

CDMA2000 1x（CDMA2000 的单载波方式）是 CDMA2000 的第一阶段。通过不同的无线配置（RC）来区分，它可与 IS-95A 和 IS-95B 共存于同一载波中。

CDMA2000 1x 增强型 CDMA2000 1x EV 可以提供更高的性能，目前 CDMA2000 1x EV 的演进方向包括两个方面：仅支持数据业务的 CDMA2000 1x EV-DO（Data Only）和同时支持数据和语音业务的分支 CDMA2000 1x EV-DV（Data & Voice）。在 CDMA2000 1x（EV-DO）方面目前已经确定采用 Qualcomm 公司提出的 HDR，在我国各地已经有多个实验局，而在 CDMA 2000 1x EV-DV 方面目前已有多家方案。

网络部分则将引入分组交换方式，以支持移动 IP 业务。在 CDMA2000 1x 商用初期，网络部分在窄带 CDMA 网络基础上，通过保持电路交换、引入分组交换方式，分别支持话音和数据业务；CDMA2000 的网络也将向全 IP 方向发展；CDMA2000 1x 再往后发展，将沿着 CDMA2000 3x（CDMA2000 三载波系统）及更多载波方式发展。

3. GSM 向 TD-SCDMA 的网络演进策略

TD-SCDMA 标准由第三代合作项目组织（3GPP）制订，目前采用的是中国无线通信标准组织（CWTS）制订的 TSM（TD-SCDMA over GSM）标准，思想就是在 GSM 的核心网上使用 TD-SCDMA 的基站设备，只需对 GSM 的基站控制器进行升级，以后 TD-SCDMA 将融入 3GPP 的 R4 及以后的标准中。

4. 中国 3G 演进之路

对于中国 3G 网络的建设，首先应该从长期、全局的角度进行规划，进一步融合移动固定业务能力，以便于向 NGN（Next Generation Network）演进。其次，第三代网络建设是逐步进行的，第二代网络还将在一定时期内扮演重要角色，所以建设第三代网络要充分考虑到对现网设备资源的充分整合和有效利用，即 3G 核心网建设应该对现有网络的影响最小。第三，我国 3G 的潜在需求目前主要集中在长三角、珠三角和环渤海地区，因此短期的 3G 网络建设应该是"孤岛型"网络。此外，运营商在进行 3G 网络建设的时候，部分地区的小灵通和 2G 网络投资将会大大减少，因此 3G 网络前期投资的绝对增加额并不会太大。

总体来说，针对现在拥有 3G 牌照的运营商（中国移动、中国联通和中国电信），一般会面临三种建网选择：新建、升级、叠加，当然实际情况往往会采用其中两种或三种组合策略。

在 2009 年 1 月中国确认国内 3G 牌照发放给三家运营商，分别是中国移动、中国联通还有中国电信。下面简单介绍它们的演进方案。

（1）中国移动。

中国移动获得 TD-SCDMA 牌照后，也在大力开展 3G 演进的讨论和技术开发，TD-SCDMA 核心网基于 GSM/GPRS 网络的演进，保持与 GSM/GPRS 网络的兼容性，核心网也可以基于 TDM、ATM 和 IP 技术，并向全 IP 的网络演进。

（2）中国联通。

中国联通获得 WCDMA 牌照，在电信重组，CDMA 由电信公司运营后，中国联通在 3G 的演进过程中需要对 GSM 网络加以考虑。

WCDMA 是通用移动通信系统（UMTS）的空中接口技术。UMTS 的核心网基于 GSM-MAP，保持与 GSM/GPRS 网络的兼容性，同时通过网络扩展方式提供基于 ANSI-41 的核心网上运行的能力，并可以基于 TDM　ATM 和 IP 技术，并向全 IP 的网络演进。MAP 技术和 GPRS 隧道技术是 WCDMA 体制移动性管理机制的核心。

（3）中国电信。

中国电信获得 CDMA2000 牌照，对 2G 向 3G 演进也作了较大的努力，它们在 C 网演进到 3G 的策略是 IS-95 CDMA（2G）→CDMA2000 1x→CDMA2000 3x（3G）。第一阶段建设一个完善的 IS-95A+网络，以支持漫游、机卡分离及向 CDMA2000 1x 平滑过渡；第二阶段向 CDMA2000 1x 过渡，尽快将单一的话音业务和补充业务模式过渡为业务多元化模式；第三阶段向 1x EV-DO 或 1x/EV-DV 方向演进，其中 1x 代表其载波一倍于 IS-95 带宽，1x EV-DO 和

1x EV-DV 技术在性能上已超过了 3x 系统。

3.1.3　3G 技术体制种类及比较

3G 的三大主流标准 WCDMA、CDMA2000 和 TD-SCDMA 技术已经成熟，下面比较一下这 3 种技术的特点。需要注意的是，以下比较的只是 3 种标准最初的版本，没有涉及新版本的特点。

1. WCDMA 技术特点

（1）核心网基于 GSM/GPRS 网络的演进，保持与 GSM/GPRS 网络的兼容性。

（2）核心网络可以基于 TDM、ATM 和 IP 技术，并向全 IP 的网络结构演进。

（3）核心网络逻辑上分为电路域和分组域两部分，分别用于完成电路型业务和分组型业务。

（4）UTRAN 基于 ATM 技术，统一处理语音和分组业务，并向 IP 方向发展。

（5）MAP 技术和 GPRS 隧道技术是 WCDMA 体制移动性管理机制的核心。

（6）空中接口采用 UTRA。信号带宽为 5Hz，码片速率为 3.84 Mchip/s，AMR 语音编码，支持同步/异步基站运营模式，上、下行闭环加外环功率控制方式，开环（STTD、TSTD）和闭环（FBTD）发射分集方式，导频辅助的相干解调方式，卷积码和 Turbo 码的编码方式，上行和下行采用 QPSK 调制方式。

2. CDMA2000 技术特点

（1）电路域继承 2G IS-95 CDMA 网络，引入以 WIN 为基本架构的业务平台。

（2）分组域基于 Mobile IP 技术的分组网络。

（3）无线接入网以 ATM 交换机为平台，提供丰富的适配层接口。

（4）空中接口采用 CDMA2000，兼容 IS-95。信号带宽为 $N*1.25$ MHz（$N=1$，3，6，9，12）；码片速率为 $N*1.228\ 8$ Mchip/s；8K/13K QCELP 或 8K EVRC 语音编码；基站需要 GPS/GLONESS 同步方式运行；上、下行闭环加外环功率控制方式；前向可以采用 OTD 和 STS 发射分集方式，提高信道的抗衰落能力，改善了前向信道的信号质量；反向采用导频辅助的相干解调方式，提高了解调性能；采用卷积码和 Turbo 码的编码方式；上行 BPSK 和下行 QPSK 调制方式。

3. TD-SCDMA 技术体制

（1）核心网基于 GSM/GPRS 网络的演进，保持与 GSM/GPRS 网络的兼容性。

（2）核心网络可以基于 TDM、ATM 和 IP 技术，并向全 IP 的网络机构演进。

（3）核心网络逻辑上分为电路域和分组域两部分，分别完成电路型业务和分组型业务。

（4）UTRAN 基于 ATM 技术，统一处理语音和分组业务，并向 IP 方向发展。

（5）MAP 技术和 GPRS 隧道技术是 WCDMA 体制移动性管理机制的核心。

（6）空中接口采用 TD-SCDMA，这点与 WCDMA 的差异较多。

（7）TD-SCDMA 具有"3S"特点：智能天线（Smart Antenna）、同步 CDMA（Synchronous CDMA）和软件无线电（Software Radio）。

（8）TD-SCDMA 采用关键技术：智能天线+联合检测、多时隙 CDMA+DS-CDMA、同步 CDMA、信道编译码和交织（与 3GPP 相同）、接力切换等。

4. 二种技术对比

三种技术对比如表 3.1 所示。

表 3.1　3G 主要技术体制的空中接口比较

制　式	WCDMA	CDMA2000 1*	TD-SCDMA
采用国家	欧洲及日本	美国、韩国	中国
继承基础	GSM	窄带 CDMA	GSM
双工方式	FDD	FDD	TDD
多址方式	CDMA+FDMA	CDMA+FDMA	CDMA+TDMA+FDMA
调制方式	HPSK（上行） QPSK（下行）	BPSK（上行） QPSK（下行）	QPSK 和 8PSK
同步方式	异步/同步	GPS 同步	同步
码片速率	3.384 Mchip/s	$N*1.228\ 8$ Mchip/s	1.28 Mchip/s
载波间隔	5 MHz	$N*1.25$ MHz	1.6 MHz
功率控制频率	上、下行：1 500 Hz	上、下行：800Hz	上、下行：200 Hz
多径分集	采用 RAKE 接收机，由于码片速率高，分集效果更好	采用 RAKE 接收机	采用联合检测方式，消除多址干扰和符号间干扰
空间分集	采用分集接收和发射，可选智能天线但不如 TDD 方式容易实现	采用分集接收和发射，可选智能天线但不如 TDD 方式容易实现	采用智能天线及时空联合检测方式，支持发射分级及分集接收
切换方式	软切换	软切换	接力切换

3.2　TD-SCDMA 系统概述及网络结构

3.2.1　TD-SCDMA 发展概述

TD-SCDMA 标准是信息产业部电信科学技术研究院在国家主管部门的支持下，根据多年的研究而提出的具有一定特色的 3G 通信标准。

1998 年 6 月底由电信科学技术研究院（现大唐电信集团）代表我国向 ITU 和相关国际标准组织正式提交了 TD-SCDMA 标准草案。

1999 年 11 月，在芬兰赫尔辛基召开的 ITU 会议上，TD-SCDMA 被写入 ITU-R M.1457 中，并于 1999 年 12 月开始与 UTRA TDD（也称为宽带 TDD 或 HCR）在 3GPP 融合。

2000 年 5 月，在伊斯坦布尔 WARC 会议上，TD-SCDMA 正式成为国际第三代移动通信系统标准。

2001 年 3 月 16 日，TD-SCDMA 标准被 3GPP（3rd Generation Partnership Project）接纳，包含在 3GPP R4 版本中。

2002 年 10 月，信息产业部为 TD-SCDMA 标准划分了总计 155 MHz（1 880～1 920 MHz、2 010～2 025 MHz 及补充频段 2 300～2 400 MHz，共计 155 MHz 频率）的非对称频段。

TD-SCDMA 具备独特的技术优势，与欧洲、日本提出的 WCDMA、美国提出的 CDMA2000 并列为国际公认的第三代移动通信系统 3 大主流标准。

TD-SCDMA 标准的发展历程如图 3.1 所示。

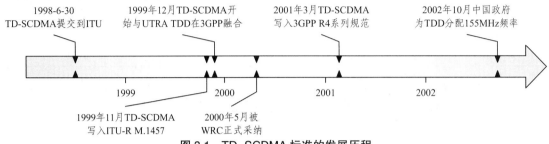

图 3.1 TD-SCDMA 标准的发展历程

TD-SCDMA 系统全面满足 IMT—2000 的基本要求。其采用不需配对频率的时分双工（Time Division Duplex，TDD）模式，以及 FDMA/TDMA/CDMA 相结合的多址接入方式，同时使用 1.28 Mchip/s 的低码片速率，扩频带宽为 1.6MHz。TD-SCDMA 是世界上第一个采用 TDD 方式和智能天线技术的公众陆地移动通信系统，也是唯一采用 CDMA（SCDMA）技术和低码片速率（Low Chip Rate，LCR）的第三代移动通信系统，同时采用了多用户检测、软件无线电、接力切换等一系列关键技术。与其他 3G 系统相比，TD-SCDMA 具有较为明显的优势，主要体现在以下方面：

（1）频谱灵活性和支持蜂窝网的能力。

TD-SCDMA 采用 TDD 方式，仅需要 1.6 MHz（单载波）的最小带宽。因此频率安排灵活，不需要成对的频率，可以使用任何零碎的频段，能较好地解决当前频率资源紧张的矛盾；若带宽为 5 MHz，可支持 3 个载波，能在一个地区组成蜂窝网，支持移动业务。

（2）高频谱利用率。

TD-SCDMA 频谱利用率高，抗干扰能力强，系统容量大，适用于人口密集的大、中城市传输对称与非对称业务。尤其适合于移动 Internet 业务（它将是第三代移动通信的主要业务）。

（3）适用于多种使用环境。

TD-CDMA 系统全面满足 ITU 的要求，适用于多种环境。

（4）设备成本低。

设备成本低，系统性价比高。具有我国自主的知识产权，在网络规划、系统设计、工程建设以及为国内运营商提供长期技术支持和技术服务等方面带来方便，可大大节省系统建设投资和运营成本。

3.2.2 TD-SCDMA 网络结构

TD-SCDMA 系统的网络结构完全遵循 3GPP 制定的通用移动通信系统（Universal Mobile Telecommunication System，UMTS）网络结构，可以分为 UMTS 地面无线接入网（UMTS Terrestrial Radio Access Network，UTRAN）和核心网（Core Network，CN）。

1. TD-SCDMA 网络结构模型

TD-SCDMA 系统的网络结构与 3GPP 制定的 UMTS 网络结构相符，按功能可分为两个基本结构域：用户设备域（User Equipment Domain）和基本结构域（Infrastructure Domain），如图 3.2 所示。

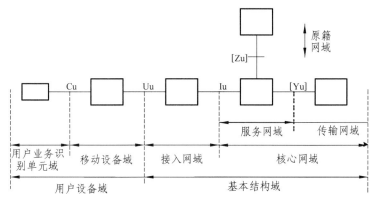

图 3.2　UMTS 域和参考点

（1）用户设备域。

用户设备域包括具有不同功能的各种类型设备，如双模 GSM/UMTS 用户终端、智能卡等。用户设备域可进一步分为移动设备（Mobile Equipment，ME）域和用户业务识别单元（UMTS Subscriber Identity Module，USIM）域。

① 移动设备域。

移动设备域的功能是完成无线传输和应用。移动设备还可以分为实体，如完成无线传输和相关功能的移动终端（Mobile Terminal，MT），包含端到端应用的终端设备（Terminal Equipment，TE）。对移动终端没有特殊的要求，因为它与 UMTS 的接入层和核心网有关。

② 用户业务识别单元域。

用户业务识别单元包含清楚而安全地确定用户身份的数据信息和处理过程，这些功能一般内嵌在独立的智能卡中，只与特定的用户有关，而与用户所使用的移动设备无关。

（2）基本结构域。

基本结构域可进一步分为直接与用户相连接的接入网域和核心网域，两者通过开放接口连接。接入网域由与接入技术相关的功能模块组成，而核心网域的功能与接入技术无关。从功能方面出发，核心网域又可以分为分组交换域或电路交换业务域。网络和终端可以只具有分组交换功能或电路交换功能，也可以同时具有两种功能。

① 接入网域。

接入网域由一系列管理接入网资源的物理实体组成，并向用户提供接入到核心网域的机制。UMTS 地面无线接入网（UTRAN）由无线网络子系统（Radio Network Subsystem，RNS）组成，这些 RNS 通过 Iu 接口与核心网相连。一个 RNS 包括一个无线网络控制器（Radio Network Controller，RNC）和一个或多个 Node B。

② 核心网域。

核心网域由一系列支持网络特征和通信业务的物理实体组成，提供包括用户位置信息的管理、网络特性和业务的控制、信令和用户信息的传输机制等功能。核心网域又可分为服务网域、原籍网域和传输网域。

服务网域：与接入网域相连接，其功能是呼叫的寻路以及将用户数据与信息从源传输到目的地。它既与原籍网域联系以获得与用户有关的数据和业务，也与传输网域联系以获得与用户无关的数据和业务。

原籍网域：管理用户永久的位置信息。用户业务识别单元与原籍网域有关。

传输网域：是服务网域与远端用户间的通信路径。

2. UTRAN 的基本结构

UTRAN 是 TD-SCDMA 网络中的无线接入部分，其结构如图 3.3 所示。UTRAN 由一组无线网络子系统（RNS）组成，每一个 RNS 包括一个 RNC 和一个或多个 Node B，Node B 与 RNC 之间通过 Iub 接口进行通信，RNC 之间通过 Iur 接口进行通信，RNC 则通过 Iu 接口与核心网相连。

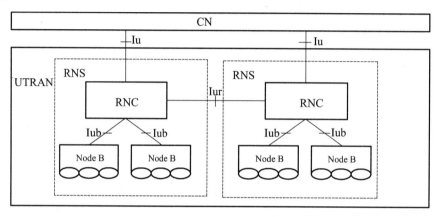

图 3.3　UTRAN 结构

每个 RNS 管理一组小区的资源。在电路交换情况下，通常一个用户与 UTRAN 连接时，只涉及一个 RNS，此时这个 RNS 称为服务 RNS（Serving RNS，SRNS）。但是，在软交换情况下，可能会发生一个 UE 与 UTRAN 的连接使用多个 RNS 资源的情况，这时就引入漂移 RNS（Drifting RNS，DRNS）的概念。两者关系如图 3.4 所示。

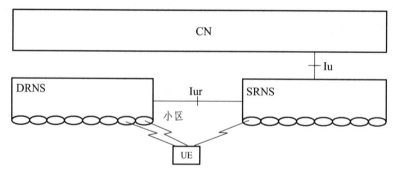

图 3.4　SRNS 和 DRNS

（1）无线网络控制器（Radio Network Controller，RNC）。

RNC 主要负责接入网无线资源的管理，包括接纳控制、功率控制、负载控制、切换和包调度等方面。通过 RRC（无线资源管理）协议执行的相应进程来完成这些功能。RNC 涉及以下几个概念：

SRNC：即服务 RNC，主要是针对一个移动用户而言，SRNC 负责启动/终止用户数据的传送、控制和 CN 的 Iu 连接以及通过无线接口协议与 UE 进行信令交互。SRNC 执行基本的无线资源管理操作，如将无线接入承载（RAB）参数转化成 Uu 接口的信道参数、切换判决和外环功控等。一个 UE 有且只有一个 SRNS。

DRNC：漂移 RNC，是指除 SRNC 之外的其他 RNC。它控制 UE 使用的小区资源，可以进行宏分集合并、分裂。与 SRNC 不同的是，DRNC 不对用户平面的数据进行层 2 的处理，而在 Iub 和 Iur 接口间进行透明的数据传输；一个 UE 可以有零个、一个或多个 DRNC。

CRNC：控制 RNC，管理整个小区的资源；另外，用户专用信道的数据调度由 SRNC 完成，而公共信道上的数据调度则在 CRNC 中进行。

需要指出的是，以上三个概念只是从逻辑上进行描述，但在实际中，一个 RNC 通常可以包含 SRNC、DRNC 和 CRNC 的功能；另外，这几个概念是从不同层次上对 RNC 的一种描述。SRNC 和 DRNC 是针对一个具体的 UE 和 UTRAN 的连接中，从专用数据处理的角度进行区分的；而 CRNC 却是从管理整个小区公共资源的角度出发派生的概念。

（2）基站 Node B。

基站 Node B 对于用户终端而言，其主要任务是实现空中接口的物理功能，而对于网络端而言，其任务是通过使用为各种接口定义的协议栈来实现 Iub 接口的功能。

在 TD-SCDMA 通信系统中，每一个 Node B 都有一个可靠的通信范围，即无线小区，无线小区的范围主要决定于 Node B 的发射功率、天线的高度、小区具体的环境条件以及组网方式等。网络规划由设备运营商和设备提供商综合各种因素后统筹规划决定，Node B 根据业务的需要可以设一个或多个。TD-SCDMA 通信系统中的 Node B 功能如下：

① 提供标准开放的 Uu 接口，支持 3G 各类终端和各种业务入网。

② 提供标准开放的 Iub 接口，实现与无线网络控制器的通信联络，便于灵活的组网和控制。

Node B 兼容 2G、2.5G 系统的传统业务和技术，组网时可以与 2G、2.5G 系统的基站共址运行。Node B 在无线网络子系统中各部分接口说明如下：

网络中 Node B 与 RNC 之间的 Iub 接口包括控制平面、用户平面和管理平面。控制平面和管理平面的数据采用 AAL5 承载方式传输，用户平面的数据采用 AAL2 承载方式传输。

网络中 Node B 与 UE 之间的 Uu 接口则是实现 TD-SCDMA 的传输及物理层的空中接口及其控制功能。

Tb 接口是 Node B 设备内部的 OM 与本地终端（LMT）之间的接口，通过它可以实现本地操作维护及错误跟踪与诊断。

（3）UTRAN 协议结构。

UTRAN 的协议结构是按照通用协议模型进行描述的，即包括两层四面：无线网络层和传输网络层，控制平面、用户平面、传输网络控制平面、传输网络层用户平面。其设计思想是要保证各层几个平面在逻辑上彼此独立，这样便于后续版本的修改，使其影响最小化。如图 3.5 所示为 UTRAN 地面接口的通用协议模型，其中 ALCAP（Access Link Control Application Part）表示传输网络层控制平面相应协议的集合。

下面从水平和垂直两个方向上对图 3.5 进行说明。在水平方向，UTRAN 从层次上可以分为无线网络层和传输网络层两部分。UTRAN 涉及的内容都是与无线网络层相关的；而传输网络层使用标准的传输技术，根据 UTRAN 的具体应用进行选择。

在垂直方向包括 4 个平面：

① 控制平面。控制平面包含应用层协议，如无线接入网络应用部分（RANAP，Radio Access Network Application Part）、无线网络子系统应用部分（RNSAP，Radio Network Subsystem Application Part）、节点 B 应用部分（NBAP，Node B Application Part）和传输层应用协议的信令承载。应用层协议与其他相关因素一起用于建立 UE 的承载。

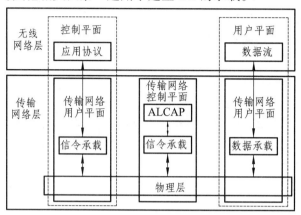

图 3.5　UTRAN 通用协议结构模型

② 用户平面。用户平面包括数据流和相应的承载，每个数据流的特征都由一个或多个接口帧协议来描述。用户收发的所有信息（例如语音和分组数据），都经过用户平面传输。

③ 传输网络层控制平面。传输网络层控制平面为传输层内的所有控制信令服务，不包含任何无线网络层信息。它包括为用户平面建立传输承载（数据承载）的 ALCAP 以及 ALCAP 需要的信令承载。

④ 传输网络层用户平面。用户平面的数据承载和控制平面的信令承载都属于传输网络层的用户平面。传输网络层用户平面的数据承载在实时操作期间由传输网络层控制平面直接控制。

（4）UTRAN 接口协议。

① Iu 接口。

Iu 接口是连接 UTRAN 与 CN 之间的接口，同时我们也可以把它看成是 RNS 与 CN 之间的一个参考点。如同 GSM 的 A 接口一样，Iu 同样也是一个开放接口，它将系统分成专用于无线通信的 UTRAN 和负责处理交换、路由和业务控制的 CN 两部分。制定该标准时的最初目的是仅发展一种 Iu 接口，但在以后的研究过程中发现 CS 和 PS 业务在用户平面的传输需要采用不同的传输技术才能使传输最优化，相应的传输网络层控制平面也将有所变化。其设计的主要原则是对于 Iu-CS 和 Iu-PS 的控制平面应该基本保持一致。

我们可以从结构和功能两方面来介绍 Iu 接口的一些概念。Iu 接口的基本结构如图 3.6 所示。

从结构上来看，一个 CN 可以与几个 RNC 相连，而任何一个 RNC 与 CN 之间的 Iu 接口可以分成三个域：Iu-CS（电路交换域）、Iu-PS（分组交换域）和 Iu-BC（广播域）。下面我们将逐步介绍以上各部分的功能。

从功能上看，Iu 接口主要负责传递非接入层的控制消息、用户信息、广播信息及控制 Iu 接口上的数据传递等。其主要功能包括 RAB（无线接入承载）管理功能、无线资源管理功能、连接管理功能、用户平面管理功能、移动性管理、安全功能等。

Iu 接口的无线网络信令由无线接入网络的应用部分（RANAP）和业务域广播协议（SABP）构成，RANAP 也可以在 CN 与 UE 之间进行透明传送消息而不需要 UTRAN 的解释和处理，

UTRAN 和 UE 都需要实现 RANAP 功能。SABP 是 Iu-BC 域的协议，为实现小区广播功能而引入的，主要负责 BC 域的 CN（小区广播中心 CBC）和 RAN（通过 BMC 承载）之间的交互。

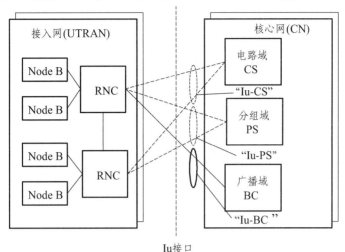

图 3.6　Iu 接口结构

Iu-CS 的协议结构、Iu-PS 的协议结构和 Iu-BC 的协议结构分别如图 3.7～3.9 所示。

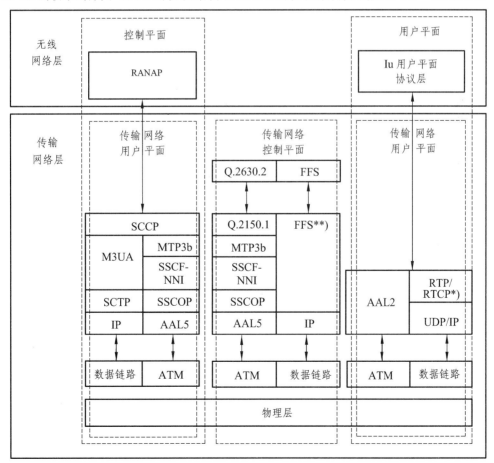

图 3.7　Iu 接口协议结构 CS 域

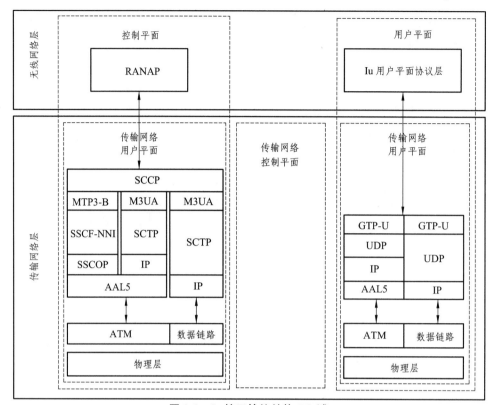

图 3.8　Iu 接口协议结构 PS 域

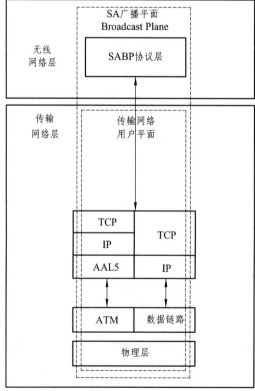

图 3.9　Iu 接口协议结构 BC 域

② Iub 接口。

Iub 接口是 RNC 与 Node B 之间的接口,用来传输 RNC 与 Node B 之间的信令及无线接口的数据。它的协议栈是典型的三平面表示法:无线网络层、传输网络层和物理层,如图 3.10 所示。

无线网络层由控制平面的 NBAP 和用户平面的 FP(帧协议)组成;传输网络层目前采用 ATM 传输,在 Release 5 以后版本中,引入了 IP 传输机制;物理层可以使用 E1、T1、STM-1 等多种标准接口,目前常用的是 E1 和 STM-1。

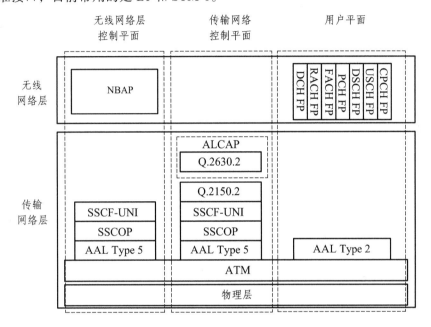

图 3.10　Iub 接口协议结构

Iub 接口主要完成以下功能:Iub 接口的传输资源管理、Node B 逻辑 O&M 操作、O&M 信令传输、系统信息管理、专用信道控制、公共信道控制、定时和同步管理。

NBAP 功能是通过具体的基本过程(EP)实现的,基本过程分为两种类型:Class1 和 Class2。其中,Class1 是指携带响应消息的过程,相应消息既包含成功的消息,也包含失败的消息;Class2 是指携带那些无需响应消息的过程。NBAP 基本过程分为公共过程和专用过程,分别对应公共链路和专用链路的信令过程。

帧协议(Iub FP)是用来传输通过 Iub 接口上的公共传输信道和专用传输信道数据流的协议。主要功能是把无线接口的帧转化成 Iub 接口的数据帧,同时产生一些控制帧进行相应的控制。Iub FP 的各种帧结构种类很多,主要分为数据帧和控制帧两部分。

③ Iur 接口。

Iur 接口是两个 RNC 之间的逻辑接口,用来传送 RNC 之间的控制信令和用户数据。同 Iu 接口一样,Iur 接口是一个开放接口。Iur 接口最初设计是为了支持 RNC 之间的软切换,但是后来其他的特性被加了进来。Iur 接口的主要功能有以下几种:

- 支持基本的 RNC 之间的移动性;
- 支持公共信道业务;

● 支持专用信道业务；

● 支持全局管理过程。

同 Iub 接口，Iur 协议栈也是典型的三平面表示法：无线网络层、传输网络层和物理层，如图 3.11 所示。

无线网络层由控制平面的 RASAP 和用户平面的 FP（帧协议）组成；传输网络层目前采用 ATM 传输，在 Release5 以后版本中，引入了 IP 传输机制；在物理层实现中可以使用 E1、T1、STM-1 等多种标准接口，目前常用的是 E1 和 STM-1。

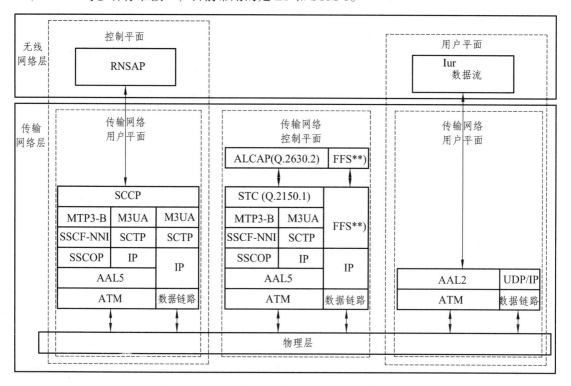

图 3.11　Iur 接口协议结构

负责提供 Iur 接口信令信息的协议称作无线网络子系统应用部分（RNSAP）。RNSAP 由通过 Iur 接口 RNSAP 程序模块相连的两个 RNCS 终止。

④ Uu 接口。

空中接口是指终端（UE）与接入网（UTRAN）之间的接口，简称 Uu 接口，通常也称之为无线接口。无线接口协议主要是用来建立、重配置和释放各种 3G 无线承载业务的。不同的空中接口协议使用各自的无线传输技术（RTT）。现行的 3G 系统主要包括 TD-SCDMA、WCDMA 和 CDMA2000，它们的主要区别体现在空中接口的无线传输技术上。

与 Iu 接口一样，空中接口也是一个完全开放的接口，只要遵守接口的规范，不同制造商生产的设备就能够相互通信。通常生产终端厂家的数目比网络制造商多得多，因此一个完全开放的空中接口不仅有利于不同厂家设备的兼容，而且使得只生产终端的厂家也能够参与竞争。

在 3GPP 文档中，空中接口是在 25 系列的规范中描述的。其协议栈主要分三层，最底层为物理层，在前面我们对物理层已经进行了详细描述，因此接下来将重点讨论物理层之上的数据链路层（L2）和网络层（L3），如图 3.12 所示。L2 被分成几个了层，从控制平面上看，包括媒体接入控制层（MAC）和无线链路控制层（RLC）；而在用户平面上除了这两个子层之外，还包含处理分组业务的分组数据协议汇聚子层（PDCP）和用于广播/多播业务的 BMC 子层。L3 是指 RRC 层，位于接入网的控制平面，完成接入网与终端之间交互的所有信令过程。

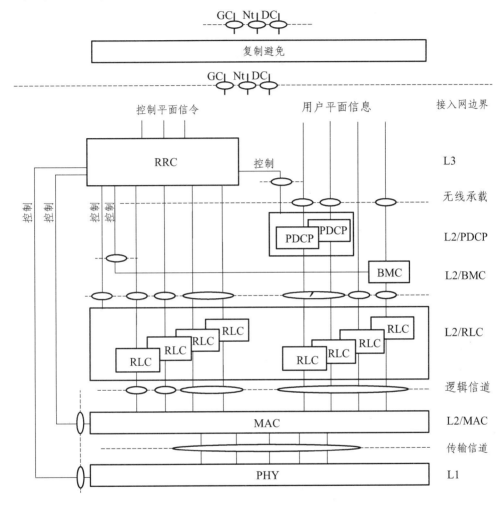

图 3.12　空中接口协议结构

3.3　TD-SCDMA 系统物理层结构

第三代移动通信系统的空中接口（即终端和网络之间的 Uu 接口），由物理层 L1、数据链路层 L2 和网络层 L3 组成，如图 3.13 所示。

由图 3.13 可以看出，物理层是空中接口的最底层，支持比特流在物理介质上的传输。物理层与层 2 的 MAC 子层及 3 的 RRC 子层相连。物理层向 MAC 层提供不同的传输信道，传输信道定义了信息是如何在空中接口上传输的。物理信道在物理层定义，物理层受 RRC 的控制。

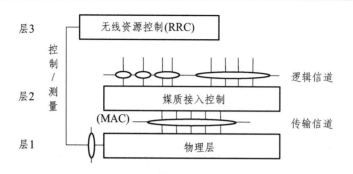

图 3.13   3G 空中接口协议结构

物理层向高层提供数据传输服务，这些服务的接入是通过传输信道来实现的。为提供数据传输服务，物理层需要完成以下功能：

- 传输信道错误检测和上报；
- 传输信道的 FEC 编译码；
- 传输信道和编码组合传输信道的复用/解复用；
- 编码组合传输信道到物理信道的映射；
- 物理信道的调制/扩频和解调/解扩；
- 频率和时钟（码片、比特、时隙和子帧）同步；
- 功率控制；
- 物理信道的功率加权和合并；
- RF 处理；
- 速率匹配；
- 无线特性测量，包括 FER、SIR、干扰功率，等；
- 上行同步控制；
- 上行和下行波束成形（智能天线）；
- UE 定位（智能天线）。

由于各种第三代移动通信系统的差别主要体现在无线接口的物理层，本节主要介绍基于 TD-SCDMA 技术的无线接口物理层 L1。

3.3.1   物理信道帧结构

3GPP 定义的一个 TDMA 帧长度为 10 ms。TD-SCDMA 系统为了实现快速功率控制和定时提前校准以及对一些新技术的支持（如智能天线、上行同步等），将一个 10 ms 的帧（见图 3.14）分成两个结构完全相同的子帧，每个子帧的时长为 5 ms。每一个子帧又分成长度为 675us 的 7 个常规时隙（TS0 ~ TS6）和 3 个特殊时隙（DwPTS（下行导频时隙）、G（保护间隔）和 UpPTS（上行导频时隙））。常规时隙用作传送用户数据或控制信息。在这 7 个常规时隙中，TS0 总是固定地用作下行时隙来发送系统广播信息，而 TS1 总是固定地用作上行时隙。其他的常规时隙可以根据需要灵活地配置成上行或下行以实现不对称业务的传输，如分组数据。用作上行链路的时隙和用作下行链路的时隙之间由一个转换点（Switch Point）分开。每个 5ms 的子帧有两个转换点（即 UL 到 DL，DL 到 UL），第一个转换点固定在 TS0 结束处，而第二个转换点则取决于小区上下行时隙的配置。

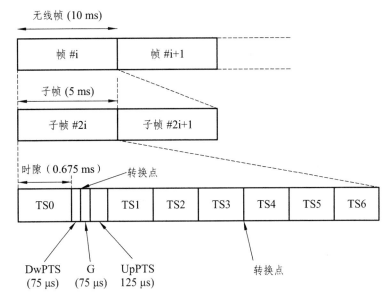

图 3.14　TD-SCDMA 物理信道结构

通过灵活地配置上下行时隙的个数, 使 TD-SCDMA 适用于上下行对称及非对称的业务模式。图 3.15 分别给出了对称分配和不对称分配的例子。

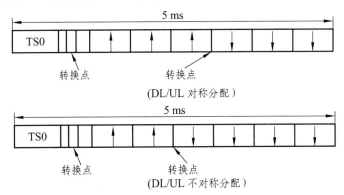

图 3.15　TD_SCDMA 帧结构示意图

1. 常规时隙

图 3.16　常规时隙

TS0 ~ TS6 共 7 个常规时隙被用作传输用户数据或控制信息, 它们具有完全相同的时隙结构。每个时隙被分成了 4 个域: 两个数据域、一个训练序列域 (Midamble) 和一个用作时隙保护的空域 (GP), 如图 3.16 所示。Midamble 码长 144 chips, 传输时不进行基带处理和扩频,直接与经基带处理和扩频的数据一起发送，在信道解码时被用来进行信道估计。

数据域用于承载来自传输信道的用户数据或高层控制信息，除此之外，在专用信道和部分公共信道上，数据域的部分数据符号还被用来承载物理层信令。

Midamble 用作扩频突发的训练序列，在同一小区同一时隙上的不同用户所采用的 Midamble 码由同一个基本的 Midamble 码经循环移位后产生。整个系统有 128 个长度为 128chips 的基本 Midamble 码，分成 32 个码组，每组 4 个。一个小区采用哪组基本 Midamble 码由小区决定，当建立起下行同步之后，移动台就知道所使用的 Midamble 码组。Node B 决定本小区将采用这 4 个基本 Midamble 中的哪一个。一个载波上的所有业务时隙必须采用相同的基本 Midamble 码。原则上，Midamble 的发射功率与同一个突发中的数据符号的发射功率相同。训练序列的作用体现在上下行信道估计、功率测量、上行同步保持。

在 TD-SCDMA 系统中，存在着 3 种类型的物理层信令：TFCI（Transport Format Combination Indicator）、TPC（Transmit Power Control）和 SS（Synchronization Shift）。TFCI 用于指示传输的格式，TPC 用于功率控制，SS 是 TD-SCDMA 系统中所特有的，用于实现上行同步，该控制信号每个子帧（5ms）发射一次。在一个常规时隙的突发中，如果物理层信令存在，则它们的位置被安排在紧靠 Midamble 序列，如图 3.17 所示。

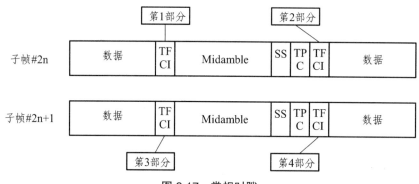

图 3.17 常规时隙

对于每个用户，TFCI 信息将在每 10 ms 无线帧里发送一次。对每一个 CCTrCH，高层信令将指示所使用的 TFCI 格式。对于每一个所分配的时隙是否承载 TFCI 信息也由高层分别告知。如果一个时隙包含 TFCI 信息，它总是按高层分配信息的顺序采用该时隙的第一个信道码进行扩频。TFCI 是在各自相应物理信道的数据部分发送，这就是说 TFCI 与数据比特具有相同的扩频过程。如果没有 TPC 和 SS 信息传送，TFCI 就直接与 Midamble 码域相邻。

2. 下行导频时隙

每个子帧中的 DwPTS 是为建立下行导频和同步而设计的。这个时隙通常是由长为 64chips 的 SYNC_DL 和 32chips 的保护码间隔（GP）组成，如图 3.18 所示。SYNC_DL 是一组 PN 码，用于区分相邻小区，系统中定义了 32 个码组，每组对应一个 SYNC_DL 序列，SYNC_DL 码集在蜂窝网络中可以复用。

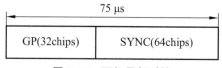

图 3.18 下行导频时隙

3. 上行子帧时隙

每个子帧中的 UpPTS 是为上行同步而设计的，当 UE 处于空中登记和随机接入状态时，它将首先发射 UpPTS，当得到网络的应答后，发送 RACH。这个时隙通常由长为 128chips 的 SYNC_UL 和 32chips 的保护间隔（GP）组成，如图 3.19 所示。

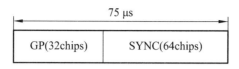

图 3.19　上行导频时隙

3.3.2　物理信道及其分类

物理信道根据其承载的信息不同被分成了不同的类别，有的物理信道用于承载传输信道的数据，而有些物理信道仅用于承载物理层自身的信息。

1. 专用物理信道

专用物理信道 DPCH （Dedicated Physical CHannel）用于承载来自专用传输信道 DCH 的数据。物理层将根据需要把来自一条或多条 DCH 的层 2 数据组合在一条或多条编码组合传输信道 CCTrCH（Coded Composite Transport CHannel）内，然后再根据所配置物理信道的容量将 CCTrCH 数据映射到物理信道的数据域。DPCH 可以位于频带内的任意时隙和任意允许的码信道，信道的存在时间取决于承载业务类别和交织周期。一个 UE 可以在同一时刻被配置多条 DPCH，若 UE 允许多时隙能力，这些物理信道还可以位于不同的时隙。物理层信令主要用于 DPCH。

2. 公共物理信道

根据所承载传输信道的类型，公共物理信道可划分为一系列的控制信道和业务信道。在 3GPP 的定义中，所有的公共物理信道都是单向的（上行或下行）。

（1）主公共控制物理信道。

主公共控制物理信道（Primary Common Control Physical CHannel，P-CCPCH）仅用于承载来自传输信道 BCH 的数据，提供全小区覆盖模式下的系统信息广播，信道中没有物理层信令 TFCI、TPC 或 SS。

（2）辅公共控制物理信道。

辅公共控制物理信道（Secondary Common Control Physical CHannel，S-CCPCH）用于承载来自传输信道 FACH 和 PCH 的数据。不使用物理层信令 SS 和 TPC，但可以使用 TFCI，S-CCPCH 所使用的码和时隙在小区中广播，信道的编码及交织周期为 20ms。

（3）快速物理接入信道。

快速物理接入信道（Fast Physical Access CHannel，FPACH）不承载传输信道信息，因而与传输信道不存在映射关系。Node B 使用 FPACH 来响应在 UpPTS 时隙收到的 UE 接入请求和调整 UE 的发送功率和同步偏移。其数据域内不包含 SS 和 TPC 控制符号。因为 FPACH 不承载来自传输信道的数据，所以不需要使用 TFCI。

（4）物理随机接入信道。

物理随机接入信道（Physiacal Random Access CHannel，PRACH）用于承载来自传输信道 RACH 的数据。传输信道 RACH 的数据不与来自其他传输信道的数据编码组合，因而 PRACH 信道上没有 TFCI，也不使用 SS 和 TPC 控制符号。

（5）物理上行共享信道。

物理上行共享信道（Physical Uplink Shared CHannel，PUSCH）用于承载来自传输信道 USCH 的数据。所谓共享指的是同一物理信道可由多个用户分时使用，或者说信道具有较短的持续时间。由于一个 UE 可以并行存在多条 USCH，这些并行的 USCH 数据可以在物理层进行编码组合，因而 PUSCH 信道上可以存在 TFCI。但信道的多用户分时共享性使得闭环功率控制过程无法进行，因而信道上不使用 SS 和 TPC（上行方向 SS 本来就无意义，为上、下行突发结构保持一致 SS 符号位置保留，以备将来使用）。

（6）物理下行共享信道。

物理下行共享信道（Physical Downlink Shared CHannel，PDSCH）用于承载来自传输信道 DSCH 的数据。在下行方向，传输信道 DSCH 不能独立存在，只能与 FACH 或 DCH 相伴而存在，因此作为传输信道载体的 PDSCH 也不能独立存在。DSCH 数据可以在物理层进行编码组合，因而 PDSCH 上可以存在 TFCI，但一般不使用 SS 和 TPC，对 UE 的功率控制和定时提前量调整等信息都放在与之相伴的 PDCH 信道上。

（7）寻呼指示信道。

寻呼指示信道（Paging Indicator Channel，PICH）不承载传输信道的数据，但却与传输信道 PCH 配对使用，用以指示特定的 UE 是否需要解读其后跟随的 PCH 信道（映射在 S-CCPCH 上）。

3.3.3　传输信道及其分类

传输信道的数据通过物理信道来承载，除 FACH 和 PCH 两者都映射到物理信道 S-CCPCH 外，其他传输信道到物理信道都有一一对应的映射关系。

1. 专用传输信道

专用传输信道仅存在一种，即专用信道（DCH），是一个上行或下行传输信道。

2. 公共传输信道

（1）广播信道 BCH。

BCH 是一个下行传输信道，用于广播系统和小区的特定消息。

（2）寻呼信道 PCH。

PCH 是一个下行传输信道，PCH 总是在整个小区内进行寻呼信息的发射，与物理层产生的寻呼指示的发射是相随的，以支持有效的睡眠模式，延长终端电池的使用时间。

（3）前向接入信道 FACH。

FACH 是一个下行传输信道，用于在随机接入过程，当 UTRAN 收到了 UE 的接入请求，可以确定 UE 所在小区的前提下，向 UE 发送控制消息。有时，也可以使用 FACH 发送短的业务数据包。

（4）随机接入信道 RACH。

RACH 是一个上行传输信道，用于向 UTRAN 发送控制消息。有时，也可以使用 RACH 来发送短的业务数据包。

（5）上行共享信道 USCH。

上行信道被一些 UE 共享，用于承载 UE 的控制和业务数据。

（6）下行共享信道 DSCH。

下行信道被一些 UE 共享，用于承载 UE 的控制和业务数据。

3.3.4　传输信道到物理信道的映射

TD-SCDMA 系统中传输信道和物理信道的映射关系如表 3.2 所示。表中部分物理信道与传输信道并没有映射关系。按 3GPP 规定，只有映射到同一物理信道的传输信道才能够进行编码组合。由于 PCH 和 FACH 都映射到 S-CCPCH，因此来自 PCH 和 FACH 的数据可以在物理层进行编码组合生成 CCTrCH。其他的传输信道数据都只能自身组合，而不能相互组合。另外，由于 BCH 和 RACH 自身性质的特殊性，它们也不可能进行组合。

表 3.2　TD-SCDMA 传输信道和物理信道间的映射关系

传输信道	物理信道
DCH	专用物理信道（DPCH）
BCH	主公共控制物理信道（P-CCPCH）
PCH	辅公共控制物理信道（S-CCPCH）
FACH	辅公共控制物理信道（S-CCPCH）
RACH	物理随机接入信道（PRACH）
USCH	物理上行共享信道（PUSCH）
DSCH	物理下行共享信道（PDSCH）
	下行导频信道（DwPCH）
	上行导频信道（UpPCH）
	寻呼指示信道（PICH）
	快速物理接入信道（FPACH）

3.3.5　信道编码和复用

为了保证高层的信息数据在无线信道上可靠地传输，需要对来自 MAC 和高层的数据流（传输块/传输块集）进行编码/复用（其过程如图 3.20 所示）后在无线链路上发送，并且将无线链路上接收到的数据进行解码/解复用再送给 MAC 和高层。

在相应的每个传输时间间隔 TTI（Transmission Time Interval），数据以传输块的形式到达 CRC 单元。这里的 TTI 允许的取值间隔是：10ms、20ms、40ms、80ms。对于每个传输块，需要进行的基带处理步骤如下。

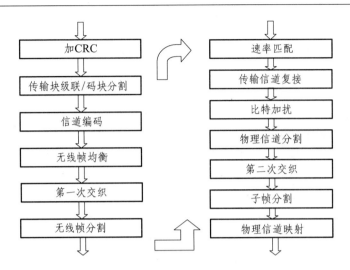

图 3.20 信道编码与复用过程

1. 对传输块添加 CRC 校验比特

差错检测功能是通过传输块上的循环冗余校验 CRC（Cyclic Redundancy Check）来实现的，信息数据通过 CRC 生成器生成 CRC 比特，CRC 的比特数目可以为 24、16、12、8 或 0 比特，每个具体 TrCH 所使用的 CRC 长度由高层信令给出。

2. 块的级联和码块分割

在每一个传输块附加上 CRC 比特后，把一个传输时间间隔 TTI 内的传输块顺序级联起来。如果级联后的比特序列长度大于最大编码块长度 Z，则需要进行码块分割，分割后的码块具有相同的大小，码块的最大尺寸将根据 TrCH 使用卷积编码还是 Turbo 编码而定。

3. 信道编码

无线信道编码是为了接收机能够检测和纠正因传输媒介带来的信号误差，在原数据流中加入适当冗余信息，从而提高数据传输的可靠性。

在 TD-SCDMA 中，传输信道可采用以下信道编码方案：卷积编码；Turbo 编码；无信道编码。不同类型的传输信道 TrCH 所使用的编码方式和编码率如表 3.3 所示。

表 3.3　TrCH 所采用的信道编码方案和编码率

传输信道类型	编码方式	编码率
BCH	卷积编码	1/3
PCH		1/3，1/2
RACH		1/2
DCH, DSCH, FACH, USCH	Turbo 编码	1/3，1/2
		1/3
	无编码	

4. 无线帧均衡

无线帧尺寸均衡是指对输入比特序列进行填充，以保证输出可以分割成具有相同大小（设

为 F）的数据段。

5. 交织（分两步）

受传播环境的影响，无线信道是一个高误码率的信道，虽然信道编码产生的冗余可以部分消除误码的影响，可是在信道的深衰落周期，将产生较长时间的连续误码，对于这类误码，信道编码的纠错功能就无能为力了。而交织技术就是为了抵抗这种持续时间较长的突发性误码而设计的，交织技术把原来顺序的比特流按一定规律打乱后再发送出去。接收端再按相应的规律将接收到的数据恢复成原来的顺序。这样一来，连续的错误就变成了随机差错，通过解信道编码，就可以恢复出正确的数据。

6. 无线帧分割

当传输信道的 TTI 大于 10 ms 时，输入比特序列将被分段映射到连续的 F 个无线帧上，经过第 4 步的无线帧均衡之后，可以保证输入比特序列的长度为 F 的整数倍。

7. 速率匹配

速率匹配是指传输信道上的比特被重复或打孔。一个传输信道中的比特数在不同的 TTI 可以发生变化，而所配置的物理信道容量（或承载比特数）却是固定的。因而，当不同 TTI 的数据比特发生改变时，为了匹配物理信道的承载能力，输入序列中的一些比特将被重复或打孔，以确保在传输信道复用后总的比特率与所配置的物理信道承载能力相一致。高层将为每一个传输信道配置一个速率匹配特性。这个特性是半静态的，而且只能通过高层信令来改变。当计算重复或打孔的比特数时，需要使用速率匹配算法。

8. 传输信道的复用

根据无线信道的传输特性，在每一个 10 ms 周期内，来自不同传输信道的无线帧将被送到传输信道复用单元。复用单元根据承载业务的类别和高层的设置，分别将其进行复用或组合，构成一条或多条编码组合传输信道（CCTrCH）。传输信道的复用需要满足以下规律：

（1）复用到一个 CCTrCH 上的传输信道组合如果因为传输信道的加入、重配置或删除等原因发生变化，那么这种变化只能在无线帧的起始部分进行，即小区帧号（CFN）必须满足：CFN mod Fmax=0，式中，Fmax 为使用同一个 CCTrCH 的传输信道在一个 TTI 内使用的无线帧的帧数的最大值，取值范围为 1、2、4 或 8；CFN 为 CCTrCH 发生变化后第一个无线帧的帧号。CCTrCH 中加入或重配置一个传输信道 i 后，传输信道 i 的 TTI 只能从具有满足下面关系的 CFN 的无线帧开始：CFNi mod Fi=0。

（2）专用传输信道和公共传输信道不能复用到同一个 CCTrCH 上。

（3）公共传输信道中，只有 FACH 或 PCH 可以被复用到一个 CCTrCH 上。

（4）BCH 和 RACH 不能进行复用；

（5）不同的 CCTrCH 不能复用到同一条物理信道上；

（6）一条 CCTrCH 可以被映射到一条或多条物理信道上传输；

示例：如图 3.21 所示，在每 10ms 的周期内，专用传输信道 1 和 2 传下的数据块被复用为一条 CCTrCH。

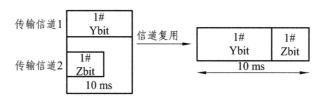

图 3.21　传输信道复用

9. 物理信道的分割

一条 CCTrCH 的数据速率可能要超过单条物理信道的承载能力，这就需要对 CCTrCH 数据进行分割处理，以便将比特流分配到不同的物理信道中。

示例：如图 3.22 所示传输信道复用后的数据块应该在 10 ms 内被发送出去，但单条物理信道的承载能力不能胜任，决定使用两条物理信道。输入序列被分为两部分，分配在两条物理信道上传输。

图 3.22　物理信道分割

10. 子帧分割

由上述步骤可知，级联和分割等操作都是以最小时间间隔（10ms）或一个无线帧为基本单位进行的。但为了将数据流映射到物理信道上，还必须将一个无线帧的数据分割为两部分，即分别映射到两个子帧之中。

11. 子帧分割输出的比特流到物理信道的映射

将子帧分割输出的比特流映射到该子帧中对应时隙的码道上。

3.3.6　扩频与调制

1. 扩频与调制过程

扩频与调制过程如图 3.23 所示。

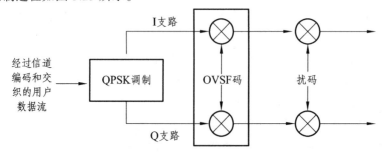

图 3.23　扩频与调制过程之一

来源于物理信道映射的比特流在进行扩频处理之前，先要经过数据调制。所谓数据调制就是把 2 个（QPSK 调制）或 3 个（8PSK 调制）连续的二进制比特映射成一个复数值的数据符号。

　　经过物理信道映射之后，信道上的数据将进行扩频和扰码处理。所谓扩频就是用高于数据比特速率的数字序列与信道数据相乘，相乘的结果扩展了信号的带宽，将比特速率的数据流转换成了具有码片速率的数据流。扩频处理通常也叫做信道化操作，所使用的数字序列称为信道化码，这是一组长度可以不同但仍相互正交的码组。扰码与扩频类似，也是用一个数字序列与扩频处理后的数据相乘。与扩频不同的是，扰码用的数字序列与扩频后的信号序列具有相同的码片速率，所作的乘法运算是一种逐码片相乘的运算。扰码的目的是为了标识数据的小区属性。

　　在发射端，数据经过扩频和扰码处理后，产生码片速率的复值数据流。流中的每一复值码片按实部和虚部分离后再经过脉冲成形滤波器成形，就可以进行 QPSK（或 8PSK）调制，然后发送出去，如图 3.24 所示。脉冲成形滤波器的冲激响应 $h(t)$ 为根升余弦型（滚降系数 $\alpha = 0.22$），接收端和发送端相同。脉冲成形滤波器的冲激响应 $h(t)$ 定义如下：

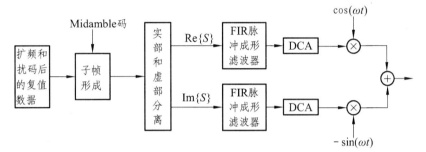

图 3.24　扩频与调制过程之二

$$RC_0(t) = \frac{\sin\left(\pi\frac{t}{T_C}(1-\alpha)\right) + 4\alpha\frac{t}{T_C}\cos\left(\pi\frac{t}{T_C}(1+\alpha)\right)}{\pi\frac{t}{T_C}\left(1 - \left(4\alpha\frac{t}{T_C}\right)^2\right)}$$

2. 数据调制

　　调制就是对信息源信息进行编码的过程，其目的就是使携带信息的信号与信道特征相匹配以及有效地利用信道。

　　（1）QPSK 调制。

　　为减小传输信号频带宽度来提高信道频带利用率，可以将二进制数据变换为多进制数据来传输。多进制的基带信号对应于载波相位的多个相位值。QPSK 数据调制实际上是将连续的两个比特映射为一个复数值的数据符号，其映射关系如表 3.4 所示。

表 3.4　对于 QPSK 调制方式连续二进制比特与复数符号之间的映射关系

连续二进制比特	复数符号
00	+j
01	+1
10	-1
11	-j

　　（2）8PSK 调制。

　　8PSK 数据调制实际上是将连续的三个比特映射为一个复数值的数据符号，其映射关系如

表 3.5 所示。在 TD-SCDMA 系统中，对于 2 Mbit/s 业务采用 8PSK 进行数据调制，此时帧结构中将不使用训练序列，全部是数据区，且只有一个时隙，数据区前加一个序列。

表 3.5 对于 8PSK 调制方式连续二进制比特与复数符号之间的映射关系

连续二进制比特	复数符号
000	cos（11pi/8）+ j sin（11pi/8）
001	cos（9pi/8）+ j sin（9pi/8）
010	cos（5pi/8）+ j sin（5pi/8）
011	cos（7pi/8）+ j sin（7pi/8）
100	cos（13pi/8）+ j sin（13pi/8）
101	cos（15pi/8）+ j sin（15pi/8）
110	cos（3pi/8）+ j sin（3pi/8）
111	cos（pi/8）+ j sin（pi/8）

3. 扩 频

扩频，就是用于高于比特速率的数字序列与信道数据相乘，相乘的结果扩展了信号的宽度，将比特速率的数据流转换成具有码片速率的数据流。扩频处理通常也叫信道化操作，所使用的数字序列称为信道化码。在 TD-SCDMA 系统中，使用 OVSF（正交可变扩频因子）作为扩频码，上行方向的扩频因子为 1、2、4、8、16，下行方向的扩频因子为 1、16。

扰码与扩频类似，也是用一个数字序列与扩频处理后的数据相乘。与扩频不同的是，扰码用的数字序列与扩频后的信号序列具有相同的码片速率，所作的乘法运算是一种逐码片相乘的运算。扰码的目的是为了标识数据的小区属性，将不同的小区区分开来。扰码是在扩频之后使用的，因此它不会改变信号的带宽，而只是将来自不同信源的信号区分开来，这样，即使多个发射机使用相同的码字扩频也不会出现问题。在 TD-SCDMA 系统中，扰码序列的长度固定为 16，系统共定义了 128 个扰码，每个小区配置 4 个。

TD-SCDMA 系统使用的信道化码是正交可变扩频因子码（OVSF），使用 OVSF 技术可以改变扩频因子，并保证不同长度的不同扩频码之间的正交性。

OVSF 码可以用码树的方法来定义。码树的每一级都定义了一个扩频因子为 Q_k 的码，如图 3.25 所示。并不是码树上所有的码都可以同时用在一个时隙中，当一个码已经在一个时隙中采用，则其父系上的码和下级码树路径上的码就不能在同一时隙中被使用，这意味着一个时隙可使用的码的数目是不固定的，而是与每个物理信道的数据速率和扩频因子有关。

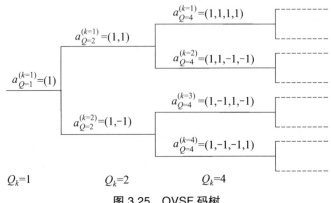

图 3.25 OVSF 码树

4. 加　扰

数据经过长度为 Q_k 的实值序列即信道化码扩频后,还要由一个小区特定的扰码进行加扰。扰码与扩频相似，也是用一个数字序列与扩频处理后的数据相乘。但与扩频码不同的是，扰码用的数字序列与扩频后的信号序列具有相同的码片速率，所做的乘法运算是一种逐码片相乘的运算。扰码的目的是为了把终端或基站相互之间区分开。经过扰码，解决了多个发射机使用相同的码字扩频的问题。扩频和加扰过程如图 3.26 所示。

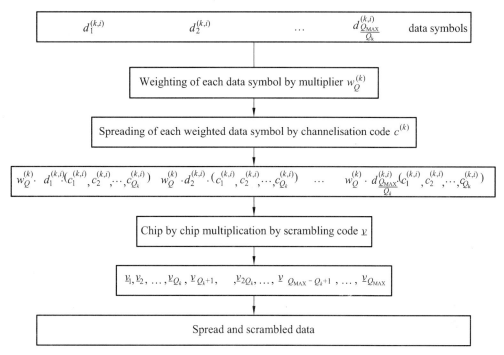

图 3.26　数据符号的扩频和加扰过程

扰码序列长度为 16，由小区指定，是一个由 1、-1 组成的序列，使用时需要对其进行旋转。

3.3.7　物理层过程

1. 小区搜索过程

在初始小区搜索中，UE 搜索到一个小区，建立 DwPTS 同步，获得扰码和基本 Midamble 码，控制复帧同步，然后读取 BCH 信息。初始小区搜索利用 DwPTS、BCH 按以下步骤进行。

（1）搜索 DwPTS。

UE 利用 DwPTS 中 SYNC_DL 得到与某一小区的 DwPTS 同步,这一步通常是通过一个或多个匹配滤波器（或类似的装置）与接收到的从 PN 序列中选出来的 SYNC_DL 进行匹配实现。为实现这一步，可使用一个或多个匹配滤波器（或类似装置）。在这一步中，UE 必须要识别出在该小区可能要使用的 32 个 SYNC_DL 中的哪一个 SYNC_DL 被使用。

（2）扰码和基本 Midamble 码。

UE 接收到 P-CCPCH 上的 Midamble 码，DwPTS 紧随在 P-CCPCH 之后。每个 DwPTS 对应一组 4 个不同的基本 Midamble 码，因此共有 128 个互不相同的基本 Midamble 码。基本

Midamble 码的序号除以 4 就是 SYNC_DL 码的序号。因此 32 个 SYNC_DL 和 P-CCPCH 的 32 个 Midamble 码组一一对应，这时 UE 可以采用试探法和错误排除法确定 P-CCPCH 到底采用了哪个 Midamble 码。在一帧中使用相同的基本 Midamble 码。由于每个基本 Midamble 码与扰码相对应，因此知道了 Midamble 码也就知道了扰码。根据确认的结果，UE 可以进行下一步或返回到第一步。

（3）实现复帧同步。

UE 搜索在 P-CCPCH 里的 BCH 的复帧 MIB（Master Indication Block），它由经过 QPSK 调制的 DwPTS 的相位序列（相对于在 P-CCPCH 上的 Midamble 码）来标识。控制复帧由调制在 DwPTS 上的 QPSK 符号序列来定位。n 个连续的 DwPTS 可以检测出目前 MIB 在控制复帧中的位置。

（4）读广播信道 BCH。

UE 利用前几步已经识别出的扰码、基本 Midamble 码、复帧头读取被搜索到小区的 BCH 上的广播信息，根据读取的结果，UE 可以得到小区的配置等公用信息。

2. 上行同步过程

对于 TD-SCDMA 系统来说，UE 支持上行同步是必需的。

当 UE 加电后，它首先必须建立起与小区之间的下行同步。只有当 UE 建立了下行同步，它才能开始上行同步过程。建立了下行同步之后，虽然 UE 可以接收到来自 Node B 的下行信号，但是它与 Node B 间的距离却是未知的，这将导致上行发射的非同步。为了使同一小区中的每一个 UE 发送的同一帧信号到达 Node B 的时间基本相同，避免大的小区中的连续时隙间的干扰，Node B 可以采用时间提前量调整 UE 发射定时。因此，上行方向的第一次发送将在一个特殊的时隙 UpPTS 上进行，以减小对业务时隙的干扰。

UpPCH 所采用的定时是根据对接收到的 DwPCH 或 P-CCPCH 的功率来估计的。在搜索窗内通过对 SYNC_UL 序列的检测，Node B 可估算出接收功率和定时，然后向 UE 发送反馈信息，调整下次发射的发射功率和发射时间，以便建立上行同步。这是在接下来的 4 个子帧中由 FPACH 来完成的。UE 在发送 PRACH 后，上行同步便被建立。上行同步同样也将适用于上行失步时的上行同步再建立过程中。

具体步骤如下：

（1）同步建立。即上述小区搜索过程。

（2）同步的建立。UE 上行信道的首次发送在 UpPTS 这个特殊时隙进行，SYNC_UL 突发的发射时刻可通过对接收到的 DwPTS 或 P-CCPCH 的功率估计来确定。在搜索窗内通过对 SYNC_UL 序列的检测，Node B 可估计出接收功率和时间，然后向 UE 发送反馈信息，调整下次发射的发射功率和发射时间，以便建立上行同步。在以后的 4 个子帧内，Node B 将向 UE 发射调整信息（用 F-PACH 里的一个单一子帧消息）。

（3）上行同步的保持。Node B 在每一上行时隙检测 Midamble，估计 UE 的发射功率和发射时间偏移，然后在下一个下行时隙发送 SS 命令和 TPC 命令以进行闭环控制。

3. 基站间同步

TD-SCDMA 系统中的同步技术主要由两部分组成：一是基站间的同步（Synchronization of Node Bs）；二是移动台间的上行同步技术（Uplink Synchronization）。

在大多数情况下，为了增加系统容量，优化切换过程中小区搜索的性能，需要对基站进行同步。一个典型的例子就是存在小区交叠情况时所需的联合控制。实现基站同步的标准主要有：可靠性和稳定性；低实现成本；尽可能小的影响空中接口的业务容量。

所有的具体规范目前尚处于进一步研究和验证阶段，其中比较典型的有如下 4 种方案（目前主要在 Rel-5 中有讨论）：

（1）基站同步通过空中接口中的特定突发时隙，即网络同步突发（Network Synchronization Burst）来实现。该时隙按照规定的周期在事先设定的时隙上发送，在接收该时隙的同时，此小区将停止发送任何信息，基站通过接受该时隙来相应地调整其帧同步；

（2）基站通过接收其他小区的下行导频时隙（DwPTS）来实现同步；

（3）RNC 通过 Iub 接口向基站发布同步信息；

（4）借助于卫星同步系统（如 GPS）来实现基站同步。

Node B 之间的同步只能在同一个运营商的系统内部。在基于主从结构的系统中，当在某一本地网中只有一个 RNC 时，可由 RNC 向各个 Node B 发射网络同步突发，或者是在一个较大的网络中，网络同步突发先由 MSC 发给各个 RNC，然后再由 RNC 发给每个 Node B。

在多 MSC 系统中，系统间的同步可以通过运营商提供的公共时钟来实现。

4. 随机接入过程

（1）随机接入准备。

当 UE 处于空闲模式下，它将维持下行同步并读取小区广播信息。从该小区所用到的 DwPTS，UE 可以得到为随机接入而分配给 UpPTS 物理信道的 8 个 SYNC_UL 码（特征信号）的码集，一共有 256 个不同的 SYNC_UL 码序列，其序号除以 8 就是 DwPTS 中的 SYNC_DL 的序号。UE 从小区广播信息中可以知道 PRACH 信道的详细情况（采用的码、扩频因子、Midamble 码和时隙）、FPACH 信道的详细信息（采用的码、扩频因子、Midamble 码和时隙）以及其他与随机接入有关的信息。

（2）随机接入过程。

在 UpPTS 中紧随保护时隙之后的 SYNC_UL 序列仅用于上行同步，UE 从它要接入的小区所采用的 8 个可能的 SYNC_UL 码中随机选择一个，并在 UpPTS 物理信道上将它发送到基站。然后 UE 确定 UpPTS 的发射时间和功率（开环过程），以便在 UpPTS 物理信道上发射选定的特征码。

一旦 Node B 检测到来自 UE 的 UpPTS 信息，那么它到达的时间和接收功率也就知道了。Node B 确定发射功率更新和定时调整的指令，并在以后的 4 个子帧内通过 FPACH（在一个突发/子帧消息）将它发送给 UE。

当 UE 从选定的 FPACH（与所选特征码对应的 FPACH）中收到上述控制信息时，表明 Node B 已经收到了 UpPTS 序列。然后，UE 将调整发射时间和功率，并确保在接下来的两帧后，在对应于 FPACH 的 PPACH 信道上发送 RACH。在这一步，UE 发送到 Node B 的 RACH 将具有较高的同步精度。

UE 将会在对应于 FACH 的 CCPCH 的信道上接收到来自网络的响应，指示 UE 发出的随机接入是否被接收，如果被接收，将在网络分配的 UL 及 DL 专用信道上通过 FACH 建立起上下行链路。

在利用分配的资源发送信息之前,UE 可以发送第二个 UpPTS 并等待来自 FPACH 的响应,从而可得到下一步的发射功率和 SS 的更新指令。

接下来,基站在 FACH 信道上传送带有信道分配信息的消息,基站与 UE 间进行信令及业务信息的交互。

（3）随机接入冲突处理。

在有可能发生碰撞的情况下，或在较差的传播环境中，Node B 不发射 FPACH，也不能接收 SYNC_UL，也就是说，在这种情况下，UE 就得不到 Node B 的任何响应。因此 UE 必须通过新的测量来调整发射时间和发射功率，并在经过一个随机延时后重新发射 SYNC_UL。注意：每次（重）发射，UE 都将重新随机地选择 SYNC_UL 突发。

这种两步方案使得碰撞最可能在 UpPTS 上发生，即 RACH 资源单元几乎不会发生碰撞。这也保证了在同一个 UL 时隙中可同时对 RACHs 和常规业务进行处理。

3.4　TD-SCDMA 系统关键技术

若 TD-SCDMA 为时分复用同步码分多址接入系统，则无线传输方案综合了 FDMA、TDMA 和 CDMA 等多种多址方式。故 TD-SCDMA 系统相对其他 3G 标准具有自己独有的特点，概括来说主要应用了 TDD 技术、智能天线技术、联合检测技术、动态信道分配技术、接力切换技术以及功率控制技术等关键技术，这也使 TD-SCDMA 具有其他 3G 标准所没有的技术优势。

3.4.1　TDD 技术

对于数字移动通信而言，双向通信可以以频率或时间分开，前者称为 FDD（频分双工），后者称为 TDD（时分双工）。对于 FDD，上下行用不同的频带，一般上下行的带宽是一致的；而对于 TDD，上下行用相同的频带，在一个频带内上下行占用的时间可根据需要进行调节，并且一般将上下行占用的时间按固定的间隔分为若干个时间段，称之为时隙。TD-SCDMA 系统采用的双工方式是 TDD。相对于 FDD 方式来说，TDD 技术优点如下：

（1）易于使用非对称频段，无需具有特定双工间隔的成对频段。

TDD 技术不需要成对的频谱，可以利用 FDD 无法利用的不对称频谱，结合 TD-SCDMA 低码片速率的特点，在频谱利用上可以做到"见缝插针"。只要有一个载波的频段就可以使用，从而能够灵活地利用现有的频率资源。目前移动通信系统面临的一个重大问题就是频谱资源极度紧张，在这种条件下，要找到符合要求的对称频段非常困难，因此 TDD 模式在频率资源紧张的今天受到了重视。

（2）适应用户业务需求，灵活配置时隙，优化频谱效率。

TDD 技术通过调整上下行切换点来自适应调整系统资源，从而增加系统下行容量，使系统更适于开展不对称业务。

（3）上行和下行使用同个载频，故无线传播是对称的，有利于智能天线技术的实现。

时分双工 TDD 技术是指上下行在相同的频带内传输，也就是说具有上下行信道的互易性，即上下行信道的传播特性一致。因此可以利用通过上行信道估计的信道参数，使智能天线技术、联合检测技术更容易实现。将上行信道估计参数用于下行波束赋形有利于智能天线技术的实现。通过信道估计得出系统矩阵 A_n 可用于联合检测区分不同用户的干扰。

（4）无需笨重的射频双工器，小巧的基站，降低成本。

由于 TDD 技术上下行的频带相同，因此无需进行收发隔离，可以使用单片 IC 来实现收发信机，从而降低了系统成本。

3.4.2　智能天线技术

1. 智能天线的作用

智能天线的基本思想是：天线以多个高增益窄波束动态地跟踪多个期望用户，在接收模式下，来自窄波束之外的信号被抑制，而在发射模式下，期望用户接收的信号功率最大，同时窄波束照射范围以外的非期望用户受到的干扰最小。智能天线技术的核心是自适应天线波束赋形技术，如图 3.27 所示。

在移动通信发展的早期，运营商为了节约投资，总是希望用尽可能少的基站覆盖尽可能大的区域。这就意味着用户的信号在到达基站收发信设备前可能经历了较长的传播路径，有较大的路径损耗，为使接收到的有用信号不至于低于门限值，可能增加移动台的发射功率，或者增加基站天线的接收增益。由于移动台的发射功率通常是有限的，真正可行的是增加天线增益，相对而言用智能天线实现较大增益比用单天线容易。

在移动通信发展的中晚期，为增加容量、支持更多用户，需要收缩小区范围、降低频率复用系数来提高频率利用率，通常采用的是小区分裂和扇区化，但随之而来的是干扰增加，此时利用智能天线可在很大程度上抑制 CCI 和 MAI 干扰。

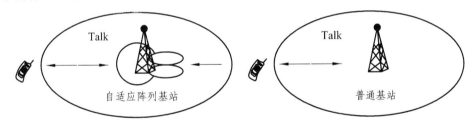

图 3.27　智能天线的作用

2. 智能天线的原理

智能天线技术的原理是使一组天线和对应的收发信机按照一定的方式排列和激励，利用波的干涉原理可以产生强方向性的辐射方向图。如果使用数字信号处理方法在基带进行处理，使得辐射方向图的主瓣自适应地指向用户来波方向，就能达到提高信号的载干比，降低发射功率，提高系统覆盖范围的目的。

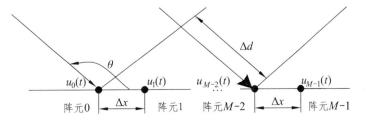

图 3.28　智能天线阵元波束接收

以 *M* 元直线等距天线阵列（见图 3.28）为例：（第 *m* 个阵元）
则空域上入射波距离相差为 $\Delta d = m \cdot \Delta x \cdot \cos\theta$

时域上入射波相位相差为（$2\pi/\lambda$）·Δd

可见，空间上距离的差别导致了各个阵元上接收信号相位的不同。经过加权后阵列输出端的信号为

$$z(t) = \sum_{m=0}^{M-1} w_m u_m(t) = A \cdot s(t) \cdot \sum_{m=0}^{M-1} w_m e^{-j\frac{2\pi}{\lambda}m\Delta x \cos\theta}$$

其中，A 为增益常数，$s(t)$ 为复包络信号，w_m 是阵列的权因子。

根据正弦波的叠加效果，假设第 *m* 个阵元的加权因子为

$$w_m = e^{j\frac{2\pi}{\lambda}m\Delta x \cos\varphi_0}$$

则

$$z(t) = A \cdot s(t) \cdot \sum_{m=0}^{M-1} e^{-j\frac{2\pi}{\lambda}m\Delta x(\cos\theta - \cos\varphi_0)}$$

结论：选择不同的 Φ_0 将改变波束所对的角度，因此可以通过改变权值来选择合适的方向。针对不同的阵元赋予不同权值，最后将所有阵元的信号进行同向合并，达到使天线辐射方向图的主瓣自适应地指向用户来波方向的目的。

这里涉及上行波束赋形（接收）和下行波束赋形（发射）两个概念：

上行波束赋形：借助有用信号和干扰信号在入射角度上的差异（DOA 估计），选择恰当的合并权值（赋形权值计算），形成正确的天线接收模式，即将主瓣对准有用信号，低增益旁瓣对准干扰信号。

下行波束赋形：在 TDD 方式工用的系统中，由于其上下行电波传播条件相同，则可以直接将此上行波束赋形用于下行波束赋形，形成正确的天线发射模式，即将主瓣对准有用信号，低增益旁瓣对准干扰信号。

3. 智能天线算法原理

自适应算法是智能天线研究的核心，一般分为非盲算法和盲算法两类。

（1）非盲算法。非盲算法是指需要借助参考信号（导频序列或导频信道）的算法，此时收端知道发送的是什么，按一定准则确定或逐渐调整权值，使智能天线输出与已知输入最大相关，常用的相关准则有 MMSE（最小均方误差）、LMS（最小均方）和 LS（最小二乘）等。

（2）盲算法。无需发端传送已知的导频信号，它一般利用调制信号本身固有的、与具体承载的信息比特无关的一些特征，如恒模、子空间、有限符号集、循环平稳等，并调整权值以使输出满足这种特性，常见的是各种基于梯度的使用不同约束量的算法。

相对盲算法而言，非盲算法具有通常误差较小，收敛速度也较快的特点，但需浪费一定的系统资源。若将两者结合会产生一种半盲算法，即先用非盲算法确定初始权值，再用盲算法进行跟踪和调整，这样做可综合两者的优点，同时也与实际的通信系统相一致，因为通常导频符不会时时发送而是与对应的业务信道时分复用的。

图 3.29 是智能天线的原理图，对于所有的用户信号进行的过程是一样的。上行方向，目

的足将 8 路信号变成　路信号，　个用户对于八根天线所接收到的信号相位不同，即不同的相位角。将接收到的信号正弦波相位依次前移，通过提供自适应权值进行同向合并。数字信号处理器用于信道估计，给自适应算法提供依据。对于下行来说，是根据上行的信道估计参数，将基带发射信号变成 8 路信号到 8 个阵元上，以波束定向赋形过程。

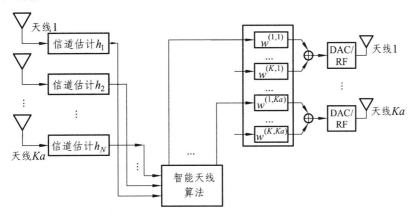

图 3.29　智能天线算法

4. 智能天线优势

（1）提高了基站接收机的灵敏度。

基站所接收到的信号为来自各天线单元和收信机所接收到的信号之和。如采用最大功率合成算法，在不计多径传播条件下，则总的接收信号将增加 $10\lg N$（dB），其中，N 为天线单元的数量。存在多径时，此接收灵敏度的改善将随多径传播条件及上行波束赋形算法而变，其结果也在 $10\lg N$（dB）上下。

（2）提高了基站发射机的等效发射功率。

同样，发射天线阵在进行波束赋形后，该用户终端所接收到的等效发射功率可能增加 $20\lg N$（dB）。其中，$10\lg N$（dB）是 N 个发射机的效果，与波束成形算法无关，另外部分将和接收灵敏度的改善类似，随传播条件和下行波束赋形算法而变。

（3）降低了系统的干扰。

基站的接收方向图形是有方向性的，在接收方向以外的干扰有强的抑制。如果使用最大功率合成算法，则可能将干扰降低 $10\lg N$（dB）。

（4）增加了 CDMA 系统的容量。

CDMA 系统是一个自干扰系统，其容量的限制主要来自本系统的干扰。因此降低干扰对 CDMA 系统极为重要，它可大大增加系统的容量。在 CDMA 系统中使用智能天线后，就提供了将所有扩频码所提供的资源全部利用的可能性。

（5）改进了小区的覆盖。

对使用普通天线的无线基站，其小区的覆盖完全由天线的辐射方向图形确定。当然，天线的辐射方向图形是可能根据需要而设计的。但在现场安装后除非更换天线，否则其辐射方向图形是不可能改变和很难调整的。但智能天线的辐射图形则完全可以用软件控制，在网络覆盖需要调整或由于新的建筑物等原因使原覆盖改变等情况下，均可能非常简单地通过软件来优化。

（6）降低了无线基站的成本。

在所有无线基站设备的成本中，最昂贵的部分是高功率放大器（HPA）。特别是在 CDMA 系统中要求使用高线性的 HPA，更是其主要部分的成本。智能天线使等效发射功率增加，在同等覆盖要求下，每只功率放大器的输出可能降低 $20 \lg N$（dB）。这样，在智能天线系统中，使用 N 只低功率的放大器来代替单只高功率 HPA 可大大降低成本。此外，还带来降低对电源的要求和增加可靠性等好处。

3.4.3 联合检测技术

1. 联合检测介绍

TD-SCDMA 系统是干扰受限系统。系统干扰包括多径干扰、小区多用户干扰和小区间的干扰。这些干扰破坏了各个信道的正交性，降低了 CDMA 系统的频谱利用率。传统的 Rake 接收机技术把小区内的多用户干扰当做噪声处理，而没有利用该干扰不同于噪声干扰的独有特性。

联合检测技术（即"多用户干扰"抑制技术）是消除和减轻多用户干扰的主要技术。它把所有用户的信号都当做有用信号处理，这样可以充分利用用户信号的扩频码、幅度、定时、延迟等信息，从而大幅度降低多径多址干扰，但同时也存在多码道处理过于复杂和无法完全解决多址干扰等问题。在基站侧，联合检测技术可以把同一时隙中多个用户的信号及多径信号一起处理，精确地解调出各个用户的信号。在用户侧，即使用户的位置非常靠近时，多用户干扰问题仍很严重。联合检测技术能很好地解决多用户干扰问题，如图 3.30 所示。TD-SCDMA

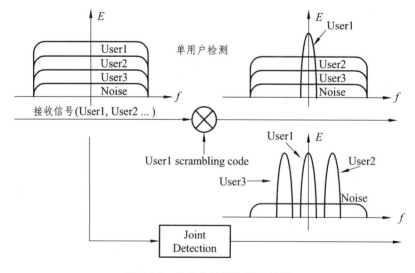

图 3.30　单用户检测与联合检测

中的联合检测的高效率归功于 TD-SCDMA 是一个时域和帧控的 CDMA 方案。因此，每载波的大量用户被分布到每个帧的每个传输方向的时隙中，最终使每时隙中并行用户的数量很少，这样，使用较低的计算量就可以有效地检测到用户信号。TD-SCDMA 采用的低码片速率也有利于各种联合检测算法的实现。

另外，联合检测技术允许在现存的 GSM 基础设备里运行 TD-SCDMA。最终，TD-SCDMA 可通过联合检测提高业务容量并使用网络运营商的 2G 业务智能地向 3G 业务过渡。

2. 联合检测原理

一个 CDMA 系统的离散模型可以用下式来表示：

$$e = A \cdot d + n$$

其中，d 是发射的数据符号序列，e 是接收的数据序列，n 是噪声，A 是与扩频码 c 和信道冲激响应 h 有关的矩阵。只要接收端知道 A，就可以估计出符号序列 $\hat{d}$。对于扩频码 c 系统是已知的，信道冲激响应 h 可以利用突发结构中的 Midamble 码求解出。这样就可以达到估计用户原始信号 d 的目的。联合检测的原理如图 3.31 所示。

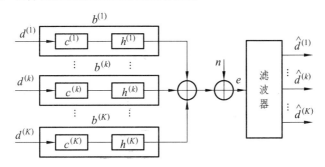

图 3.31　联合检测原理

联合检测算法的具体实现方法有多种，大致分为非线性算法、线性算法和判决反馈算法等三大类。线形算法包括解相关匹配滤波器法（DFM）、迫零线性块均衡法（ZF-BLE）、最小均方误差线性块均衡法（MMSE-BLE）；非线形算法包括最小均方误差判决反馈块均衡（MMSE-BDFE）和迫零判决反馈块均衡法（ZF-BDFE）。根据目前的情况，在 TD-SCDMA 系统中，采用了线性算法的一种，即迫零线性块均衡（Zero-Forcing Block Linear Equalizer，ZF-BLE）法。

3. TD-SCDMA 中智能天线和联合检测的互补作用

单独采用联合检测会遇到以下问题：

（1）对小区间的干扰没有办法解决。

（2）信道估计的不准确性将影响到干扰消除的效果。

（3）当用户增多或信道增多时，算法的计算量会非常大，难于实时实现。

单独采用智能天线也存在下列问题：

（1）组成智能天线的阵元数有限，所形成的指向用户的波束有一定的宽度（副瓣），对其他用户而言仍然是干扰。

（2）在 TDD 模式下，上、下行波束赋形采用同样的空间参数。由于用户的移动，其传播环境是随机变化的，这样波束赋形有偏差，特别是用户高速移动时更为显著。

（3）当用户都在同一方向时，智能天线作用有限。

（4）对时延超过一个码片宽度的多径造成的 ISI 没有简单有效的办法。

这样，无论是智能天线还是联合检测技术，单独使用它们都难以满足第三代移动通信系统的要求，必须扬长避短，将这两种技术结合使用。

　　智能天线和联合检测两种技术相结合，不等于将两者简单地相加。TD-SCDMA 系统中智能天线技术和联合检测技术相结合的方法使得在计算量未大幅增加的情况下，上行能获得分集接收的好处，下行能实现波束赋形。TD-SCDMA 系统智能天线和联合检测技术相结合的方法如图 3.32 所示。

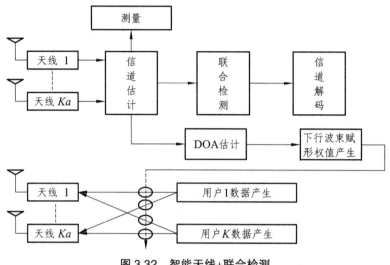

图 3.32　智能天线+联合检测

3.4.4　动态信道分配技术

　　在采用动态信道分配（DCA）的系统中，信道资源不固定属于某一个小区，所有的信道被集中分配。根据小区的业务负荷，通过信道的通信质量、使用率和信道的再用、距离等因素选择最佳的信道，动态地把信道资源分配给接入的业务。

　　TD-SCDMA 系统中的动态信道分配技术分为慢速 DCA 和快速 DCA 两种。慢速 DCA 根据小区内业务的不对称性的变化，动态地划分上下行时隙，使上下行时隙的传输能力和上下行业务负载的比例关系相匹配，以获得最佳的频谱效率，如图 3.33 所示。快速 DCA 技术为申

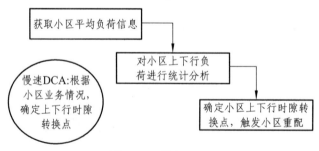

图 3.33　慢速 DCA

请接入的用户分配满足要求的无线信道资源，并根据系统状态对已分配的资源进行调整（详见表 3.6）。根据自适应的种类划分，动态信道分配又可分为业务自适应和干扰自适应两种。业务自适应是当给新用户分配信道时要避免使用相邻小区正使用的信道和可能引起干扰的信道；干扰自适应通过系统地测量一组信道的干扰情况，并从中选择能提供合适 SIR 的信道作

为分配信道。

表 3.6　快速 DCA

频域 DCA 可使用的无线信道数	与 5 MHz 的宽带相比，TD SCDMA 的 1.6 MHz 宽带使其具有 3 倍以上的无线信道数
时域 DCA 同一载频 6 个业务时隙	将受干扰最小的时隙动态地分配给处于激活状态的用户
码域 DCA 同一时隙 16 个码道	实现多用户在相同载频并行传输，有效提升频谱利用率
空域 DCA 空间波束定向形	通过智能天线，可基于每一用户进行定向空间去耦（降低多址干扰）

3.4.5　接力切换技术

1. 接力切换的基本概念

TD-SCDMA 系统的接力切换不同于硬切换和软切换。在切换之前，目标基站已经获得移动台比较精确的位置信息，因此在切换过程中 UE 先断开与原基站连接之后，能迅速切换到目标基站。移动台比较精确的位置信息，主要通过对移动台比较精确的定位技术来获得。

在 TD SCDMA 系统中，移动台的精确定位应用了智能天线技术。首先，Node B 利用天线阵估计 UE 的 DOA，然后通过信号的往还时延，确定 UE 到 Node B 的距离，这样，通过 UE 的方向 DOA 和 BTS 与 UE 间的距离信息，基站可以确知 UE 的位置信息，如果来自一个基站的信息不够，可以让几个基站同时监测移动台并进行定位。

在硬切换过程中，UE 先断开与 Node B1（源基站）的信令和业务连接，再建立与 Node B2（目标基站）的信令和业务连接，即 UE 在某一时刻与一个基站保持联系。而在软切换过程中，UE 先建立与 Node B2 的信令和业务连接之后，再断开与 Node B1 的信令和业务连接，即 UE 在某一时刻与两个基站同时保持联系。

接力切换虽然在某种程度上与硬切换类似，同样是在"先断后连"的情况，但是由于其实现是以精确定位为前提，因而与硬切换相比，UE 可以很迅速地切换到目标小区，降低了切换时延，减少了切换引起的掉话率。

2. 接力切换的过程

接力切换整个过程如图 3.34 所示。

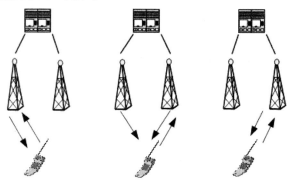

图 3.34　软切换示意图

阶段一：UE 收到切换命令前的场景：上下行均与源小区连接。

阶段二：UE 收到切换命令后执行接力切换的场景：利用开环预计同步和功率控制，首先只将上行链转移到目标小区，而下行链路仍与源小区通信。

阶段三：UE 执行接力切换完毕后的场景：经过 N 个 TTI 后，下行链路转移到目标小区，完成接力切换。

3. 接力切换的优点

与通常的硬切换相比，接力切换除了要进行硬切换所进行的测量外，还要对符合切换条件的相邻小区的同步时间参数进行测量、计算和保持。接力切换使用上行预同步技术，在切换过程中，UE 从源小区接收下行数据，向目标小区发送上行数据，即上下行通信链路先后转移到目标小区。上行预同步的技术在移动台在与原小区通信保持不变的情况下与目标小区建立起开环同步关系，提前获取切换后的上行信道发送时间，从而达到减少切换时间，提高切换的成功率、降低切换掉话率的目的。接力切换是介于硬切换和软切换之间的一种新的切换方法。

接力切换与软切换都具有较高的切换成功率、较低的掉话率以及较小的上行干扰等优点。不同之处在于接力切换不需要同时有多个基站为一个移动台提供服务，因而克服了软切换需要占用的信道资源多、信令复杂、增加下行链路干扰等缺点。

与硬切换相比，两者具有较高的资源利用率，简单的算法以及较轻的信令负荷等优点。不同之处在于接力切换断开原基站和与目标基站建立通信链路几乎是同时进行的，因而克服了传统硬切换掉话率高、切换成功率低的缺点。

传统的软切换、硬切换都是在不知道 UE 的准确位置下进行的，因而需要对所有邻小区进行测量，而接力切换只对 UE 移动方向的少数小区测量。

3.4.6 功率控制技术

1. 功率控制的作用

（1）功率控制技术是 CDMA 系统的基础，没有功率控制就没有 CDMA 系统。

（2）功率控制可以补偿衰落，接收功率不够时要求发射方增大发射功率。

（3）功率控制可以克服远近效应，对上行功控而言，功率控制的目标即为所有的信号到达基站的功率够用即可。

（4）由于移动信道是一个衰落信道，快速闭环功控可以随着信号的起伏进行快速改变发射功率，使接收电平由起伏变得平坦。

2. 功率控制的分类

TD-SCDMA 的功率控制技术采取开环、闭环（内环）和闭环（外环）功率控制三种。

（1）开环功率控制。

由于 TD-SCDMA 采用 TDD 模式，上行和下行链路使用相同的频段，因此上、下行链路的平均路径损耗存在显著的相关性。这一特点使得 UE 在接入网络前，或者网络在建立无线链路时，能够根据计算下行链路的路径损耗来估计上行或下行链路的初始发射功率。当它接收到的功率越强，说明收发双方距离较近或有非常好的传播路径，发射的功率就越小，反之则越人。开环功控只能在决定接入初期发射功率和切换时决定切换后初期发射功率的时候使用。

上行开环功率控制由 UE 和网络共同实现，网络需要广播一些控制参数，而 UE 负责测量 PCCPCH 的接收信号码功率，通过开环功率控制的计算，确定随机接入时 UPPCH、PRACH、PUSCH 和 DPCH 等信道的初始发射功率。

（2）内环功率控制。

快速闭环功率控制（内环）的机制是无线链路的发射端根据接收端物理层的反馈信息进行功率控制，这使得 UE（Node B）根据 Node B（UE）的接收 SIR 值调整发射功率来补偿无线信道的衰落。在 TD-SCDMA 系统中的上、下行专用信道上使用内环功率控制，每一个子帧进行一次。

（3）外环功率控制。

内环功率控制虽然可以解决损耗以及远近效应的问题，使接收信号保持固定的信干比（SIR），但是却不能保证接收信号的质量。接收信号的质量一般由误块率（BLER）或误码率（BER）来表征。环境因素（主要是用户的移动速度、信号传播的多径和迟延）对接收信号的质量有很大的硬性。当信道环境发生变化时，接收信号 SIR 和 BLER 的对应关系也相应发生变化。因此，需要根据信道环境的变化，调整接收信号的 SIR 目标值。

本章小结

本章首先介绍了 3G 的概念、3G 的主要特点、3G 网络的演进策略、中国 3G 的演进。3G 的三大主流标准 WCDMA、CDMA2000 和 TD-SCDMA 的技术特点。

TD-SCDMA 标准是我国信息产业部电信科学技术研究院在国家主管部门的支持下，根据多年的研究而提出的具有一定特色的 3G 通信标准。TD-SCDMA 与其他 3G 系统相比具有明显的优势。TD-SCDMA 系统的网络结构包括用户设备域和基本结构域。UTRAN 是 TD-SCDMA 网络中的无线接入部分。UTRAN 由一组无线网络子系统（RNS）组成，每一个 RNS 包括一个 RNC 和一个或多个 Node B，Node B 与 RNC 之间通过 Iub 接口进行通信，RNC 之间通过 Iur 接口进行通信，RNC 则通过 Iu 接口与核心网相连。UTRAN 协议结构是按照通用协议模型进行描述的，即包括两层四面：无线网络层和传输网络层，控制平面、用户平面、传输网络控制平面、传输网络层用户平面。UTRAN 接口协议包括 Iu 接口协议、Iub 接口协议、Iur 接口协议、Uu 接口协议。

然后重点介绍了 TD-SCDMA 系统物理层结构，包括物理层实现的功能、物理层物理信道的帧结构、物理信道的分类、传输信道的分类、传输信道到物理信道的映射、信道的编码与复用过程、扩频与调制、物理层过程。

最后详细讲述了 TD-SCDMA 六大关键技术包括（TDD 技术、智能天线技术、联合检测技术、接力切换技术、功率控制技术）。

习　题

一、填空题

1. TD-SCDMA 突发的数据部分由信道码和_____共同扩频。信道码是一个_____码，扩频因子可以取_____ 。

2. 国际电信联盟(ITU)将 3G 系统正式命名为国际移动通信 2000(IMT-2000),其中"2000"的含义是：_____ , _____ , _____。

3. TD-SCDMA 信道编码的方式包括_____编码和_____编码，码率有_____和_____；

4. IuCS 接口的控制面应用协议是_____ , Iub 接口的控制面应用协议是_____ , Iur 接口的控制面应用协议是_____。

5. Uu 口的第 2 层即数据链路层包括_____ 、_____、_____、_____等 4 个子层。

6. TDD 模式共占用核心频段_____，补充频段_____，单载波带宽_____，可供使用的频点有_____个。因此，TD-SCDMA 系统的频率资源丰富。

7. 时隙结构即突发结构，TD-SCDMA 系统共定义了 4 种时隙类型，分别是：_____、_____、_____、和_____。

8. NodeB 通过_____接口与 RNC 相连。RNC 与 RNC 之间使用_____接口相连。RNC 通过_____接口与 CN 相连。

9. TD-SCDMA 使用的双工模式是_____，载波带宽是_____，码片速率是_____。

10. 信道分配方案可以分为哪三种：_____、_____、_____。

11. IMT-2000 无线传输技术的业务数据速率要求是：在室内运动状态达到：_____；步行运动状态达到：_____；高速移动状：_____。

二、简答题

1. 请描述 TD-SCDMA 空中接口物理层结构，并简要说明各时隙中涉及的码资源分类和功能。

2. 列举出所有传输信道和物理信道，并指出他们之间的对应关系。

3. 简述 TD-SCDMA 系统中 Midamble 码的作用。

4. 请画出 TD-SCDMA 子帧（5ms）3：3 配置时的结构示意图，写出各时隙名称，并标出上、下行方向（↑上行，↓下行）。

5. TD-SCDMA 系统有哪些技术优势？

6. TD-SCDMA 的帧结构中的 TS0、DwPTS、UpPTS 是做什么用的？

7. 智能天线的优势主要表现在哪些方面？

第 4 章　GSM 系统设备

4.1　GSM 基站控制器设备

4.1.1　系统概述

1. 系统背景

ZXG10-BSC（V2）是一种多模块大容量的基站控制器产品，与 ZXG10-BTS 共同组成 ZXG10-BSS。BSC 有以下优点。

（1）BSC 的容量大，使网络规划（基本一个地方的所有小区都由一个 BSC 管理）和维护管理更方便（BSC 数目少，一般 OMCR 也少）。

（2）BSC 越区切换少，使 MSC 的负载减到最少。

（3）网络扩展时，BSC 需要分配的小区大大减小，网络运行更快、效率更高。

（4）BSC 的成本会随着容量的增大而减小。

（5）减少 A 接口信令链路数量，降低投资。

ZXG10-BSC（V2）最多可以控制 2048 个 TRX，具有高可靠性、高性价比、功能完善等特点，其网络平台完全开放。

2. BSC 在网络中的位置

BSC 在 GSM 网络的位置如图 4.1 所示。

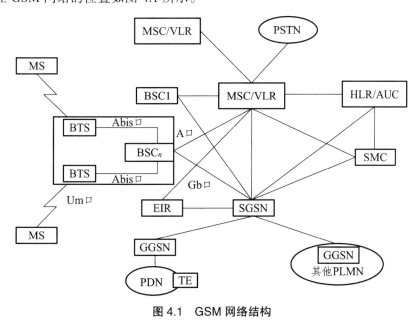

图 4.1　GSM 网络结构

在 GSM 系统中，BSC 位于 MSC、BTS 和 SGSN 之间，通过 A 接口与 MSC 相连，通过 Abis 接口与 BTS 相连，通过 Gb 接口与 SGSN 连接。

3. 系统功能

ZXG10-BSC（V2）支持 GSM Phase II+标准中规定的基站控制器的业务功能，同时兼容 GSM Phase II 标准，主要功能列举如下。

（1）支持 GSM900、EGSM900、GSM850、GSM1800 和 GSM1900 网络。

（2）支持协议规定的基站管理功能，可以管理 ZXG10-BTS 系列产品的混合接入。

（3）通过 Qx 接口与 OMCR 连接，实现对 BSS 的操作维护管理。

（4）支持多种业务种类。

① 电路型语音业务。

● 全速率语音业务；

● 增强型全速率语音业务；

● 半速率语音业务；

● AMR 语音业务。

AMR 是语音编码的一种算法，是可变速率的。它会根据 C/I 值，自动调整语音编码速率，从而保证在不同的 C/I 下，使语音质量尽可能最好。

根据协议规定，AMR 的语音编码速率共有 8 种模式。ZXG10-BSC（V2）支持 7.4 kbit/s、6.7 kbit/s、5.9 kbit/s、5.15 kbit/s、4.75 kbit/s5 种编码模式，并能选择其中的 4 种模式进行改变。

② 电路型数据业务。

● 14.4 kbit/s 全速率数据业务；

● 9.6 kbit/s 全速率数据业务；

● 4.8 kbit/s 全速率数据业务；

● 2.4 kbit/s 全速率数据业务。

③ 短消息业务（支持中文短消息）。

● 移动作为被叫的点对点的短消息业务；

● 移动作为主叫的点对点的短消息业务；

● 源自短消息中心或 OMC-R 的小区广播业务。

④ GPRS 业务。

目前，主要支持点对点交互式电信业务。包括：

● 访问数据库：对用户采用按需分配，如 Internet；用户到用户的通信有存储转发功能和信息处理功能；

● 会话型业务：用户到用户双向端到端实时信息通信，如 Internet Telnet 业务；

● 远端动作（Tele-action）业务：适用于小数据量数据处理业务，信用卡确认、彩票交易、电子监控、远程读表（水、电、煤气）、监视系统等。

⑤ EDGE 业务。

（5）支持信道管理功能，包括地面信道管理、业务信道管理和控制信道管理。

① 地面信道管理。包括 MSC-BSC 间地面信道管理、BSC-BTS 间地面信道管理和 BSC-SGSN 间的信道管理。

②业务信道的管理。包括信道分配、链路监视、信道释放、功能控制决定。

③支持的控制信道包括 FCCH、SCH、BCCH、PCH、AGCH、RACH、SDCCH、SACCH、FACCH；PACCH、PAGCH、PBCCH、PCCCH、PPCH、PRACH、PTCCH。

（6）支持跳频功能。

（7）支持非连续发射（DTX）和话音激活监测（VAD）。

（8）支持多种切换。

①支持同步切换、非同步切换、伪同步切换。

②支持 900 MHz 频段内、1 800 MHz 频段内、900 和 1 800 MHz 频段间的切换。

③能处理切换测量并切换；可支持网络发起由于业务或干扰管理原因的切换。

④支持不同话音编码速率的信道间切换；支持使用 DTX 时的切换；支持由于话务量原因引起的切换；支持基于载干比的同心圆切换。

（9）支持 MS 和 BTS 的 6 级静态、15 级动态功率控制，支持基于接收质量的快速功率控制。

（10）支持过载和流量控制。

BSC 可对过载进行定位和分析，并将原因传送到后台；当话务量太大时，可从 A 接口、Abis 接口、Gb 接口进行控制，减少流量，同时保证最大话务能力水平。

（11）无线链路故障时，支持呼叫重建。

（12）支持 A 口电路检测功能。

A 口电路检测功能有助于协助用户判断是否是 A 口异常。当系统发现某时隙存在异常时，产生通知消息上报给 OMCR，通知消息中包含 A 口电路的具体时隙和 DRT/EDRT/SDRT 单板的某个 DSP 上的具体时隙，以便用户能根据这些信息采取相应措施，更快地解决故障。

（13）支持载频智能下电功能。

载频智能下电功能帮助运营商降低运营费用，同时有利于环保。支持载频智能下电功能的设备，能根据业务的需要关闭或打开基站设备，以减少不必要的能源消耗。同时因为实现了智能控制，因此这种关闭或打开的动作不会给无线网络的运行带来坏的影响。智能下电功能需要 BTS 配合完成下电和上电的动作，而判断需要 OMCR/BSC 配合完成。

（14）支持无汇接运行（TFO）功能。

在通常的 MS-MS 呼叫下，语音信号在源 MS 编码，通过空中接口发送，然后通过在本地码型转换器转换为 A 律或 μ 律 PCM 编码。通过固网传输，然后通过远端码型转换器转换后通过空中接口传输，最后在远端 MS 解码。在这种情况下，声码器是汇接运行，这种汇接操作带来的缺点是两次码型转换带来的语音质量的下降。特别是在语音编码采用低速率编码时，这种语音质量下降更明显。

当主叫和被叫 MS 使用相同的语音编码器时，在主被叫之间的语音帧采用透明传输的方式而不激活 TC 的码型转换功能，这就是无汇接运行（TFO）。

TFO 技术只适用于移动终端呼叫移动终端。

实现 TFO 的优点是：

①避免了两次语音转换，语音质量得以提高；

②不经过 TC 单元的码型转换，节约了资源，节省了运算量；

③减少了端到端传输延迟。

（15）支持噪声抑制。

噪声抑制是一种语音质量优化的手段。噪声抑制采用适当的算法滤除 PCM 码流上的噪声。BSC（V2）在 TC 上实现这一功能，可通过配置参数控制是否激活此功能。

在 TFO 已建立时，PCM 线上传送的是压缩语音编码，不能进行噪声抑制，所以噪声抑制和 TFO 功能具有互斥性。

（16）BSC 在指配和切换程序中支持呼叫排队、呼叫强拆。

（17）支持高端用户优先接入。

高端用户优先接入，也称为高优先级用户优先接入或 EMLPP，它是指将移动用户分为不同的优先级，根据优先级越高越容易接入网络的原则为用户分配信道资源。

（18）支持 Co-BCCH。

Co-BCCH 主要用于双频共小区。双频共小区是指同一个小区支持 2 个频段的载频，不同频段的载频共用一个 BCCH。

Co-BCCH 组网有以下优点。

● 节省一个 BCCH 时隙。

● 直接在 9 00 M 小区配置 1 800 M 载频，不必修改原来的小区邻接关系、不必重新规划网络，也不存在共站址双频小区间的重选和切换问题。

（19）支持动态 HR 信道转换。

ZXG10-BSC 支持动态 HR 信道转换功能。系统能根据话务量实时地动态调整 HR/FR 信道，自动实现 HR/FR 信道间的转换。

（20）支持流量控制。

流控是保护系统的一种手段，通过限制部分业务，实现对过载的控制，从而保证系统能正常运行。

（21）支持灵活的信道分配。

ZXG10-BSC 综合考虑信道速率选择、载频优先级、干扰带、小区内切换时信道的分配、预留信道的分配和子小区信道选择等因素进行信道的分配。

（22）支持语音版本选择。

ZXG10-BSC 提供了设置优选语音版本的功能，可针对全速率和半速率信道，分别设置一种优先选择的语音版本。

（23）支持三位网号。

ZXG10-BSC 提供了对三位网号的支持，可根据所处的网络环境，设置当前使用两位或者三位网号，根据这个设置对 A 口、Gb 口收到的信令消息中的 MNC 进行解释和确定发送信令中 MNC 的格式，也根据这个设置确定在 Um 口广播消息中 MNC 的格式。

（24）支持 2G/3G 系统间切换。

● 支持 CS 业务下 3G 到 2G 切入功能；

● 支持 CS 业务下 2G 到 3G 切出功能。

（25）支持动态 Abis 功能。

TBF 在传输数据时编码方式可以是 CS1～CS4、MCS1～MCS9。编码方式不同，所需占用的 Abis 带宽也不相同。一条 Abis 时隙的带宽为 16 kbit/s，为支持 CS3～CS4 以及 MCS3～MCS9 要求一条 Um 信道分配多条 Abis 时隙。虽然固定分配简单易实现，但将造成资源的浪费，为此引入动态 Abis，将 Abis 资源集中管理，按照需求动态分配，以满足资源的最高利用率。

（26）支持编码控制功能。

与 GPRS 相比，EDGE 的测量报告有很大的改进。EDGE 的测量可以在每个脉冲的基础上进行，即以 Burst 的粒度进行测量。

EDGE 快速测量的特性使得网络侧能够快速响应无线环境的变化，从而选择最合适的编码方式和进行功率控制。

在下行方向，BSC 支持按时隙决定编码方式和按 TBF 决定编码方式。

在上行方向，BSC 根据 BTS 上报的上行信道的测量参数决定上行 TBF 编码方式。

（27）支持重传功能。

在分组业务中，采用负反馈的方式控制重传，即发送端根据接收端反馈的位图来判断哪些分组接收端没有正确接收，从而决定网络侧是否对相应分组进行重传。

在 GPRS 中，分组数据以初始发送的编码方式进行重传，例如以 CS4 编码发送的数据块，还是以 CS4 方式重传。

在 EDGE 中，引入了两种新的重传方法：分段重组和增量冗余。

（28）分组信道分配算法优化。

ZXG10-BSC 支持手机多时隙能力，根据手机对 GPRS/EDGE 的支持能力的不同，为手机分配 GPRS TBF 或者 EDGE TBF。

ZXG10-BSC 在为手机分配 PDTCH 信道的时候，优先选择负荷低的载频；当选定载频后，再根据手机的要求，在载频内挑选最合适的 PDTCH 信道组合。

（29）支持卫星 Abis 和卫星 Gb。

卫星传输在系统中引入了长达 540 ms 左右的双向时延，对 GPRS 和 EDGE 业务造成了较大影响。ZXG10-BSC 尽可能消除了这种影响，保证了 GPRS 和 EDGE 业务的正常进行。

4.1.2　系统总体结构

1. 硬件总体结构

ZXG10-BSC（V2）的硬件总体结构大致如图 4.2 所示。

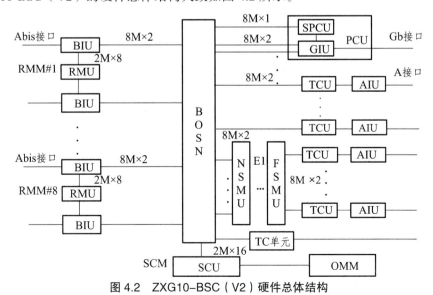

图 4.2　ZXG10-BSC（V2）硬件总体结构

ZXG10-BSC（V2）主要提供两类模块：SCM（系统控制模块）和 RMM（无线管理模块）。SCM 负责处理整个 BSC 系统与 MSC、SGSN 的信令交互，系统提供一个 SCM 模块；RMM 模块负责处理 Abis 接口上的信令流程，系统可以提供 1~8 个 RMM 模块。

● SCM 模块包括系统控制单元 SCU，完成 BSC 地面电路设备的直接管理和 7 号信令的转接。

● 网络交换单元 NSU，完成电路交换功能，提供 32K×32K 的两比特交换网络 BOSN。

● A 接口单元 AIU、码型变换和速率适配单元 TCU，完成 A 接口、码型变换和速率适配功能。

● Abis 接口单元 BIU，完成 Abis 接口功能。

● 远端子复用单元 FSMU 和近端子复用单元 NSMU，完成子复用功能。

● 分组控制单元 PCU，完成（E）GPRS 功能。

● Gb 接口单元 GIU，完成 Gb 接口功能。

RMM 模块主要由无线资源管理单元 RMU 组成，1 个 RMM 模块最多可以完成 256 个载频的业务处理。

对于不同的功能单元，ZXG10-BSC（V2）系统设计了不同的机框，分别为：控制层机框 BCTL（包括 BCTL-RMU 机框和 BCTL-SCU 机框），网交换和时钟层机框 BNET，A 接口、码型变换和速率适配功能机框 BATC，Abis 接口机框 BBIU，子复用接口机框 BSMU 和 GPRS 机框（包括 BPCU 机框和 BGIU 机框），各类机框根据功能需要配置了各种单板。

2. 软件总体结构

ZXG10-BSC（V2）软件按照层次设计，分为操作支撑子系统 OSS、操作维护子系统 OMS、业务处理子系统 SPS 和数据库子系统 DBS。各层之间的关系如图 4.3 所示。

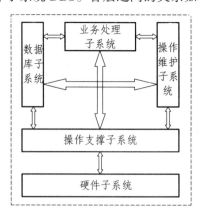

图 4.3　ZXG10-BSC（V2）软件结构

OSS 介于其他软件模块和硬件平台之间，管理所有的硬件资源，屏蔽复杂的硬件操作，为其他模块访问硬件提供接口，同时负责各个软件模块的调度和消息交互。

OMS 驻留在 BSC 上，是 OMC 与 BSC，BTS 之间的桥梁，OMC 通过 OMS 对 BSC 和 BTS 进行控制管理。

SPS 主要实现 Abis 接口 RR 层以上、A 口 SCCP 层以上以及 Gb 接口 NS 层以上的协议栈，是整个系统功能实现的核心部分。

DBS 将 BSC 系统抽象为各种数据资源，通过关系数据表对 BSC 系统资源进行描述，并为其他软件模块提供数据访问接口。

OMS 分布在 BSC 的主处理器（MP），其他三类软件则主要分布在 BSC 的 MP 和各类 PP 上。

3. TMM 总体结构

TMM 为 ZXG10-BSC（V2）系统的一个功能模块，主要用于解决 GSM 边际网中传输设备的网管问题。TMM 的组网情况如图 4.4 所示。

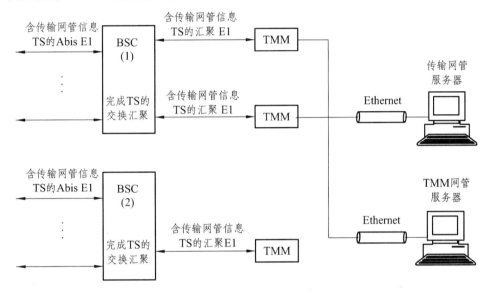

图 4.4　TMM 组网图

基站侧传输设备使用 Abis 口上的 E1 把网管信息通过 E1 上某几个 TS 直接传送到 BSC，TMM 完成 E1 到 Ethernet 的转换后将网管信息通过以太网口送至传输设备网管服务器，从而实现了传输设备网管信息的透明传送。

在硬件上，TMM 模块只有一块单板：CMM 单板。软件部分由网管软件、BOOT 和 APP 三部分组成，软件结构如图 4.5 所示。

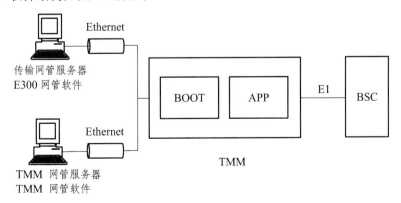

图 4.5　TMM 软件结构图

网管软件主要完成对 TMM 的操作维护功能，包括单板 IP 地址的修改，软件装载和单板相关状态的显示。

BOOT 是系统的引导程序，主要完成系统的引导和应用程序的装载，并且支持从后台向单板进行软件装载。

APP 是系统的应用程序，主要功能是负责 E1 数据和以太网数据的协议转换，实现网管信息的透明传输。基站侧传输设备的网管信息通过基站以及基站控制器的透明通道传送到 TMM 的 E1 口，TMM 完成协议转换后将网管信息通过以太网口传送到传输设备网管服务器；反之，TMM 将从以太网口接收的网管信息进行协议转换后通过 E1 口传送到基站侧传输设备。

4.1.3　系统主要指标

1. 外形尺寸、颜色

（1）机架尺寸。

ZXG10-BSC（V2）的单机架尺寸：2 000 mm×810 mm×600 mm（高×宽×深）。

加两边侧板时宽 910 mm，加顶部面板时高 2 200 mm。

（2）机柜颜色。

BSC 机柜颜色为灰白色。

2. 整机重量及机房地面承重要求

单机柜最大重量为 270 kg（加前门板、后门板和侧门板）。

机房地面承重要求为 420 kg/m^2。

3. 电源系统范围

供电电压：-48VDC。

直流电压波动范围：-57 V ~ -40 V。

交流电压波动范围：±10%。

4. 功耗指标

根据实际测量并考虑了一些余量，每层机框满配的功耗如下：

● BBIU 机框：100 W。
● BCTL-RMM 机框：100 W。
● BCTL-SCU 机框：100 W。
● BNET 机框：80 W。
● BATC 机框：200 W。
● BSMU 机框：100 W。
● BPCU 机框：110 W。
● BGIU 机框：110 W。

其中 BATC 机框考虑的余量比较大，原因在于 DSP 忙和闲时功耗差别较大。BSC（V2）机架的功耗按机框的实际配置情况进行计算。

5. 工作频率

ZXG10-BSC（V2）基站控制器支持以下工作频率：

（1）GSM 900 系统工作的无线频率。

上行（移动台发送，基站接收）频率范围：890 MHz ~ 915 MHz。

下行（基站发送，移动台接收）频率范围：935 MHz ~ 960 MHz。

工作带宽：25 MHz，双工间隔（即收发频率间隔）为 45 MHz，载频间隔为 200 kHz，共有 124 个载频频道。

（2）EGSM 900 系统工作的无线频率。

上行（移动台发送，基站接收）频率范围：880 MHz ~ 915 MHz。

下行（基站发送，移动台接收）频率范围：925 MHz ~ 960 MHz。

工作带宽为 35 MHz，双工间隔（即收发频率间隔）为 45 MHz，载频间隔为 200 kHz，共有 174 个载频频道。

（3）GSM 1800 系统工作的无线频率。

上行频率范围：1 710 MHz ~ 1 785 MHz。

下行频率范围：1 805 MHz ~ 1 880 MHz。

双工间隔为 95 MHz，工作带宽为 75 MHz，载频间隔为 200 kHz，共有 374 个载频频道。

（4）GSM 1900 系统工作的无线频率。

上行频率范围：1 850 MHz ~ 1 910 MHz。

下行频率范围：1 930 MHz ~ 1 990 MHz。

双工间隔为 80 MHz，工作带宽为 60 MHz，载频间隔为 200 kHz，共有 299 个载频频道。

（5）GSM 850 系统工作的无线频率。

上行频率范围：824 MHz ~ 849 MHz。

下行频率范围：869 MHz ~ 894 MHz。

双工间隔为 45 MHz，工作带宽为 25 MHz，载频间隔为 200 kHz，共有 124 个载频频道。

4.1.4 系统组网容量

（1）A 接口最大容量：512 条 E1 中继。

（2）Abis 接口最大容量：640 条 E1 中继。

（3）Gb 接口最大容量：64 Mbps。

（4）七号链路最大数量：16 条 64 kbps 链路或者 2 条 2M 七号链路。

（5）系统最大载频数量：2048 个。

（6）系统最大站点数量：1024 个。

（7）BHCA：800 K。

（8）最大话务量：9600 Erl（Erl 为话务负载单位）。

（9）系统携带 TMM 最大数量：10 个。

（10）TMM 携带传输子网最大数量：10 个。

4.1.5 系统配置

ZXG10-BSC（V2）系统能够提供大容量配置，Abis 接口和 A 接口配置根据实际业务模型进行配置，一般模型下，Abis 接口和 A 接口交换网 HW 线分配比例为 1：0.9。机架的多少与载频总数有关。

1. 不含子复用单元的 BSC 机架配置

（1）双模块 BSC（SCM 和 RMM 模块各一个）。

当容量较小时，如 240 个 TRX，只需配置一个机柜，机柜配置示意图如图 4.6 所示。

图 4.6 双模块 BSC 机柜组成图

（2）三模块 BSC。

此时要配置两个机柜，机柜配置示意图如图 4.7 所示。

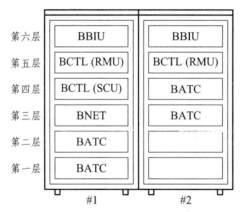

图 4.7 三模块 BSC 机柜组成图

（3）四模块 BSC。

此时要配置三个机柜，机柜配置示意图如图 4.8 所示。

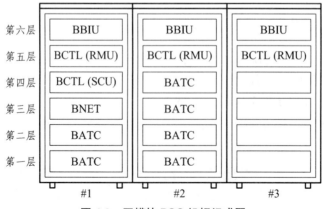

图 4.8 四模块 BSC 机柜组成图

（4）五模块 BSC。

此时要配置三个机柜，机柜配置示意图如图 4.9 所示。

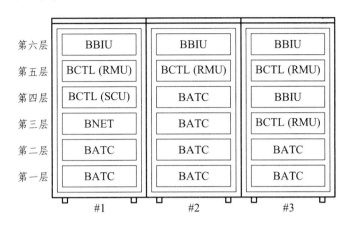

图 4.9　五模块 BSC 机柜组成图

（5）六模块 BSC。

此时要配置四个机柜，机柜配置示意图如图 4.10 所示。

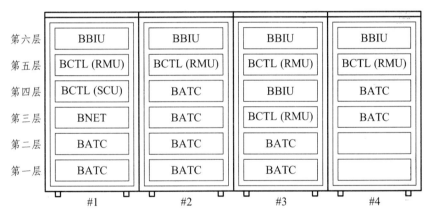

图 4.10　六模块 BSC 机柜组成图

2. 含子复用单元的 BSC 机架配置

在 ZXG10-BSC（V2）中，有一个子复用接入点：Ater 接口，即 TC 侧的子复用接口。

子复用单元的数量，按照远端放置的模块数量来计算。当 Ater 接口子复用时，所有 TC 单元都放置在远端，这时每四层 TC 机框需要一对子复用单元（一个近端子复用单元和一个远端子复用单元）和一个远端 TC 机架。

（1）子复用情况下的远端 TC 机架。

一个远端 TC 机架由一个远端子复用机框和最多四个 TC 机框组成。其机架示意图如图 4.11 所示。

（2）子复用情况下的近端 BSC 机架。

TC 远置时，近端 BSC（配置 4 个 RMM 模块）机架配置示意图如图 4.12 所示。

图 4.11　远端 TC 机架示意图

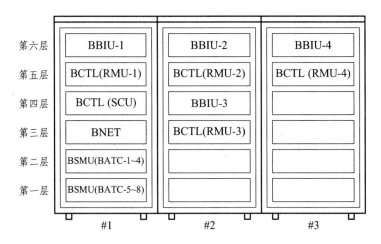

图 4.12　近端 BSC 机架配置示意图

3. GPRS 机架配置

　　ZXG10-BSC（V2）GPRS 采用标准配置，仅需一个机架，包括一套 GIU 和 8 套 SPCU。机架在并架时机架号按先 BSC 机架后 GPRS 机架的顺序排列，GPRS 机架结构示意图如图4.13 所示。

图 4.13　ZXG10–BSC（V2）GPRS 机框示意图

在 ZXG10-BSC（V2）的设计中，一个 SPCU 单元中包含

- 最多 7 块 BRP 单板。
- 最多 3 块 FPR 单板。

BRP 和 FPR 均是 N+1 备份。其中，一块 BRP 单板最多。

- 可支持 80 个小区。
- 可支持 80 条 PS 信道。

这样，满配置的一个 SPCU 单元最多。

- 可支持 6 块主用 BRP 单板。
- 可支持最多 480 个小区，或者 480 条 PS 信道。

Gb 接口处一块 FRP 单板最多。

- 可处理 10 条 NSVC，所以，满配置的一个 SPCU 单元最多有 2 块主用 FRP 单板，可配置最多 20 条 NSVC。

4. 各机框单板配置

ZXG10-BSC（V2）机架有七类机框，经一定方式的组合构成 BSC 的机架（不包含直接由 BSC（V1）升级的特别机框）。

（1）BBIU 机框。

BBIU 机框单板排列如图 4.14 所示。BBIU 机框提供 Abis 接口功能。

1	2	3	4	5	6	7	8	9	10	11	12	13	14	15	16	17	18	19	20	21	22	23	24	25	26	27
POWB			TIC	TIC		TIC	TIC		TIC	TIC	BIPP	BIPP	COMI	COMI	BIPP	BIPP	TIC	TIC		TIC	TIC		TIC	TIC		POWB

图 4.14　ZXG10-BSC（V2）BBIU 机框单板排列图

（2）BCTL 机框。

BCTL 的机框单板排列如图 4.15 所示。

1	2	3	4	5	6	7	8	9	10	11	12	13	14	15	16	17	18	19	20	21	22	23	24	25	26	27
POWB	SMEM				MP				MP			COMM	COMM	COMM	COMM	COMM	COMM	COMM	COMM	COMM	COMM	COMM	COMM	COMM	COMM	POWB

（a）RMU 机框

1	2	3	4	5	6	7	8	9	10	11	12	13	14	15	16	17	18	19	20	21	22	23	24	25	26	27
POWB	SMEM				MP				MP			COMM	COMM	COMM	COMM	COMM	COMM	COMM	COMM	COMM	COMM	COMM	COMM	PEPD	MON	POWB

（b）SCU 机框

图 4.15　ZXG10-BSC（V2）BCTL 机框单板排列图

BCTL 机框是系统核心软件的放置处。BCTL 机框有两种：BCTL-SCU 机框和 BCTL-RMU 机框，分别完成系统控制功能和无线资源管理功能。

（3）BNET 机框。

BNET 机框单板排列如图 4.16 所示。

1	2	3	4	5	6	7	8	9	10	11	12	13	14	15	16	17	18	19	20	21	22	23	24	25	26	27
POWB		CKI	SYCK			SYCK			BOSN		BOSN	DSNI	DSNI	DSNI	DSNI	DSNI	DSNI	DSNI	DSNI	DSNI	DSNI					POWB

图 4.16　ZXG10-BSC（V2）BNET 机框单板排列图

BNET 机框提供 ZXG10-BSC（V2）的交换功能。

（4）BATC 机框。

BATC 机框单板排列如图 4.17 所示。

1	2	3	4	5	6	7	8	9	10	11	12	13	14	15	16	17	18	19	20	21	22	23	24	25	26	27
POWB		TCPP	TCPP	E/DRT	E/DRT	E/DRT	E/DRT	E/DRT	E/DRT	E/DRT	E/DRT	AIPP	AIPP	TIC	TIC		TIC	TIC		TIC	TIC		TIC	TIC		POWB

图 4.17　ZXG10-BSC（V2）BATC 机框单板排列图

BATC 机框提供码型变换和速率适配功能。

（5）BSMU 机框。

BSMU 近端子复用机框单板排列如图 4.18 所示。

1	2	3	4	5	6	7	8	9	10	11	12	13	14	15	16	17	18	19	20	21	22	23	24	25	26	27
POWB									NSPP	NSPP	TIC	TIC		TIC	TIC		TIC	TIC		TIC	TIC					POWB

图 4.18　ZXG10-BSC（V2）BSMU 近端子复用机框单板排列图

BSMU 远端子复用机框单板排列如图 4.19 所示。

1	2	3	4	5	6	7	8	9	10	11	12	13	14	15	16	17	18	19	20	21	22	23	24	25	26	27
POWB		CKI	SYCK			SYCK			FSPP	FSPP	TIC	TIC		TIC	TIC		TIC	TIC		TIC	TIC					POWB

图 4.19　ZXG10-BSC（V2）BSMU 远端子复用机框单板排列图

（6）PCU 机框。

PCU 机框单板排列如图 4.20 所示。

1	2	3	4	5	6	7	8	9	10	11	12	13	14	15	16	17	18	19	20	21	22	23	24	25	26	27
POWB	E/BRP	E/BRP	E/BRP	E/BRP	E/BRP	E/BRP	E/BRP	E/FRP	E/FRP	E/FRP	PUC	PUC		PUC	PUC	E/FRP	E/FRP	E/FRP	E/BRP	E/BRP	E/BRP	E/BRP	E/BRP	E/BRP	E/BRP	POWB

图 4.20　ZXG10–BSC（V2）PCU 机框单板排列图

PCU 机框完成分组业务功能，包括 2 个 SPCU 子单元。

BRP 板和 FRP 板可由 EBRP 板和 EFRP 板代替，且 EBRP 板和 BRP 板、EFRP 板和 FRP 板可以混插。

EBRP 板和 BRP 板，EFRP 板和 FRP 板的主要区别在于处理能力。EBRP 的处理能力是 BRP 的十倍以上，EFRP 是 FRP 的三倍以上。

（7）GIU 机框。

GIU 机框如图 4.21 所示。

1	2	3	4	5	6	7	8	9	10	11	12	13	14	15	16	17	18	19	20	21	22	23	24	25	26	27
POWB				HMS	HMS				GIPP	GIPP	TIC	TIC		TIC	TIC		TIC	TIC		TIC	TIC					POWB

图 4.21　ZXG10–BSC（V2）GIU 机框图

GIU 单元实现 Gb 物理接口功能，其中 POWB 板 2 块，必须提供；GIPP 板 2 块，热备份；TIC 板最多 8 块，可以取值 1、2、3、4、5、6、7、8 块；HMS 板 2 块，热备份。

BGIU 和 BGPU 组合构成 GPRS 机架。GPRS 有一个独立的机架，机架在并架时机架号按先 BSC 机架后 GPRS 机架的顺序排列。

4.1.6　机框结构及功能

1. 机框功能

在 ZXG10-BSC（V2）中，根据不同的功能，设计了 7 种不同的功能机框。通过这 7 种机框的不同组合，可以实现 BSC 的系统功能。

ZXG10-BSC（V2）中 7 种机框的种类和功能简述如下：

（1）控制层机框 BCTL。

BCTL 机框有两种：BCTL-SCU 机框和 BCTL-RMU 机框。

BCTL-SCU 机框承载系统控制单元（SCU），是系统核心软件的放置处，完成系统控制功能。

BCTL-RMU 无线资源管理单元（RMU）完成无线资源管理功能。

（2）网交换层机框 BNET。

BNET 机框承载网络交换单元（NSU），完成 32K×32K 的两比特电路交换网和时钟的功能。

（3）A 接口及码型变换器机框 BATC。

BATC 机框承载 A 接口单元 AIU、码型变换和速率适配单元 TCU，完成 A 接口、码型变换和速率适配功能。

（4）基站接口单元机框 BBIU。

BBIU 机框承载 Abis 接口单元 BIU，完成 Abis 接口功能。

（5）子复用接口单元机框 BSMU。

子复用单元（SMU）是为了节约传输设备成本而设，用于完成子复用功能。

BSMU 机框承载近端子复用或远端子复用两种单元。

子复用单元（SMU）提供近端子复用功能时，称为 NSMU。

子复用单元（SMU）提供远端子复用功能时，称为 FSMU。

（6）分组控制单元机框 BPCU。

BPCU 机框承载分组控制单元（PCU），完成 GPRS 业务的处理功能。

（7）Gb 接口单元机框 BGIU。

BGIU 机框承载 Gb 接口单元（GIU），实现 Gb 接口功能。

2. 机框结构

对于以上 7 种不同的机框，在基本结构上它们是一样的，只是所插的电路板、后背板以及板位条不同，机框的基本结构如图 4.22 所示。

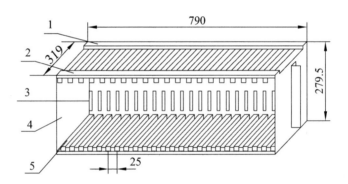

1：铝后梁　2：铝前梁　3：后背板　4：侧板　5：导轨条

图 4.22　机框结构图

所有机框结构尺寸相同，机框外形尺寸：279.5 mm×790 mm×319 mm（高×宽×深）。

机框结构简单，由铝前、后梁、左右侧板和导轨条构成。不同功能的机框，只是后背板、电路插件以及板位条不同。

3. 背　板

背板跟功能机框是一一对应的，这一点从表 4.1 中可以看出。

背板通过 18 颗 M4 螺钉紧固在机框上。主要完成电连接作用。背板上装有很多插座，通过这些插座将单板与背板连接，从而使得通过背板将整个标准机框内的单板连接成一个整体系统；此外通过背板还能将汇流条和整个机框连接起来，以给各单元提供电源。

正如机框的外形尺寸一样，背板的外形尺寸也是统一的。

背板的外形尺寸（长×宽×厚）为：722 mm×260 mm×2.4 mm。

表 4.1 背板和功能机框对应表

背板	功能机框
BBIU：Abis 接口单元背板	BBIU 机框
BCTL：控制层背板	BCTL 机框
BNET：网层背板	BNET 机框
BATC：A 接口及码形变换器背板	BATC 机框
BSMU：子复用背板	BSMU 机框
BPCU：分组控制单元背板	BPCU 机框
BGIU：Gb 接口单元背板	BGIU 机框

4.1.7 各机框配置及工作原理

在 ZXG10-BSC（V2）中，根据不同的功能，设计了 7 种不同的功能机框。通过这 7 种机框的不同组合，可以实现 BSC 的系统功能。

1. 控制层机框 BCTL

（1）概述。

BCTL 机框，它是系统核心软件的放置处。

BCTL 机框有两种：BCTL-SCU 机框和 BCTL-RMU 机框。

BCTL-SCU 机框完成 MPPP、MPMP 通信和 MTP2 信令处理。通过以太网接收 OMCR 对系统的配置、升级并向 OMCR 报告状态，完成系统控制功能。

BCTL-RMU 机框完成 MPMP 通信和 LAPD 处理。完成无线资源管理功能。

（2）机框配置。

控制层机框有两种类型：BCTL-RMU 和 BCTL-SCU。

① BCTL-RMU 机框配置。BCTL-RMU 占一个框位，控制层机框的背板是控制层背板。

BCTL-RMU 机框中单板的配置如图 4.23 所示。

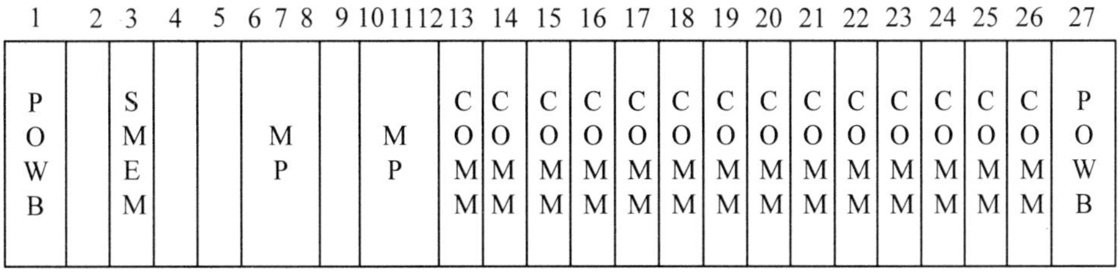

图 4.23 BCTL-RMU 机框满配置图

BCTL-RMU 机框中可装配的单板有：

- MP；
- COMM；
- SMEM；
- POWB。

其中，MP 是主控板，两块单板互为主备用，通过背板的 AT 总线控制 COMM 板，两块 MP 通过共享内存板（SMEM）交换数据；MP 通过以太网与 OMCR 相连。

COMM 是 MP 的协处理板，完成 MPMP 通信和 LAPD 处理的功能，通过 AT 总线与 MP 通信，通过 2MHW 与 COMI 相连。其中 13、14 槽位的 COMM 完成 MPMP 通信的功能，15-26 槽位的 COMM 完成 LAPD 处理的功能。

两块电源板（POWB）为该层的单板提供电源。

② BCTL-SCU 机框配置。BCTL-SCU 占一个框位，控制层机框的背板是控制层背板。

BCTL-SCU 机框中单板的配置如图 4.24 所示。

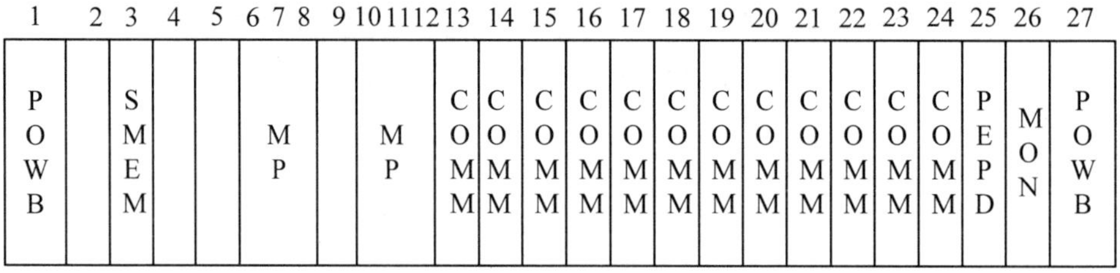

1	2	3	4	5	6	7	8	9	10	11	12	13	14	15	16	17	18	19	20	21	22	23	24	25	26	27
POWB	SMEM				MP			MP				COMM	COMM	COMM	COMM	COMM	COMM	COMM	COMM	COMM	COMM	COMM	COMM	PEPD	MON	POWB

图 4.24　BCTL–SCU 机框满配置图

BCTL-SCU 机框中可装配的单板有：

● MP；

● COMM；

● SMEM；

● PEPD；

● MON；

● PCOM；

● POWB。

其中，MP 是主控板，两块单板互为主备用，通过背板的 AT 总线控制 COMM、PEPD、MON、PCOM 板，两块 MP 通过共享内存板（SMEM）交换数据。

COMM 是 MP 的协处理板，完成 MPMP、MPPP 和 MTP2 信令处理的功能，通过 AT 总线与 MP 通信；通过 2MHW 与网层相连。其中 13、14 槽位的 COMM 完成 MPMP 通信的功能，15-20 槽位的 COMM 完成 MPPP 通信的功能。21、22 槽位的 COMM 完成 MTP2 处理的功能。23、24 槽位备用。

MON 通过 485 线监视电源、时钟等单板的状态，并通过 AT 总线向 MP 汇报。

PEPD 通过一些传感器接口监视机房环境。

当需要与小区广播短消息中心 CBC 相连接时，将第 23 槽位的 COMM 板换成 PCOM 板，实现 X.25 协议的功能。

两块电源板（POWB）为该层的单板提供电源。

（3）工作原理。

BCTL 层的外部通信接口有 2MHW 线、RS485 异步串行总线以及以太网接口，其原理如图 4.25 所示。

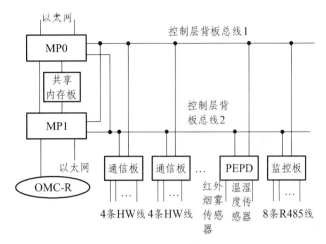

图 4.25　BCTL 机框原理图

主备 MP 通过 SMEM 板相互交换数据。主备两块 MP 各自通过背板上独立的 AT 总线与 COMM 板和 MON、PEPD、PCOM 板相连。COMM 板负责处理 HDLC、LapD（RMU）或 MTP2（SCU）数据链路。 MON 板通过 485 总线监视电源、时钟等板并将这些单板的状态通过 AT 总线告知 MP。PEPD 通过外接的传感器接口（如烟雾等）监视机房的情况，并将结果告知 MP。MP 通过以太网与 OMCR 相连，接收 OMCR 的配置数据并将各种告警告知 OMCR。

SMEM、MON、PEPD、PCOM 单板都可带电插拔。

MP 不可带电插拔，插拔 MP 前先将 MP 面板上电源开关置于 OFF 状态。

2. 网络交换层机框 BNET

（1）概述。

BNET 机框是 ZXG10-BSC（V2）的 SCM 模块的网络交换层，完成整个系统的话音业务、数据业务和通信时隙的交换功能，同时还为整个系统提供时钟。

（2）机框配置。

BNET 机框满配置如图 4.26 所示。

1	2	3	4	5	6	7	8	9	10	11	12	13	14	15	16	17	18	19	20	21	22	23	24	25	26	27
P O W B		C K I	S Y C K			S Y C K			B O S N		B O S N	D S N I	D S N I	D S N I	D S N I	D S N I	D S N I	D S N I	D S N I	D S N I	D S N I					P O W B

图 4.26　BNET 机框满配置图

BNET 机框可装配的单板有：

● CKI；

● SYCK；

● BOSN；

● DSNI；

● POWB。

BNET 占一个框位，CKI 板和 SYCK 板为时钟同步单元，1 块 CKI 板用于外部时钟同步基准的接入（BITS 或 E8K），2 块 SYCK 互为主备用，SYCK 对外部时钟基准进行同步后再向本层机框及整个系统提供时钟。如果本模块没有 BITS 时钟，则不需要配置 CKI 板，SYCK 可直接同步外部的 E8K 时钟。

BNET 机框内配置主备两块 BOSN 板。BOSN 板为 32K×32K 2BIT 的交换网板，提供 64 对双向的 8M HW 单极性信号。

BNET 机框内配置两块 MP 级的 DSNI 板，每块 MP 级的 DSNI 将 2 条 8M HW 转为 16 条 2M HW 的 LVDS 信号，通过电缆与控制层机框进行互连，控制层机框的时钟也是通过相同的电缆由 MP 级的 DSNI 提供。2 块 MP 级的 DSNI 一共可以提供 32 条 2M HW。13、14 槽位的 DSNI 是 MP 级的 DSNI6，14-22 槽位的 DSNI 是 PP 级的 DSNI。BNET 机框内最多可配置 5 对主备的 PP 级 DSNI，每对 DSNI 板通过 16 条单极性 8MHW 与 BOSN 相连，并将单极性信号转为 LVDS 信号，用于与 BATC 单元、BBIU 单元以及 BPCU 相连。POWB 板配置 2 块，位置固定。

CKI、SYCK、BOSN 和 DSNI 板可以带电插拔。

（3）工作原理。

BNET 机框原理框图如图 4.27 所示。

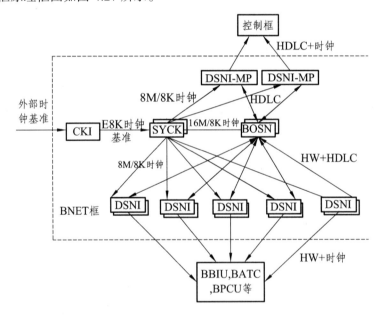

图 4.27　BNET 机框原理图

数字交换网主要功能有：

① 将各外部接口单元的通信时隙半固定接续到 SCM 主控单元的 COMM 板，以建立与 MP 的通信。将 RMM 模块的通信时隙半固定接续到 SCM 主控单元的 COMM 板，以建立 MP-MP 通信。由于 BSC 对 BTS 的无线资源管理业务由 RMM 模块独立完成，因此这里 BOSN 交换的通信信息主要包含 MP-PP、MTP、MP-MP。

② BOSN 是系统的交换中心，将 BSS 系统中用户的话音、数据信道交换到 MSC、SGSN 侧。BOSN 支持 n×16kbit/s 时隙交换；采用固定时延交换方式。

③ DSNI 为 BOSN 的 HW 提供电缆驱动，与 BATC、BBIU、BPCU 等层进行相连，DSNI

述向这些单元提供时钟。所有的 MPMP、MPPP、MTP2 通过 BOSN 半固定接续给 MP 级 DSNI，由 MP 级 DSNI 进行码速变换和电缆驱动，再与控制层机框相连，从而实现各单元之间的消息互通。MP 级 DSNI 还向控制层机框提供时钟。

④ CKI 提供外部时钟基准接口（BITS），SYCK 为整个 BNET 机框的所有单板提供时钟，并通过 DSNI 向系统中的其他单元提供时钟。

T 网的接续控制由 MP 经过 COMM 板（MPPP 板）进行控制：COMM 板通过 256kbit/s 链路与 T 网相连，接续消息由 MP 发至 COMM 板，COMM 板将消息通过 256kbit/s（4×64kbit/s）超信道 HDLC 链路转发给主备交换网，以保证主备交换网的接续完全相同，如图 4.28 所示。

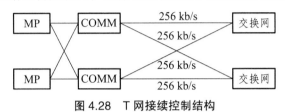

图 4.28　T 网接续控制结构

3.A 接口及码型变换器机框 BATC

（1）概述。

BATC 机框承载 TCU 单元（码型变换器单元）和 AIU 单元（A 接口单元）。TCU 单元提供码型变换和速率适配功能，A 接口单元完成 A 接口的物理连接功能。

（2）机框配置。

BATC 机框中单板的配置如图 4.29 所示。

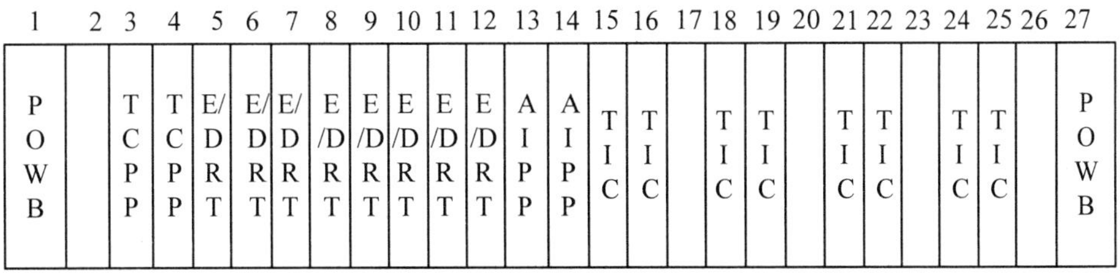

图 4.29　BATC 机框满配置图

BATC 机框可装配的单板有：
- TCPP；
- DRT/EDRT；
- TCPP；
- TIC；
- POWB。

BATC 机框中 POWB 板 2 块，必须提供；TCPP 板 2 块，必须提供；AIPP 板 2 块，必须提供；DRT 板和 EDRT 板可以混插，DRT 板或 EDRT 板最多 8 块，每块 DRT 板可以处理 126 FR 路或 32 EFR 路，每块 EDRT 板处理 126 路 FR 或 126 路 EFR；TIC 板最多 8 块，每块 TIC 板提供 4 个 E1 中继电路。

（3）工作原理。

码型变换单元 TCU 和 A 接口单元 AIU 以串联的方式连在 T 网和 A 接口之间，一个 TCU

和一个 AIU 相串联，其物理结构如图 4.30 所示。

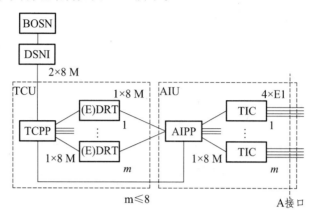

图 4.30　AIU 及 TCU 物理结构

① TCU 功能。

TCU 完成 BSC 的码型变换和速率适配功能。

码型变换和速率适配的含义是，将 GSM 无线接口的语音编码和普通公用电话网的 A 律 PCM 语音编码进行转换，并且它实现两者之间的速率适配功能（包括数据业务的速率适配）。

TCPP 是 TC 单元的管理者，TCPP 由 SCU 通过 HDLC 信道进行控制管理。HDLC 信道的物理承载者是 TCU 与 T 网相连的 8MHW。主备 TCPP 各通过两条 64kbit/s 的 HDLC 信道与 SCU 通信。TCPP 的软件版本可以通过 HDLC 信道从 MP 下载。

码型变换和速率适配功能由 DRT 板或 EDRT 板实现。DRT（EDRT）由主用 TCPP 通过点对点的 HDLC 链路进行管理。每块 DRT（EDRT）单板，通过负荷分担的两条 64kbit/s 的 HDLC 信道与主用 TCPP 通信。DRT（EDRT）的软件运行版本能通过 HDLC 链路从 TCPP 进行在线下载。

② AIU 功能。

AIU 模块的主控由主用的 AIPP 完成。AIPP 由 SCU 通过 HDLC 信道进行控制管理。HDLC 信道的物理承载者是 AIU 与 T 网相连的 8MHW（通过 TCPP 和 AIPP 之间的 8MHW 转发）。主备 AIPP 各通过两条 64kbit/s 的 HDLC 信道与 SCU 通信。AIPP 的软件版本可以通过 HDLC 信道从 MP 下载。

AIU 模块的其他单板（TIC）的管理，由主用的 AIPP 通过 RS485 总线进行。各板的 RS485 地址等于其在机框中的单板地址（0～7）。TIC 的软件版本不能进行在线下载。

4. Abis 接口机框 BBIU

（1）概述。

BBIU 机框承载 BIU 单元（Abis 接口单元），BIU 采用数字中继接口实现 Abis 接口的物理层功能。

（2）机框配置。

一个 BBIU 机框承载两个 BIU 单元，一个 BIU 单元与 BNET 层通过一根电缆（两条 8M 线）相连，一个 BBIU 机框的两个 BIU 单元对应一个 RMU 单元，最多支持 256 个 TRX，在实际配置中，需要考虑一定的冗余量，因此默认（缺省）情况下，一个 RMU 单元最大可配置

240 个 TRX。

BBIU 机框中单板的配置如图 4.31 所示。

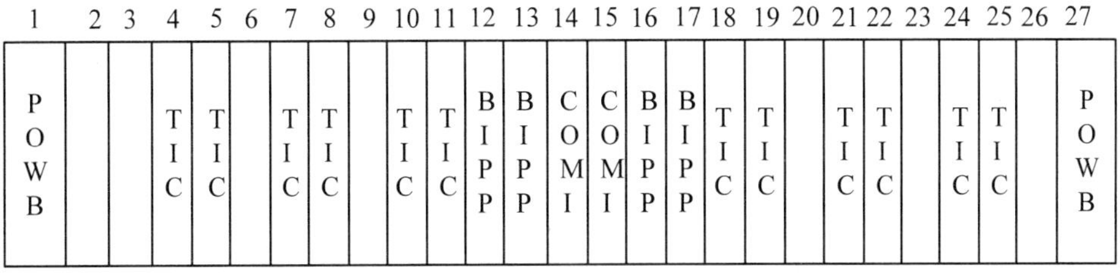

1	2	3	4	5	6	7	8	9	10	11	12	13	14	15	16	17	18	19	20	21	22	23	24	25	26	27
POWB			TIC	TIC		TIC	TIC		TIC	TIC	BIPP	BIPP	COMI	COMI	BIPP	BIPP	TIC	TIC		TIC	TIC		TIC	TIC		POWB

图 4.31　BBIU 机框满配置图

BBIU 机框可装配的单板有：

● BIPP；

● COMI；

● TIC；

● POWB。

每个 BIU 单元由两块 BIPP 板和多块 TIC 板组成。

两块 BIPP 板必须提供，TIC 块数最多为 6，每块 TIC 可以带 4 个 E1 中继电路。

对于 BBIU 机框，必须提供 2 块 COMI 板、2 块 POWB 板。

（3）功能原理。

BIU 在 ZXG10-BSC（V2）中的物理位置大致如图 4.32 所示。

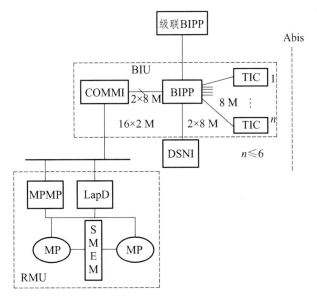

图 4.32　基站接口单元物理位置图

BIU 与 RMU 以 2MHW 相连，BIU 与 RMU 组成无线资源管理模块。

BIPP 是基站接口单元的管理者，同时自身由 SCU 通过 HDLC 信道来控制管理，它采用主备工作方式。硬件上采用 GPP 板。

通信接口板 COMI 实现 BIU 与 RMU 的 HW 连接。

在一个 RMM 中的所有并联和级联的 BIU 中，同一层机框的两个 BIU 共同拥有一对 COMI 板（主备），级联的 BIPP 中的通信链路也通过一定的物理连接汇集到该两个 COMI 来。

BIU 与 RMU 的 2MHW 连接主要承载两种通信信道：MPMP——RMU 与 SCU 的通信连接，LapD——RMU 与 BTS 的通信连接。

TIC 实现 E1 接口的物理层功能。

5. 子复用接口机框 BSMU

（1）概述。

BSMU 机框分近端子复用机框和远端子复用机框两种。

BSMU 机框提供近端子复用功能时，称为 NSMU；

BSMU 机框提供远端子复用功能时，称为 FSMU。

（2）机框配置。

① NSMU 机框配置。

NSMU 机框中单板的配置如图 4.33 所示。

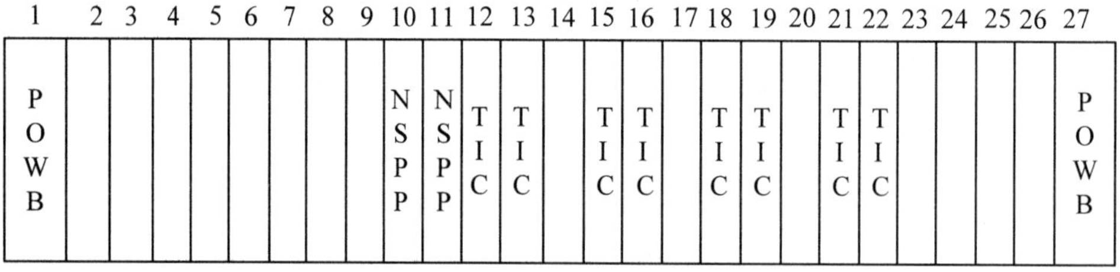

1	2	3	4	5	6	7	8	9	10	11	12	13	14	15	16	17	18	19	20	21	22	23	24	25	26	27
POWB									NSPP	NSPP	TIC	TIC		TIC	TIC	TIC	TIC			TIC	TIC					POWB

图 4.33　SMU 机框满配置图

NSMU 机框可装配的单板有：
- NSPP；
- TIC；
- POWB。

NSMU 机框中 POWB 板 2 块，必须提供；NSPP 板 2 块，必须提供；TIC 板最多 8 块。

② FSMU 机框配置。

FSMU 机框中单板的配置如图 4.34 所示。

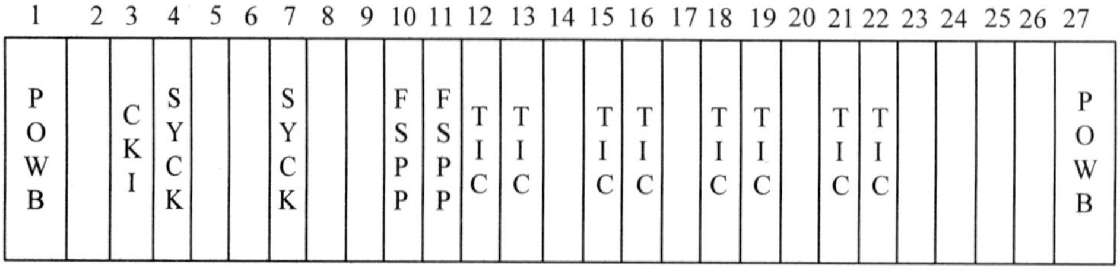

1	2	3	4	5	6	7	8	9	10	11	12	13	14	15	16	17	18	19	20	21	22	23	24	25	26	27
POWB		CKI	SYCK			SYCK			FSPP	FSPP	TIC	TIC		TIC	TIC	TIC	TIC			TIC	TIC					POWB

图 4.34　FSMU 机框满配置图

FSMU 机框可装配的单板有：
- FSPP；
- TIC；
- CKI；

- SYCK;
- POWB。

FSMU 机框中 POWB 板两块, 必须提供; CKI 板 1 块, 可选用; SYCK 板 2 块, 必须提供; FSPP 板 2 块, 必须提供; TIC 板最多 8 块。

（3）功能原理。

子复用单元 SMU（Subchannel Multiplexing Unit）完成 BSC 远端接口的物理层功能。

子复用单元在 ZXG10-BSC（V2）中是可选单元, 只有 TC 配置在远端的情况下被采用。

子复用单元根据其所在位置与 T 网的关系, 分成近端和远端两种, 分别称为近端子复用单元（NSMU）和远端子复用单元（FSMU）, 如图 4.35 所示。

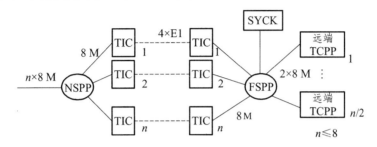

图 4.35 子复用单元基本结构框图

子复用单元可能存在的物理位置如图 4.36 所示。

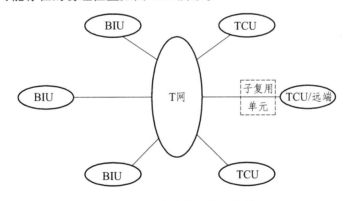

图 4.36 子复用单元物理位置

子复用单元的中继传输是在近端子复用单元和远端子复用单元之间进行的, 因而两者的 E1 接口是一一对应的。

① FSPP 和 NSPP 分别是远端子复用单元和近端子复用单元的控制者, 硬件上采用 PP 的统一版本 GPP, 依靠背板设置和运行相应的软件来完成其应有的功能。

② 数字中继接口 TIC 和 A 接口、Abis 接口的设计保持一致。

③ 远端子复用单元配置时钟模块 SYCK, 除了 BITS 时钟外, SYCK 的参考时钟来源于 FSMU 的连接对象。当 FSMU 连接 TCU 时, 参考时钟来自（最多两个）AIU, 具体说就是由 AIPP 提供（事实上是从其连接的 A 接口的 E1 线上提取的）。

④ 在远端子复用单元中, FSPP 还具有对本层和所带的 BATC 层的 485 管理功能, 对本层的 CKI, SYCK 及 TIC 采用 RS485 方式进行管理, 同时还管理放置在同一地点的 BATC 层的

POWB。

6. 分组控制单元机框 BPCU

（1）概述。

引入 GPRS 后，系统增加了两类机框，即 BGIU 和 BPCU 机框。BGIU 机框承载 Gb 接口单元 GIU，BPCU 机框承载分组控制单元 PCU。

（2）机框配置。

BPCU 机框中单板的配置如图 4.37 所示。

1	2	3	4	5	6	7	8	9	10	11	12	13	14	15	16	17	18	19	20	21	22	23	24	25	26	27
P O W B	B R P	B R P	B R P	B R P	B R P	B R P	B R P	F R P	F R P	F R P	P U C	P U C		P U C	P U C	F R P	F R P	F R P	B R P	B R P	B R P	B R P	B R P	B R P	B R P	P O W B

图 4.37　BPCU 机框满配置图

BPCU 机框可装配的单板有：
- PUC；
- BRP；
- FRP；
- POWB。

BPCU 机框包括 2 个 SPCU 子单元。一层 BPCU 机框有 POWB 板 2 块，必须提供；每个 SPCU 子单元包括 PUC 板 2 块，主备用；FRP 板最多 3 块，采用 N + 1 备用方式；BRP 板最多 7 块，采用 $N + 1$ 备用方式。

（3）功能原理。

分组控制单元 PCU 由多个 SPCU 单元组成，SPCU 的数目根据用户要求灵活配置。SPCU 单元的结构如图 4.38 所示。

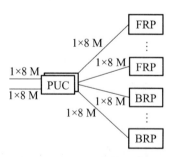

图 4.38　SPCU 结构示意图

SPCU 单元主要由 PUC 板和协议处理板组成。

协议处理板有两种：FRP 板和 BRP 板（FRP 板和 BRP 板硬件上都采用 GDPP 板）。PCU 单元需要处理 3 种协议：FR 协议、BSSGP 协议和 RLC/MAC 协议。BSSGP 协议、RLC/MAC 协议由 BRP 板处理，FR 协议由 FRP 板处理。

PUC 板完成对 FRP 板、BRP 板的管理；提供 BRP 和 RMM 的通信信道；完成交换网端的业务信道和 BRP 之间的电路交换；完成 GIPP 端的 Gb 信道和 FRP 之间的电路交换。PUC 通过 1 条 8MHW 单极性线与 FRP 相连；PUC 通过 1 条 8MHW 单极性线与 BRP 相连；通过 1 条 8M 差分 HW 线与 T 网相连；通过 1 条 8M 差分 HW 线与 GIU 的 GIPP 相连。

7. Gb 接口机框 BGIU

（1）概述。

BGIU 机框承载 Gb 接口单元 GIU，实现 Gb 物理接口功能。

（2）机框配置。

BGIU 机框中单板的配置如图 4.39 所示。

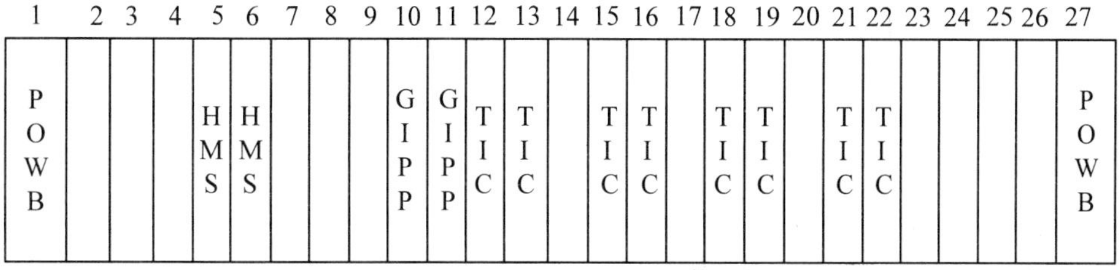

1	2	3	4	5	6	7	8	9	10	11	12	13	14	15	16	17	18	19	20	21	22	23	24	25	26	27
P O W B				H M S	H M S				G I P P	G I P P	T I C	T I C		T I C	T I C		T I C	T I C		T I C	T I C					P O W B

图 4.39　BGIU 机框满配置图

BGIU 机框可装配的单板有：

● GIPP；

● TIC；

● HMS；

● POWB。

一层 BGIU 机框有 POWB 板 2 块，必须提供；GIPP 板 2 块，主备用；TIC 板最多 8 块；HMS 板 2 块，主备用。

（3）功能原理。

由于 Gb 接口采用基于 E1 的帧中继接口，在 BSC 中设计了 GIU 单元（GPRS Interface Unit，GPRS 接口单元）来实现 E1 的帧中继物理接口。GIU 单元主要提供 Gb 接口的物理层和相关的环路测试功能。

GIU 单元结构如图 4.40 所示。

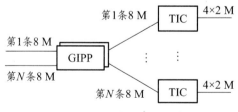

图 4.40　GIU 单元结构示意图

4.1.8　BSC V2 组网方式

ZXG10-BSC（V2）采用模块化的系统设计，一个中心模块可以带 8 个外围模块。

在 GSM 网络中，BSC 和 OMC-R、BTS、MSC、SGSN 都有接口。ZXG10-BSC（V2）在各接口提供了多种灵活的组网方式，在实际应用时，可根据环境条件灵活选择。下面从四个接口来分别叙述 ZXG10-BSC（V2）所支持的各种组网方式。

1. Abis 接口组网方式

ZXG10-BSC（V2）支持中兴通讯现有各种型号的 ZXG10-BTS。ZXG10-BSC（V2）可根据各种实际需要来相应配置 BTS 站点的组网方式，支持 BTS 星形、链形和树形组网方式。

ZXG10-BSC（V2）Abis 接口支持的几种组网方式分别如图 4.41 ~ 4.43 所示。

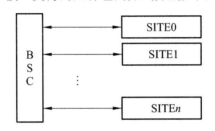

图 4.41　Abis 接口星形组网示意图

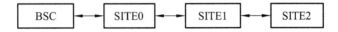

图 4.42　Abis 接口链形组网示意图

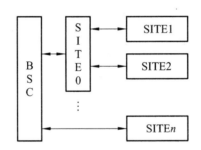

图 4.43　Abis 接口树形组网示意图

星形组网时，每个 SITE 直接引入 BSC。这种组网方式简单、线路可靠、维护和工程都很方便，适用于人口稠密的地区。

链形组网可以大量节省传输设备，由于 ZXG10-BTS 具备旁路直通功能，即如果深度较浅的 BTS 断链，可以直接接通级联深度较深的 BTS，并确保不影响设备正常运行，线路的可靠性较高，适用于呈带状分布的区域。

树形组网方式适用于面积较大、用户密度较低的地域。这种组网方式较为复杂，信号经过的节点多，线路可靠性相对较低，上级 SITE 的故障可能会影响下级 SITE 的正常运行，因此树形组网方式不常使用。

在实际工程中，通常将几种基本组网方式混合使用，以达到最高性价比。

2. A 接口组网方式

ZXG10-BSC（V2）支持 TC 的近端配置和远端配置。近端配置指的是当 BSC 和 MSC 在相距较近时，TC 放置在 BSC 一侧；远端配置指的是当 BSC 和 MSC 在相距较远时，为了节省 BSC 与 MSC 之间的传输，将 TC 放置在 MSC 一侧。

ZXG10-BSC（V2）A 接口的两种组网方式如图 4.44 所示。

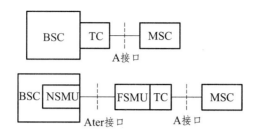

图 4.44　ZXG10–BSC（V2）A 接口组网示意图

当 TC 远端配置时，ZXG10-BSC（V2）需要增加近端子复用单元（NSMU）和远端子复用单元（FSMU）以及远端 TC 机架。近端子复用单元放置在 BSC 一侧的机架上，远端子复用单元放置在 MSC 侧的远端机架上，远端机架上配置有 TCU 单元和 AIU 单元。近端和远端子复用单元之间的接口为 Ater 接口，由于在 Ater 接口传输的是空中接口使用的低速语音编码信号，而 A 接口传输的是 64 kbps 的 A 律 PCM 语音编码，因此当 BSC 和 MSC 相距比较远时，采用 TC 远端配置的组网方案可以降低传输线路的成本。

ZXG10-BSC（V2）A 接口系统组网配置如图 4.45 所示。其中图的上部分是 TC 近端配置，图的下部分是 TC 远端配置。TCU 由 TCPP 和 DRT 两种单板组成，AIU 由 AIPP 和 TIC 单板组成，NSMU 由 NSPP 和 TIC 单板组成，FSMU 由 FSPP 和 TIC 单板组成。当 TC 近端配置时，TCU 和 AIU 以串联的方式连接在 T 网和 A 接口之间，一个 TCU 和一个 AIU 相串联。当 TC 远端配置时，NSMU 的 TIC 和 FSMU 的 TIC 之间通过一一对应的 E1 接口相连接。

在实际工程中，根据 BSC 和 MSC 相距的距离来决定 A 接口采用何种组网方式。

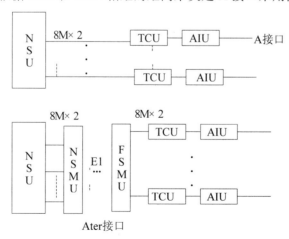

图 4.45　ZXG10–BSC（V2）A 接口组网配置图

3. Gb 接口组网方式

ZXG10-BSC（V2）与 SGSN 之间通过基于 E1 的帧中继协议来实现 Gb 接口功能。其中完成 Gb 接口连接的 GPRS 接口单元称为 GIU，由 GIPP 和 TIC 两种单板组成。GIU 的 TIC 与 SGSN 之间通过 E1 线连接。物理层遵循 G.703 和 G.704 规范，可按 $N \times 64$ kbps（$1 \leqslant N \leqslant 32$）速率或 2048 kbps 接入，该 E1 线上所使用的时隙和带宽由运营商指定。

Gb 接口组网方式有直联和 BSC 级联两种方式。Gb 接口直联和 BSC 级联的组网方式如图

4.46 所示。

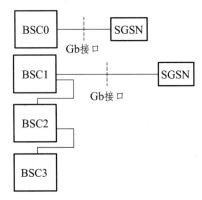

图 4.46　ZXG10–BSC（V2）Gb 接口系统组网图

当多个 BSC 需要连接到一个 SGSN 时，为了节省 Gb 接口线路资源，在带宽允许的情况下，可以采用多个 BSC 级联，再连接到 SGSN 的组网方式。BSC 侧的级联方式也很方便，比如 BSC1 与 SGSN 直联，BSC2 可以通过 E1 直接连到 BSC1 的 TIC 的其他 PCM 端口，通过配置就可以实现 BSC2 到 SGSN 的透明传输，而不再需要 BSC2 也与 SGSN 之间的 E1 传输，从而节省了资源。

4.2　ZXG10 B8018 设备

4.2.1　系统概述

1. 系统背景

ZXG10 B8018 是中兴通讯第三代基站产品，在 ZXG10-BTS（V2）第二代基站产品的基础上升级，采用了许多最新的技术，从软件、硬件、系统可靠性等多方面进行了较大改进。它是一种室内型的宏蜂窝基站。

ZXG10 B8018 不仅保留了原 ZXG10-BTS（V2）的所有优点，而且还增加了许多新的功能和业务以满足市场需要，ZXG10 B8018 的开发，更加丰富了中兴通讯系列化的基站产品，使得 ZXG10 系统具备更加灵活的组网方式，具有更强的市场竞争。

ZXG10 B8018 主要适用于业务量密集的大中城市和中小城市的业务密集地区，如繁华商业区、机场等地，也适合中小城市和农村地区业务量较小地区的覆盖，通过合理的网络规划，也可适应各种不同的地域环境，如山区、丘陵、高速公路等。

2. 系统简介

ZXG10 B8018 属于 GERAN（GSM/EDGE Radio Access Network）系统中基站子系统 BSS 中的无线收发信台 BTS，由基站控制器 BSC 控制，服务于某个小区。B8018 通过 Abis 接口与 BSC 相连，协助 BSC 完成无线资源管理，通过 Um 接口实现与移动终端 MS 的无线传输及相关控制功能。此外，还完成无线链路上的第一层协议和第二层协议以及相关的控制功能。

3. 功　能

（1）支持 GSM Phase I/ GSM Phase II/GSM PhaseII + 标准。

（2）支持 GSM900、EGSM900、GSM850、GSM1800 和 GSM1900 工作频段，支持不同频段的模块共机柜。

（3）支持 GPRS 的 CS1～CS4，EDGE 的 MCS1～MCS9 信道编码方式，并能根据监视和测量结果动态调整信道编码方式。

（4）支持多种类分集技术。

● 支持上行链路干扰抑制合并 IRC（Interference Rejection Combining）分集技术。IRC 分集接收方式，可以提高接收机的上行灵敏度指标，增大基站上行的覆盖范围。

● 支持下行延时分集发射 DDT（Delay Diversity Transmission）。BTS 的双密度载频模块中的两个发信机在短时延内发射相同信号，两个发信机当做一个"虚拟发信机"来使用，使下行信号增强，从而提高了覆盖范围，能够实现 20%以上的增强覆盖。

● 支持 4 路分集接收。基站可以提供一个载波的 4 路分集接收信号，获得最佳的增益。增强基站上行链路的接收性能的同时，还可降低 MS 的发射功率，4 路分集功能和延时发射分集同时使用，可使基站实现超远覆盖。

（5）接收端采用 Viterbi 软判决算法解调，改善信道解码性能，提高系统接收灵敏度和抗干扰能力。

（6）支持跳频，提高系统抗瑞利衰落的能力。

（7）支持不连续发送 DTX 方式，减少发射机功率，降低空中信号总干扰电平。

（8）支持时间提前量 TA 的计算。

（9）支持超距覆盖小区，小区覆盖半径理论上最大可达 120 km。

（10）单机柜支持 18 个载频，支持同一站点 54 个载频扩展，一个站点支持 S18/18/18 的扩展。

（11）灵活的 Abis 接口功能。Abis 接口支持 8 路 E1/T1 接口，支持 75 Ω/E1 和 120 Ω/E1 传输；支持通过 E1 连接卫星链路。Abis 接口支持 IP 接口，BSC 与 BTS 之间的数据格式以 IP 包的形式传输，链路承载使用以太网的形式传输。Abis 接口支持星形、链形、树形和环形多种组网方式。多个 BTS 级联时，当任何一个 BTS 掉电，Abis 接口链路具有自动跨接保护功能。Abis 接口复用比为 15∶1。

（12）支持 BTS 的测量报告预处理。

（13）支持基站功率控制：静态 6 级，动态 15 级。

（14）支持 GSM 规范规定的全部寻呼模式。

（15）支持同步切换、异步切换、伪同步切换和预同步切换。

（16）Um 接口支持 A51、A52 的加密算法。

（17）具有全面及时的告警系统。支持风机告警和机柜内温度告警。提供 10 对外部环境干节点输入，2 对干节点输出。为外部智能设备提供了操作维护的透明通道。支持基站的无人值守和自动报警功能。具有内置塔放系统的供电和告警功能。

（18）支持 Common BCCH。一个小区内可以使用不同频段的载频，分别负责不同的业务，但共用同一个 BCCH，这样可提高网络整体的资源运用，缓解网络拥塞。

（19）支持 DTRU（Dual-carrier TRU），每个物理载频模块内含两个收发信机。

（20）支持与 ZXG10-BTS（V2）机柜实现并柜扩容。

（21）支持 DPCT（Dual Power Combining Transmission）方式的扩展覆盖 BTS 的双密度载

频模块中的两个发信机实现相干联合 DPCT。即模块中的两个发射机在同一时刻发出同样的突发脉冲，通过合路器，构成形式上的一个载波，从而得到更大的下行发射功率，扩大了小区的覆盖范围。4 路分集功能和 DPCT 同时使用，可使基站实现超远覆盖。

（22）支持智能上/下电。由于在一些情况下，单板可能处于无法监控的状态，或者硬件上的复位无效以及系统需要进行关电、省电模式，可以通过系统控制的单板（CMB）关掉一些单板（DTRU）的供电。例如，在正常供电时，系统能根据话务量的下降适当关闭部分载频模块的电源。

4.2.2 硬件结构

ZXG10 B8018 基站中包括两种机框：顶层插框和载频插框，如图 4.47 所示。

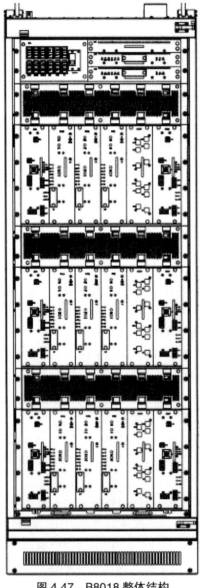

图 4.47 B8018 整体结构

顶层插框包括 PDM 和控制框两部分。其中控制框主要实现接口转换、时钟产生、TDM 交换和系统控制等功能。PDM 主要负责 BTS 输入工作电源的滤波和分配。

载频插框有 3 层，每层实现的功能是一样的，包括 GSM 系统中无线信道的控制和处理、无线信道数据的发送与接收，基带信号在无线载波上的调制和解调，无线载波的发送与接收，空中信号的合路和分路等。

1. 顶层插框

顶层插框通过侧耳与立柱在正面相连。顶层插框内可以安装 1 个 PDM、2 个 CMB 和 1 个 EIB（或 1 个 FIB）。其中 2 个 CMB、1 个 EIB（或 1 个 FIB）构成一个控制框。

顶层插框满配置结构如图 4.48 所示。

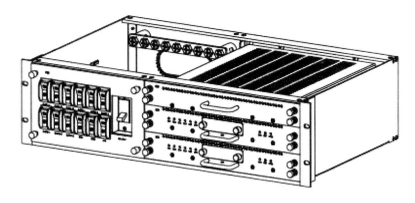

图 4.48　顶层插框满配置

（1）操作维护模块 CMB。

CMB 完成 Abis 接口处理、交换处理、基站操作维护、时钟同步及发生、内外告警采集和处理、载频模块的开关电等功能。CMB 面板如图 4.49 所示。

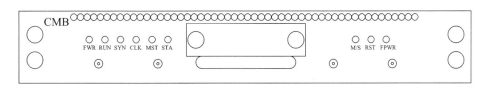

图 4.49　CMB 面板

① 指示灯。

CMB 模块面板有 6 个指示灯，6 个指示灯依次为：PWR、RUN、SYN、CLK、MST 和 STA。CMB 面板指示灯说明如表 4.2 所示。

表 4.2　CMB 指示灯定义

灯位	指示颜色	名称	含义	工作方式
1	绿/红	PWR	电源指示	绿亮：正常； 红亮：告警； 灭：掉电或其他原因

续表 4.2

灯位	指示颜色	名称	含义	工作方式
2	绿	RUN	运行指示	绿闪（4 Hz）：Boot 运行； 绿闪（1 Hz）：Application 运行； 其他：系统异常
3	绿/红	SYN	时钟同步 方式指示	绿亮：Abis 接口网同步时钟； 绿闪（1 Hz）：SDH 网同步时钟； 红闪（1 Hz）：E1 帧失步告警的指示； 红亮：E1 线路断或没接； 灭：自由振荡
4	绿/红	CLK	时钟指示	绿亮：网同步处于锁定状态； 绿闪（1 Hz）：正在锁相； 红亮：时钟故障
5	绿	MST	主备指示	绿亮：主用状态； 绿灭：备用状态
6	绿/红	STA	状态指示	灭：正常运行； 绿闪（1 Hz）：系统初始化（Low），见注 1； 绿闪（4 Hz）：软件加载； 红闪（1 Hz）：LapD 断链（High），见注 2； 红闪（4 Hz）：HDLC 断链（Low），见注 3； 红亮：温度、时钟、帧号等其他所有告警

注 1：low、high 指优先级。
注 2：从 CMB 上无 LapD 断链告警。
注 3：主机柜主 CMB 无 HDLC 告警，从机柜主 CMB 的 HDLC 断链告警定义为 CCComm（机柜间主 CMB
之间通信）指示。所有从 CMB 的 HDLC 断链告警定义为 CCComm（主从 CMB 之间）指示。

CMB 上电后，PWR 绿灯亮。硬件初始化，所有的灯同时闪一次，验证指示灯是否工作正常；如果自检不通过，RUN 灯亮红灯，3 s 后单板重启动。

② 按钮。

CMB 模块面板有 3 个按钮（1 个复位按钮 RST、1 个手动主备切换按钮 M/S 和 1 个强制上电按钮 FPWR）。CMB 面板按钮说明如表 4.3 所示。

表 4.3　CMB 面板按钮说明

名称	按钮类别	含义	用途
M/S	无锁按钮	主备切换按钮	本板为备板，按此按钮无效； 本板为主板，备板存在，且备板工作正常情况下，按此按钮导致主备切换
RST	无锁按钮	复位按钮	按此按钮复位本模块
FPWR	无锁按钮	强制上电按钮	强制所有载频上电：在现场调试时可以使用前面板的强制上电按钮对所有已下电的 DTRU 进行强制上电，并将该事件通过中断方式进行上报

③ 接口。

CMB 模块面板有 1 个外部测试端口（ETP），用 RS232 串口和网口将 PC 机与 B8018 相连，可以在 PC 上进行本地操作维护（LMT）。

（2）接口模块 EIB。

EIB 主要提供 8 路 E1/T1 的线路阻抗匹配，IC 侧与线路侧的信号隔离，E1/T1 线路接口的线路保护，E1/T1 链路旁路功能，并向 CMB 提供接口板类型信息。CMB 面板如图 4.50 所示。

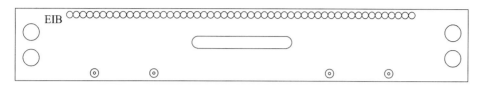

图 4.50　EIB 面板

（3）以太网接入模块 FIB。

FIB 提供 Abis 接口以太网接入。主要完成下述功能：

* 提供 1 路以太网 100 M 接口用于 Abis 接口传输。
* 完成 IP 数据包到时隙的映射，并通过 8MHW 与 CMB 进行通信。
* 提供 4 路 E1/T1 的线路阻抗匹配，IC 侧与线路侧的信号隔离，E1/T1 线路接口的线路保护；4 路 E1/T1 电路用于并柜与级联。
* 提供 16 拨码，用于 IP 选择。
* 实现和读取各种硬件管理标识：层号、槽位号、单板类型、单板硬件版本等。
* 提供一路本地调试网口。
* 单板电源接口（−48V、−48V 地、保护地、数字地），具备电源防反接功能。
* 支持软件版本的在线更新和加载，支持可编程器件版本的升级。

（4）电源模块 PDM。

PDM 模块将输入到机柜的-48V 电源分配到 CMB、DTRU 和 FCM 各个模块，依靠断路器提供过载断路保护，并实现电源滤波功能。PDM 面板如图 4.51 所示。

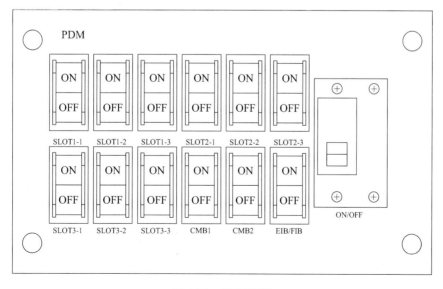

图 4.51　PDM 面板

PDM 面板包括 13 个电源开关，各开关控制模块如表 4.4 所示。

表 4.4　电源开关的电流指标

面板标识	控制模块	−48 V 电源	数量	延时特性
CMB1、CMB2	CMB	1 A	2	短延时
EIB/FIB	EIB/FIB	1 A	1	短延时
SLOT1-1 ~ SLOT3-3	DTRU	10 A	9	中延时
ON/OFF	总输入	100 A	1	中延时

2. 载频插框

载频插框又称为收发信框，通过侧耳与立柱在正面相连。每层载频插框可以安装 3 个 AEM 模块和 3 个 DTRU 模块。AEM 模块安装在载频插框的槽位 1、5、6，DTRU 安装在槽位 2、3、4。载频插框满配置结构如图 4.52 所示。

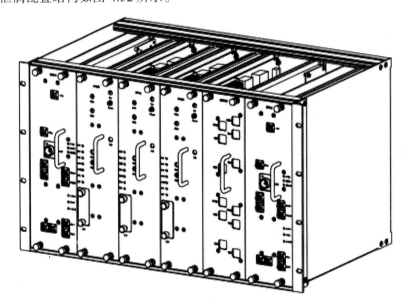

图 4.52　载频插框满配置结构

（1）双收发信模块 DTRU。

对于不同的 GSM 系统，ZXG10 B8018 设计了不同的 DTRU 模块，DTRU 模块的具体分类如表 4.5 所示。

表 4.5　DTRU 类别

工作频段	模块命名
GSM900	DTRUG
GSM850	DTRUM
GSM1800	DTRUD
GSM1900	DTRUP

DTRU 模块外形结构如图 4.53 所示。

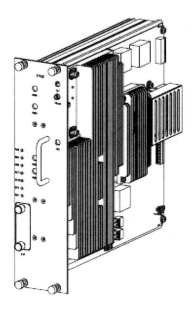

图 4.53　DTRU 外形结构

DTRU 模块是 B8018 的核心模块,主要完成 GSM 系统中两路载波的无线信道的控制和处理、无线信道数据的发送与接收、基带信号在无线载波上的调制和解调、无线载波的发送与接收等功能。DTRU 由四个功能单板组成,包括双载波收信机板 DTPB、双载波电源板 DPB、双载波功放板 DPAB、双载波无线载频板 DRCB。DTRU 主要功能如下:

- 下行最大处理 2 载波的业务,完成速率适配、信道编码和交织、加密,产生 TDMA 突发脉冲,GMSK/8PSK 调制,完成两载波的数字上变频;
- 上行最大处理 2 载波的业务,实现两载波上行数字下变频,接收机分集合并、数字解调(GMSK 和 8PSK 解调,均衡)、解密、解交织、信道解码及速率适配,通过 HW 送给 CMB 处理;
- 实现上下行射频信号的处理;
- 接收来自 CMB 的系统时钟并产生本模块所需要的时钟;
- 实现和读取各种硬件管理标识:机柜号、槽位号、单板功能类型、单板版本等;
- 通过 HW 与 CMB 板完成业务数据与操作维护信令的通信;
- 接收 CMB 的开关电信号,完成模块的上下电;
- 支持软件版本的在线更新和加载,支持可编程器件版本的升级;
- 检测模块的工作状态,实时采集告警信号并上报给主控板 CMB;
- 支持射频跳频、DPCT、下行发射分集和上行 4 路接收分集等工作模式;
- 支持闭环功率控制;
- 提供调试串口、网口;
- 单板电源接口(-48V、-48V 地、保护地、数字地),具备电源防反接功能;
- 缓启动功能和智能下电功能。

由表 4.5 可知,根据工作频段的不同,ZXG10 B8018 设计了不同的 DTRU 模块。其中 DTRUG、DTRUD、DTRUM、DTRUP 这 4 种模块的指示灯与外部接口相同,此处以 DTRUG 模块为例进行说明。DTRUG 面板如图 4.54 所示。

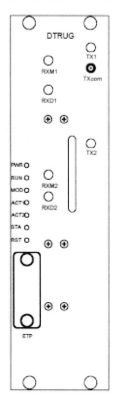

图 4.54　DTRUG 面板

① 指示灯。

DTRUG 面板有 6 个指示灯，6 个指示灯依次为：PWR，RUN，MOD，ACT1，ACT2 和 STA。

当 DTRUG 上电后，PWR 绿灯亮。硬件初始化，所有的灯同时闪一次，验证指示灯是否工作正常。DTRUG 面板指示灯说明如表 4.6 所示。

表 4.6　DTRUG 指示灯说明

灯位	指示颜色	名称	含义	工作方式
1	绿/红	PWR	电源指示	绿亮：正常； 红亮：告警； 灭：掉电或其他原因
2	绿	RUN	运行指示	绿闪（4 次/秒）：Boot 运行； 绿闪（1 次/秒）：Application 运行； 其他：系统异常
3	绿/红	MOD	信道模式指示	绿亮：BCCH 指示，不广播 System Info； 绿闪（1 次/秒）：BCCH 指示，且广播 System Info 灭：非 BCCH 指示； 红亮：BCCH 闭塞（包括任意 BCCHext 上的闭塞）
4	绿/红	ACT1、ACT2	信道激活指示	绿闪：信道激活指示； 红闪：信道闭塞指示； 红亮：CU 禁止

续表 4.6

灯位	指示颜色	名称	含义	工作方式
5	绿/红	STA	状态指示	灭：正常运行； 绿闪（1 次/秒）：系统初始化（Low）； 绿闪（4 次/秒）：软件加载（High）； 红闪（1 次/秒）：LapD 断链（High）； 红闪（4 次/秒）：HDLC 断链（Low）； 红亮：温度、时钟、帧号等其他所有告警

② 开关。

DTRUG 面板有 1 个复位按钮 RST，其说明如表 4.7 所示。

表 4.7　DTRUG 面板按钮说明

按钮名称	按钮类别	含义	说明
RST	无锁按钮	复位开关	按此按钮复位本模块

③ 接口。

DTRUG 面板有 1 个外部测试端口（ETP），3 个功放输出端口 TX 和 4 个接收输入端口 RX，说明如表 4.8 所示。

表 4.8　DTRUG 面板接口说明

接口标识	含义	接口说明
RXM1	Receiver 1	载频 1 主用天线 RX 接口
RXD1	Receiver 1（for diversity）	载频 1 分集天线 RX 接口
RXM2	Receiver 2	载频 2 主用天线 RX 接口
RXD2	Receiver 2（for diversity）	载频 2 分集天线 RX 接口
TX1	Transmitter 1	载频 1 功放输出 TX 接口
TX2	Transmitter 2	载频 2 功放输出 TX 接口
TXcom	Transmitter Combiner	载频 1、2 合路输出接口
ETP	Extend Test Port	外部测试端口

（2）天馈模块 AEM。

AEM 模块的主要功能如下：

● 实现多个载频发射信号的合路；

● 提供发射频段从 BTS 到天线和接收频段从天线到 BTS 信号的双向通道；

● 天线端口驻波比恶化时报警；

● 对工作频段之外的干扰和杂散辐射进行抑制；

● 完成灵活的载频配置；

● 实现分集接收。

B8018 支持以下 4 种 AEM 模块，分别为 CDU（Combiner Distribution Unit）、CEU（Combiner Extension Unit）、CENU（Combiner Extension Net Unit）、ECDU（"E" Combiner Distribution Unit）。

根据工作频段的不同，ZXG10 B8018 分别设计了 GSM900、EGSM900、GSM850、GSM1800 和 GSM1900 等多个频段的 AEM 模块，如表 4.9 所示。

表 4.9　AEM 类别（按合路分路单元、工作频率分类）

单元名称	模块名称	工作频率说明
CDU	CDUG	Rx：890 MHz～915 MHz Tx：935 MHz～960 MHz
	BCDUG	Rx：880 MHz～905 MHz Tx：925 MHz～950 MHz
	CCDUG	Rx：885 MHz～910 MHz Tx：930 MHz～955 MHz
	RCDUG_8M	Rx：882 MHz～890 MHz Tx：927 MHz～935M Hz
	RCDUG_10M	Rx：880 MHz～890 MHz Tx：925 MHz～935 MHz
	CDUD	Rx：1710 MHz～1785 MHz Tx：1805 MHz～1880 MHz
	CDUC	Rx：824 MHz～　849 MHz Tx：869 MHz～894 MHz
	CDUP	Rx：1850 MHz～1910 MHz Tx：1930 MHz～1990 MHz
CEU	CEUG	Rx：880 MHz～915 MHz Tx：925 MHz～960 MHz
	CEUD	Rx：1710 MHz～1785 MHz Tx：1805 MHz～1880 MHz
	CEUC	Rx：824 MHz～849 MHz Tx：869 MHz～894 MHz
	CEUP	Rx：1850 MHz～1910 MHz Tx：1930 MHz～1990 MHz
	CEUG/2	Rx：880MHz～915MHz Tx：925MHz～960MHz
	CEUD/2	Rx：1710 MHz～1785 MHz Tx：1805 MHz～1880 MHz
	CEUC/2	Rx：824 MHz～849 MHz Tx：869 MHz～894 MHz
	CEUP/2	Rx：1850 MHz～1910 MHz Tx：1930 MHz～1990 MHz
CENU	CENUG	Rx：880 MHz～915 MHz Tx：925 MHz～960 MHz
	CENUD	Rx：1710 MHz～1785 MHz Tx：1805 MHz～1880 MHz

续表 4.9

单元名称	模块名称	工作频率说明
CENU	CENUC	Rx：824 MHz～849 MHz Tx：869 MHz～894 MHz
	CENUP	Rx：1850 MHz～1910 MHz Tx：1930 MHz～1990 MHz
	CENUG/2	Rx：880 MHz～915 MHz Tx：925 MHz～960 MHz
	CENUD/2	Rx：1710MHz～1785MHz Tx：1805MHz～1880MHz
	CENUC/2	Rx：824 MHz～849 MHz Tx：869 MHz～894 MHz
	CENUP/2	Rx：1850 MHz～1910 MHz Tx：1930 MHz～1990 MHz
	CENUG/3	Rx：880 MHz～915 MHz Tx：925 MHz～960 MHz
	CENUD/3	Rx：1710 MHz～1785 MHz Tx：1805 MHz～1880 MHz
	CENUC/3	Rx：824 MHz～849 MHz Tx：869 MHz～894 MHz
	CENUP/3	Rx：1850 MHz～1910 MHz Tx：1930 MHz～1990 MHz
	CENUG/4	Rx：880 MHz～915 MHz Tx：925 MHz～960 MHz
	CENUD/4	Rx：1710 MHz～1785 MHz Tx：1805 MHz～1880 MHz
	CENUC/4	Rx：824 MHz～849 MHz Tx：869 MHz～894 MHz
	CENUP/4	Rx：1850 MHz～1910 MHz Tx：1930 MHz～1990 MHz
ECDU	ECDUG	Rx：890 MHz～915 MHz Tx：935 MHz～960 MHz
	ECDUD	Rx：1710 MHz～1785 MHz Tx：1805 MHz～1880 MHz
	ECDUC	Rx：824 MHz～849 MHz Tx：869 MHz～894 MHz
	ECDUP	Rx：1850 MHz～1910 MHz Tx：1930 MHz～1990 MHz

① 合路分路器 CDU。

合路分路单元 CDU 支持一个 2 合 1 的合路器、一个 1 分 4 并带有 2 个扩展接收输出的低噪声放大器和一个内置的双工器，如图 4.55 所示。

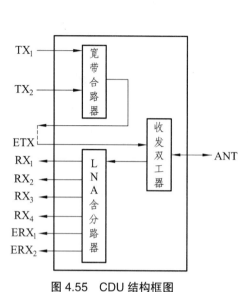

图 4.55　CDU 结构框图

LAN（Low Noise Amplifier）：低噪声放大器

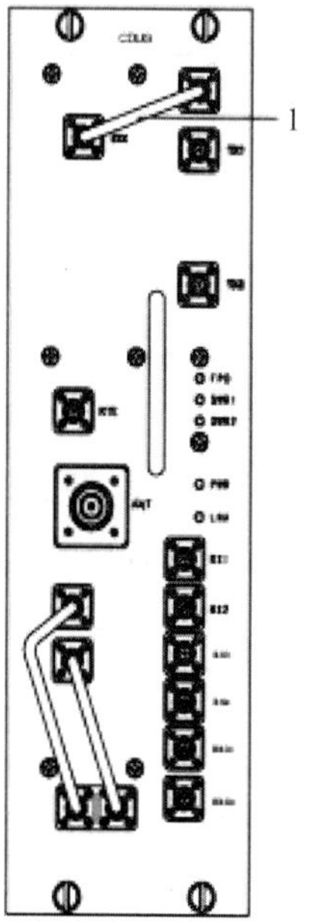

图 4.56　CDUG 模块面板结构示意图

1.CDU 内部合路器与双工器连接电缆

CDU 的主要功能是完成 2 路 TX 输入信号的合并，并将天线接收的上行信号经过低噪声放大器 LNA 分为 4 路输出，同时提供 2 路输出扩展接口。TX 和 RX 信号经过 CDU 内部的双工器合并后接入天线。合路器的输出与双工器的输入在 CDU 的面板外部通过电缆连接（随机配送，现场可拆除或安装，以供灵活的载频配置使用），如图 4.55 所示的虚线以及如图 4.56 所示 1。

根据不同的工作频段，CDU 有 CDUG、BCDUG、CCDUG、RCDUG_8M、RCDUG_10M、CDUC、CDUD 和 CDUP 多种类型。除了 CDU 面板的名称，各种 CDU 的面板大致相同，下面以 CDUG 为例进行说明。CDUG 面板如表 4.10 所示。

CDUG 面板有 5 个指示灯，CDU 面板 5 个指示灯依次为：FPO、SWR1、SWR2、PWR 和 LNA。各指示灯说明如表 4.10 所示。

表 4.10　CDU 面板指示灯说明

灯位	指示颜色	名称	含义	工作方式
1	绿	FPO	前项功率输出正常指示灯	亮：正常； 灭：不正常
2	红	SWR1	驻波比一级告警指示灯	亮：有告警； 灭：无告警
3	红	SWR2	驻波比二级告警指示灯	亮：有告警； 灭：无告警
4	绿	PWR	LNA 供电正常指示灯	亮：正常； 灭：不正常
5	红	LNA	LNA 告警指示灯	亮：有告警； 灭：无告警

CDUG 面板有 1 个扩展 TX 端口 ETX，1 个无线测试端口 RTE，2 个合路器输入端口 TX1 ~

TX2，4 个低噪声放大器输出端口 RX1 ~ RX4，2 个低噪声放大器扩展输出端口 ERX1、ERX2 和 1 个天馈端口 ANT。CDUG 面板接口说明如表 4.11 所示。

表 4.11　CDUG 面板接口说明

标识符号	含义	功能	接线说明
ETX	Extended TX	扩展 TX 端口	CDU 内部双工器的 TX 输入端口
RTE	Radio Test Equipment	无线测试端口	连接测试设备
TX1	Transmitter 1	合路器输入 1（功放输出信号）	连接载频模块 DTRU 的 TX 输出端口
TX2	Transmitter 2	合路器输入 2（功放输出信号）	
RX1	Receiver 1	低噪声放大器输出端口 1	连接载频模块 DTRU 的 RX 输入端口
RX2	Receiver 2	低噪声放大器输出端口 2	
RX3	Receiver 3	低噪声放大器输出端口 3	
RX4	Receiver 4	低噪声放大器输出端口 4	
ERX1	Extend Receiver 1	低噪声放大器扩展输出端口 1	连接 CEU 的 ERX1、ERX2 端口，用于扩展 LNA 的输出路数
ERX2	Extend Receiver 2	低噪声放大器扩展输出端口 2	
ANT	Antenna	天馈端口	连接天馈系统

② 增强型合路分路器 ECDU。

ECDU 支持两个 1 分 2 分路器，并带有一个接收滤波器和一个内置的双工器，如图 4.57 所示。

ECDU 模块内部包括一个收发共用通路和一个独立的接收通路，可满足单载频小区的收发合并及接收分集功能。

根据不同的工作频段，ECDU 有 ECDUG、ECDUD、ECDUC 和 ECDUP 多种类型。除了面板的名称，各种 ECDU 的面板完全相同，此处以 ECDUG 面板为例说明。ECDUG 面板示意图如图 4.58 所示。

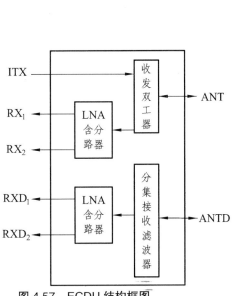

图 4.57　ECDU 结构框图　　　　图 4.58　ECDUG 模块面板示意图

ECDUG 模块面板有 6 个指示灯，6 个指示灯依次为：FPO、SWR1、SWR2、PWR、LNA1 和 LNA2。ECDUG 面板指示灯说明如表 4.12 所示。

表 4.12　ECDUG 面板指示灯说明

灯位	指示颜色	名称	含义	工作方式
1	绿	FPO	前项功率输出正常指示灯	亮：正常； 灭：不正常
2	红	SWR1	驻波比一级告警指示灯	亮：有告警； 灭：无告警
3	红	SWR2	驻波比二级告警指示灯	亮：有告警； 灭：无告警
4	绿	PWR	LNA 供电正常指示灯	亮：正常； 灭：不正常
5	红	LNA1	LNA1 告警指示灯	亮：有告警； 灭：无告警
6	红	LNA2	LNA2 告警指示灯	亮：有告警； 灭：无告警

ECDUG 模块面板有 1 个发射功率输入（功放输出信号）ITX，1 个无线测试端口 RTE，2 个低噪声放大器输出端口 RX1～RX2，2 个低噪声放大器输出端口 RDX1～RDX2，1 个天馈端口 ANT 和 1 个分集天馈端口 ANTD。ECDUG 面板接口说明如表 4.13 所示。

表 4.13　ECDUG 面板接口说明

标识符号	含义	功能	接线说明
ITX	Input of Transmitter	发射功率输入 （功放输出信号）	连接载频模块 DTRU 的 TX 输出端口
RTE	Radio Test Equipment	无线测试端口	连接测试设备
RX1	Receiver 1	低噪声放大器输出端口 1	连接载频模块 DTRU 的 RX 输入端口
RX2	Receiver 2	低噪声放大器输出端口 2	
RXD1	Receiver for Diversity1	低噪声放大器输出端口 1 （分集）	连接载频模块 DTRU 的 RXD 分集输入端口
RXD2	Receiver for Diversity2	低噪声放大器输出端口 2 （分集）	
ANT	Antenna	天馈端口	连接天馈系统
ANTD	Antenna for Diversity	天馈端口（分集）	

③ 合路扩展单元 CEU。

CEU 单元主要由两个 2 合 1 合路器与两个 1 分 2 分路器组成，如图 4.59 所示。

CEU 是 BTS 天馈单元 AEM 的扩展模块，用于将 CDU 的 TX 信号合并端口从 2 个扩展到 4 个，同时扩展了 4 个 LNA 输出端口。该模块原则上可以用于小区载频数大于 4 载频时的天馈模块配置。

根据不同的工作频段，CEU 有 CEUG、CEUT、CEUD 和 CEUP 等多种类型。除了 CEU

面板的名称，各种 CEU 的面板大致相同，下面以 CEUG 为例进行说明。CEUG 面板如图 4.60 所示。

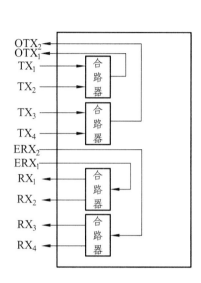

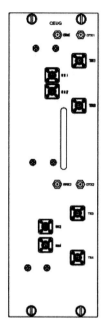

图 4.59　ECDU 结构框图　　　　　图 4.60　ECDUG 模块面板示意图

CEUG 面板有 2 个合路 TX 输出端口 OTX1 和 OTX2，4 个合路器输入（功放输出信号）端口 TX1 ~ TX4，4 个分路器输出端口 RX1 ~ RX4，2 个分路器输入端口（低噪声放大器扩展输出）ERX1 ~ ERX2。CEUG 面板接口说明如表 4.14 所示。

表 4.14　CEUG 面板接口说明

标识符号	含义	功能	接线说明
OTX1	Output TX 1	合路 TX 输出端口 1	连接 CDU 的 TX1、TX2 输入端口
OTX2	Output TX 2	合路 TX 输出端口 2	
TX1	Transmitter 1	合路器输入 1（功放输出信号）	连接载频模块 DTRU 的 TX 输出端口
TX2	Transmitter 2	合路器输入 2（功放输出信号）	
TX3	Transmitter 3	合路器输入 3（功放输出信号）	
TX4	Transmitter 4	合路器输入 4（功放输出信号）	
RX1	Receiver 1	分路器输出端口 1	连接载频模块 DTRU 的 RX 输入端口
RX2	Receiver 2	分路器输出端口 2	
RX3	Receiver 3	分路器输出端口 3	
RX4	Receiver 4	分路器输出端口 4	
ERX1	Extend Receiver 1	分路器输入端口 1（低噪声放大器扩展输出）	连接 CDU 的 ERX1、ERX2 接收扩展输出端口，用于扩展 LNA 的输出路数
ERX2	Extend Receiver 2	分路器输入端口 2（低噪声放大器扩展输出）	

④ 增强型合路扩展单元 CENU。

CENU 单元有两种，主要由两个 3 和 1 合路器与两个 1 分 4（另一种为 1 分 2）分路器组成，如图 4.61 所示。

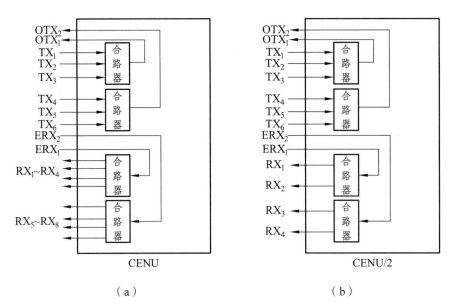

图 4.61　CENU 结构框图

CENU 是 BTS 天馈单元 AEM 的另外一个扩展模块，主要用于小区载频数超过 8 的基站配置，实现单小区用一副天线的配置。该模块将 6 个载频合并成 2 路输出到 CDU，同时将 CDU 的一个 ERX 口扩展为 4 个（或 2 个）输出端口，提供相应数量的接收通道。CENU、CENU/2、CENU/3、CENU/4 的比较如表 4.15 所示。

表 4.15　CENU、CENU/2、CENU/3、CENU/4 比较

模块名称	组成比较	描述	备注
CENU	两个 3 合 1 合路器，2 个 1 分 4 功分器	面板为 90 mm，用于载频插框 1、6 槽位	-
CENU/2	两个 3 合 1 合路器，2 个 1 分 2 功分器	面板为 90 mm，用于载频插框 1、6 槽位	-
CENU/3	两个 3 合 1 合路器，2 个 1 分 4 功分器	面板为 80 mm，用于载频插框 5 槽位	性能指标与 CENU 相同
CENU/4	两个 3 合 1 合路器，2 个 1 分 2 功分器	面板为 80 mm，用于载频插框 5 槽位	性能指标与 CENU/2 相同

根据不同的工作频段，CENU 有 CENUG、CENUT、CENUD 和 CENUP 等多种类型。除了 CENU 面板的名称，各种 CENU 的面板大致相同，下面以 CENUG、CENUG/2 为例进行说明。CENUG、CENUG/2 面板如图 4.62 所示。

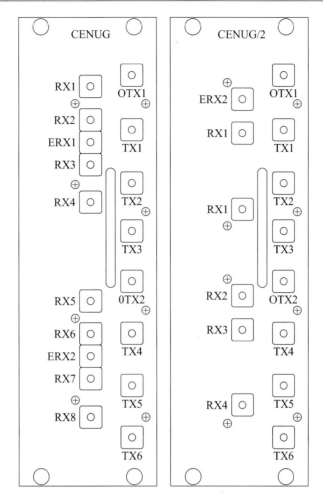

图 4.62　CENUG、CENUG/2 模块面板示意图

　　CENUG 面板有 2 个合路 TX 输出端口 OTX1 和 OTX2，6 个合路器输入（功放输出信号）端口 TX1～TX6，8 个分路器输出端口 RX1～RX8，2 个分路器输入端口（低噪声放大器扩展输出）ERX1～ERX2。

　　CENUG/2 面板有 2 个合路 TX 输出端口 OTX1 和 OTX2，6 个合路器输入（功放输出信号）端口 TX1～TX6，4 个分路器输出端口 RX1～RX4，2 个分路器输入端口（低噪声放大器扩展输出）ERX1～ERX2。CENUG 面板接口说明如表 4.16 所示。

表 4.16　CENUG 面板接口说明

标识符号	含义	功能	接线说明
OTX1	Output TX 1	合路 TX 输出端口 1	连接 CDU 的 TX1、TX2 输入端口
OTX2	Output TX 2	合路 TX 输出端口 2	
TX1	Transmitter 1	合路器输入 1（功放输出信号）	连接载频模块 DTRU 的 TX 输出端口
TX2	Transmitter 2	合路器输入 2（功放输出信号）	
TX3	Transmitter 3	合路器输入 3（功放输出信号）	
TX4	Transmitter 4	合路器输入 4（功放输出信号）	

续表 4.16

标识符号	含义	功能	接线说明
TX5	Transmitter 5	合路器输入 5（功放输出信号）	
TX6	Transmitter 6	合路器输入 6（功放输出信号）	
RX1	Receiver 1	分路器输出端口 1	连接载频模块 DTRU 的 RX 输入端口
RX2	Receiver 2	分路器输出端口 2	
RX3	Receiver 3	分路器输出端口 3	
RX4	Receiver 4	分路器输出端口 4	
RX5	Receiver 5	分路器输出端口 5	
RX6	Receiver 6	分路器输出端口 6	
RX7	Receiver 7	分路器输出端口 7	
RX8	Receiver 8	分路器输出端口 8	
ERX1	Extend Receiver 1	分路器输入端口 1（低噪声放大器扩展输出）	连接 CDU 的 ERX1、ERX2 接收扩展输出端口，用于扩展 LNA 的输出路数
ERX2	Extend Receiver 2	分路器输入端口 2（低噪声放大器扩展输出）	

3. 机顶

B8018 机顶主要用于安装天线、电源开关、滤波器、接地柱插座及其他各种插座硬件，机顶结构如图 4.63 所示。

机顶布局如图 4.64 所示，机柜顶部接口说明如表 4.17 所示。

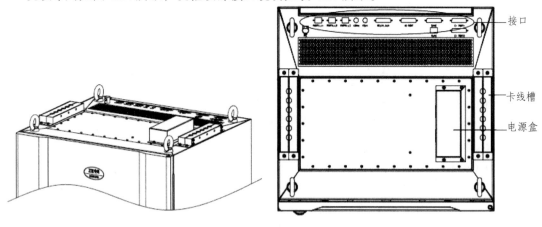

图 4.63　机顶结构　　　　　　　　图 4.64　机顶布局（俯视）

表 4.17　机柜顶部接口说明

接口标识	接口说明
HYCOM1 ~ 12	馈线孔（位于卡线槽上）
PWRTA_L1	第一层塔放电源接口
PWRTA_L2	第二层塔放电源接口
PWRTA_L3	第三层塔放电源接口

续表 4.17

接口标识	接口说明
E1 PORT1	E1 接口（A、B、C、D）
E1 PORT2	E1 接口（E、F、G、H）
RELAY_ALM	干节点告警接口
ID PORT	站点 ID 接口
SYNC	机柜间同步信号接口
13M	13M 时钟测试口
FCLK	FCLK 时钟测试口
RJ45（ETH）	以太网接口
PWR	电源-48 V 接线柱（位于机顶电源盒内）
GND	-48 V 电源地接线柱（位于机顶电源盒内）
PE	PE 接线柱

本章小结

　　ZXG10-BSC（V2）设备是中兴公司开发的多模块大容量基站控制器产品，支持 GSM Phase II+标准中规定的基站控制器的业务功能，同时兼容 GSM Phase II 标准。本章首先主要从硬件的总体结构、软件的总体结构、主要指标、系统配置、各个机框的配置、单板的配置以及各个机框的功能、单板的功能等方面全面介绍了 ZXG10-BSC（V2）设备。

　　ZXG10 B8018 是中兴通讯第三代基站产品，通过在 ZXG10-BTS（V2）第二代基站产品的基础上升级，它采用了许多最新的技术，从软件、硬件、系统可靠性等多方面进行了较大改进，是一种室内型的宏蜂窝基站。ZXG10 B8018 不仅保留了原 ZXG10-BTS（V2）的所有优点，而且还增加了许多新的功能和业务以满足市场需要。ZXG10 B8018 的开发，更加丰富了中兴通讯系列化的基站产品，使得 ZXG10 系统具备更加灵活的组网方式，具有更强的市场竞争。接下来主要介绍了 ZXG10 B8018 系统的功能、结构配置以及各种单板配置指示灯的具体含义。

习　题

　　1. ZXG10－BSC（V2）是多模块结构，包含中心模块和外围模块。按功能划分，这两种模块又叫什么？各具有什么功能？

　　2. 按中心模块到外围模块的顺序，试写出 MP 到 MP 的信令所经过的所有单板（起点为中心模块 MP，终点为外围模块 MP）。

　　3. 按下行方向，顺序写出通话建立后话音所经过的 BSC 的所有单板（起点为 MSC，终点为 BTS）。

　　4. 试按下行方向顺序写出 LapD 所经过的 BSC 的所有单板（起点为 MP，终点为 BTS）。

　　5. GPP 按软件功能分为哪几种单板？在机架上这几种单板是否可以混插？

实训一 GSM 基站系统设备安装检查

1. 实训目的

（1）认识中兴 BSC 机架组成结构。

（2）掌握中兴 BSC 机框在机架中的位置以及功能。

（3）了解中兴 BSC 各个单板的功能以及在机框中的位置。

2. 实训内容

（1）BSC 机架安装检查。

（2）各种机框安装检查。

（3）单板安装检查。

（4）外部线缆连接检查。

3. 实训步骤

（1）检查机房环境（温度、湿度、直流电压）。

（2）检查线缆安装。

①检查各层、架电源线和地线安装是否正确。

②检查插件上需连跳线的地方，跳线连接是否正确。

（3）检查机架安装。检查机架安装顺序、机架标志是否正确。

（4）检查机框。检查机框（控制框、资源框、交换框）是否有误。

（5）检查单板。检查各个机框中的单板位置、型号是否正确。

4. 注意事项

（1）设备必须是下电状态。

（2）需要拔插单板时必须佩戴防静电手环。

第 5 章　TD-SCDMA 系统设备

5.1　TD-SCDMA 系统 RNC 设备

ZXTR RNC 是中兴通讯公司根据 3GPP R4 版本协议研发的 TD-SCDMA 无线网络控制器，该设备提供协议所规定的各种功能，提供一系列标准的接口，在系统实现上采用分布式处理方式，具有高扩展性、高可靠性和大容量等特点，可以平滑地向更高版本过度。下面就介绍 ZXTR RNC。

5.1.1　RNC 的功能及特点

1. RNC 的系统功能

（1）业务功能。

提供 12.2 kbps、10.2 kbps、7.95 kbps、7.4 kbps、6.7 kbps、5.9 kbps、5.15 kbps、4.75 kbps 等速率 AMR 语音的业务控制和数据传输服务。提供透明和非透明电路型数据的业务控制和数据传输服务。

提供分组型业务。第一阶段，提供 384kbps 速率以下分组数据的业务控制和数据传输服务。第二阶段，提供 384k 至 2M 速率分组数据的业务控制和数据传输服务。

支持点对点短消息业务和广播短消息业务。

支持单个用户多种业务并发的控制和业务数据 QoS 处理。

支持定位业务，包括小区级定位、OTDOA 定位和 GPS 定位等。

（2）移动性管理。

小区更新：支持 RNC 内部、RNC 之间小区更新、URA（UTRAN 登记区域）更新，支持 RNC 内部、RNC 之间 URA 更新。

小区切换（硬切换和接力切换）：支持 RNC 内部、RNC 之间的切换控制。支持系统间、RAT 之间的硬切换。

RNC 重定位功能。

（3）无线资源管理功能。

① 系统接入控制。用户接入可以由用户侧发起，也可从网络侧发起，其目的是为了接入 UTRAN，以获得 UMTS 服务。UTRAN 根据用户的能力以及当前 UTRAN 的资源现状，进行相应的控制。

② 接纳控制。系统根据当前的资源情况、负荷等级、小区总体干扰等级、总发射功率等因素，决定是否接纳用户的接入请求。

③ 负荷控制。在当前已经存在多用户连接条件下，监测系统的负荷情况，判断系统是否

过载及过载等级，如果过载，依据设定的规则，保持系统的稳定。

④ 功率控制。在保证信号质量的前提下，使发射功率保持在较低的水平，从而提高系统容量是功率控制的主要任务。上行链路采用开环功控和闭环功控两种方式。当上行链路没有建立时，开环功控用来调节物理随机接入信道的发射功率。当链路建立之后，使用闭环功控。闭环功控包括内环功控和外环功控。外环功控以误码率或者误帧率作为控制目标，内环功控以信干比作为控制目标。下行链路只有闭环功控。

⑤ 分集控制。分集的目的是利用空间隔离、时间隔离、码的正交性等特点，实现赋形、鉴相、交替等技术，减少干扰。在 TD-SCDMA 系统中，提供 TSTD（时间切换传输分集）、SCTD（空间码发射分集）两种分集的控制。

⑥ 系统信息广播。该功能通过 BCH 信道向 UE 广播 UMTS 服务所需的接入层和非接入层的相关信息。

⑦ 无线信道的加密和解密。无线信道的加密是为了保护在空中传送的用户信息不被未经授权的第三方非法获取，加密和解密主要是基于业务数据、密钥和相关的加密解密算法进行，依据协议，加密算法采用 f8 算法。

⑧ 数据完整性保护。数据完整性保护的目的是为了保护在空中传递的信令信息，以避免第三方设备进行欺骗和攻击。

⑨ 无线环境测量。依据无线资源管理的需求，对当前的公共信道以及专用信道进行各项测量。

⑩ 同步技术 TDD。无线系统需要比较高的同步要求，TDD 同步分为以下几种同步：

● 网络同步。网络同步涉及 UTRAN 内部节点同步参考的分发和 UTRAN 内部时钟的稳定性。一个精确的参考频率在 UTRAN 的网络节点中的分发与多方面有关，但一个主要方面就是怎么样为 Node B 提供一个频率精度优于 0.05 ppm 的参考时钟以正确产生无线接口的信号。

● 节点同步。节点同步关系到 UTRAN 的节点之间的定时差异的评估和补偿；节点同步可分为两类，即 RNC 与 Node B 之间（RNC-Node B）和 Node B（InterNode B）之间的同步。

● 传输信道同步。传输信道同步机制定义了 RNC 与 Node B 之间的帧同步方式；传输信道同步在 UTRAN 与 UE 之间提供一个 L2 公共的帧编号（连接帧号 CFN）；通过设定接收窗口确定定时偏移。

● 无线接口同步。无线接口的同步涉及无线帧传输定时同步方式，包括小区间同步和时间提前两个方面。

● 时间校准处理。该功能位于 Iu 接口，通过控制下行传输定时以减少 RNC 中的数据缓存量。

⑪ 动态信道分配（DCA）。DCA 技术划分为慢速 DCA 和快速 DCA。

● 快速 DCA。该功能根据接纳控制的原则，为用户分配无线承载资源。

● 慢速 DCA。该功能负责根据其管理的多个小区中各小区的业务负荷，将无线资源分配到不同的小区中。

2. RNC 的系统特点

（1）高可扩展性。ZXTR RNC 设计目标在于能够适应业务的增长以及各种业务量环境，提供容量高可扩展的产品；ZXTR RNC 的控制面和用户面都采用分布式的设计，整个系统没有集中处理的瓶颈，控制面和用户面处理资源可以根据容量的增长需求线性扩展。

（2）大容量。ZXTR RNC 致力于缩短客户在整个 3G 产品生命期中的投资，一步到位提供大容量的产品，提早考虑 3G 业务出现高密度情况下的需求。ZXTR RNC 单资源框最大可支持 7.5 万话音用户和 7.5 万分组域用户，以及最大支持 3750 爱尔兰话务量或 225 Mbps 数据吞吐量。整个系统可以通过机框和机架的进一步扩展达到 100 万用户的容量。

（3）高可靠性。ZXTR RNC 具有非常高的可靠性，系统所有的关键部件均采用 1+1 主备方式，其他部件也都至少采用 N+1 备份，系统支持在线的软件下载，版本升级无需系统重新启动。

（4）优秀的无线资源管理。ZXTR RNC 在无线资源管理方面拥有数十项专利技术；可以支持无线参数的自动优化；可以根据网络的负载情况以及 QoS 级别智能地进行无线资源的优先级分配和调度。

（5）清晰的演进方式。ZXTR RNC 内部采用基于 IP 的交换平台，在设计上通过控制面和用户面相分离，可以非常容易地通过接口扩展和软件升级实现向 IP UTRAN 的平滑过渡，提供一种非常清晰的演进方式。

5.1.2 RNC 硬件结构

1. RNC 在系统中的位置

RNC 属于 UTRAN 的一部分。UTRAN 无线接入网络包括一个或多个无线网络子系统（RNS），一个 RNS 由一个 RNC 和一个或多个 Node B 构成。RNC 与 Node B 之间通过 Iub 接口相连，为切换需要，RNC 之间也可通过 Iur 接口相连。每个 RNS 负责管理所辖的小区的无线资源。RNC 在网络中的位置以及与周围网元之间的关系如图 5.1 所示。除了 Iu-CS 和 Iu-PS 外，每个 RNC 在 Iu 接口上还可以和一个或多个广播短消息中心（CBC）相连，这个接口也称作为 Iu-BC 接口，在图 5.1 中没有画出。

RNC 主要负责无线资源的管理。一方面它通过 Iu 接口同电路域和分组域核心网相连；另一方面它负责管理和控制 Node B，并负责空中接口与 UE 之间的 L1 以上的协议处理。在无线接入网中，它处在承上启下的关键位置。

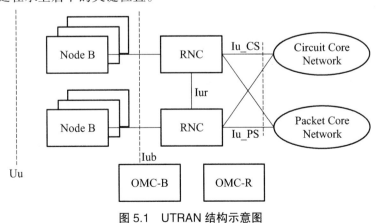

图 5.1　UTRAN 结构示意图

2. RNC 的外部接口

在 UMTS 中，ZXTR RNC 由接口 Iu/Iur/Iub 界定，如图 5.2 所示。在 3GPP 协议中，Iu/Iur/

Iub 三者物理层介质可以是 E1/T1/STM-1/STM-4 等多种形式。在物理层之上是 ATM 层，ATM 层之上是 AAL 层。有两种 AAL 被用到：控制面信令和 Iu-PS 数据采用 AAL5，其他接口用户面数据采用 AAL2。

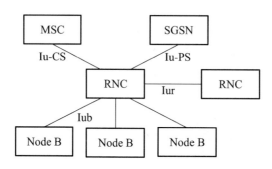

图 5.2　ZXTR RNC 系统外部接口示意图

3. RNC 硬件系统总体结构

ZXTR RNC 硬件系统总体框图如图 5.3 所示。

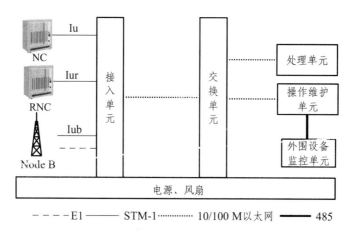

图 5.3　ZXTR RNC 硬件系统总体框图

ZXTR RNC 的组成单元：操作维护单元 ROMU；接入单元 RAU；交换单元 RSU；处理单元 RPU；外围设备监控单元 RPMU。

（1）操作维护单元。

操作维护单元包括 ROMB 单板和 CLKG 单板。

CLKG 单板负责系统的时钟供给和外部同步功能。通过 Iu 接口提取时钟基准，经过板内同步后，驱动多路定时基准信号给各个接口框使用。

ROMB 单板负责处理全局过程并实现整个系统操作维护相关的控制（包括操作维护代理），通过 100 M 以太网与 OMC-R 实现连接，并实现内外网段的隔离。ROMB 单板还作为 ZXTR RNC 操作维护处理的核心，直接或间接监控和管理系统中的单板。ROMB 单板提供以太网口和 RS-485 两种链路对系统单板进行配置管理。

ROMB 与 OMC-R 之间的通信链路的连接关系如图 5.4 所示。

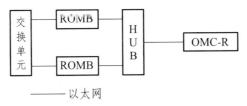

图 5.4　ROMB 与 OMC–R 之间的通信

（2）接入单元。

接入单元为 ZXTR RNC 系统提供了 Iu、Iub 和 Iur 接口的 STM-1 和 E1 接入功能。接入单元包括 APBE（ATM 处理板）、IMAB（IMA/ATM 协议处理板）和 DTB 单板（数字中继板），背板为 BUSN。其中 APBE 单板提供 STM-1 接入（根据后期需要，可以提供 STM-4 接入）。

IMAB 与 DTB 一起提供支持 IMA 的 E1 接入，DTB 单板提供 E1 线路接口。每个 APBE 单板提供 4 个 STM-1 接口，支持 622M 交换容量，负责完成 RNC 系统 STM-1 物理接口的 AAL2 和 AAL5 的终结。与 APBE 相比，IMAB 单板不提供 STM-1 接口，而是与 DTB 一起提供 E1 接口。每个 DTB 单板提供 32 路 E1 接口，负责为 RNC 系统提供 E1 线路接口。一个 IMAB 单板提供 30 个 IMA 组，完成 ATM 终结功能。

（3）交换单元。

交换单元主要为系统控制管理、业务处理板间通信以及多个接入单元之间业务流连接等提供一个大容量的、无阻塞的交换单元。交换单元由两级交换子系统组成，结构如图 5.5 所示。

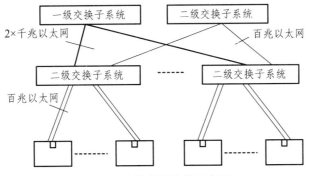

图 5.5　交换单元结构示意图

一级交换子系统是接口容量为 40Gbps 的核心交换子系统，为 RNC 系统内部各个功能实体之间以及系统之外的功能实体间提供必要的消息传递通道，用于完成包括定时、信令、语音业务、数据业务等在内的多种数据的交互以及根据业务要求、不同用户提供相应的 QoS 功能。该系统包括 PSN4V 和 GLIQV 单板，分别完成管理核心交换网板和线卡的功能。

二级交换子系统由以太网交换芯片提供，一般情况下支持层二以太网交换，根据需要也可以支持层三交换。该系统负责系统内部用户面和控制面数据流的交换和汇聚，包括 UIMC、UIMU 和 CHUB 单板。

RNC 系统内部提供两套独立的交换平面：控制面和用户面。对于控制面数据，因其数据流量较小，所以采用二级交换子系统进行集中汇聚，无需通过一级交换子系统实现交换。对于用户面数据，因其数据流量较大，同时为了对业务实现 QoS，在大话务容量下需要通过一级交换子系统来实现交换和扩展，如图 5.5 所示。

在只有两个资源框的配置下，用户面可以不采用一级交换子系统，两个资源框直接通过千兆光口对连也可以满足 ZXTR RNC 组网需要，此时简化后交换单元示意图如图 5.6 所示。

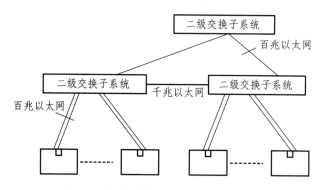

图 5.6　简化后的交换单元结构示意图

当系统资源框数目在 2～6 时，用户面可以采用二对线卡以完成一级交换平台功能。此时交换单元示意图如图 5.7 所示。

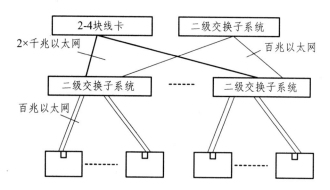

图 5.7　2～6 个资源框情况下交换单元结构示意图

交换单元的维护通过 RS-485 总线和以太网本身共同进行。RS-485 负责初始化管理控制和在控制面以太网故障时的一些异常管理，通过以太网完成流量统计、状态上报、系统 MIB 管理等更高级一些的管理。

（4）处理单元。

处理单元实现 ZXTR RNC 的控制面和用户面上层协议处理，包括 RCB、RUB 和 RGUB。

每块 RGUB 板通过以太网端口交换单元的二级交换子系统相连，完成对于 PS 业务 GTP-U 协议的处理。

每块 RUB 板通过以太网端口和交换单元的二级交换子系统相连，完成对于 CS 业务 FP/MAC/RLC/UP 协议栈的处理和 PS 业务 FP/MAC/RLC/PDCP 的处理。

RCB 连接在交换单元上，负责完成 Iu、Iub 接口上控制面的协议处理。主备两块单板之间采用百兆以太网连接以实现故障检测和动态数据备份。硬件提供主备竞争的机制。

（5）外围设备监控单元。

外围设备监控单元包括 PWRD 单板和告警箱 ALB。

PWRD 完成机柜里一些外围和环境单板信息（包括电源分配器和风机的状态，以及温湿度、烟雾、水浸和红外等环境告警）的收集。PWRD 通过 RS-485 总线来接受 ROMB 的监控和管理。每个机柜有一块 PWRD 板。

告警箱 ALB 根据系统出现的故障情况进行不同级别的系统报警，以便设备管理人员及时干预和处理。

4. 系统内部通信链路设计

ZXTR RNC 系统采用控制面和用户面分离的设计方案。资源框背板设计两套以太网：一套用于用户面互连；另一套用于内部控制、控制面互连。另外在背板上再设计一套 485 总线，其目的是：仅带 8031 CPU 单板的控制通道，对于具有控制以太网接口的单板，485 总线的作用主要是以太网异常时进行故障诊断、告警，在特定场合可根据需要作 MAC、IP 地址的配置，正常情况下不用此功能。

控制面以太网采用单平面结构，每个资源框控制以太网，通过 UIMU 出 2 个 100M 以太网口（物理上采用 2 根线缆）与控制框的 CHUB 相连（依靠生成树算法禁止其中一个，或者 UIMU 和 CHUB 板在上电初始化时，通过设置 VLAN 的方式把其中一个网口独立开来）。对于控制流量较大（≥100M，配置时可以估算出最大流量）的资源框，2 个 100M 以太网口采用链路汇聚的方式与控制框相连。

框内的 485 和以太网通过背板引线连到各个单板。每个单板提供 RS-485、以太网接口以用于单板控制。资源框的 RS-485 总线在 UIMU 单板终结；交换框的 RS-485 总线在 UIMC 单板终结，控制框的 RS-485 总线在 ROMB 处终结。

ZXTR RNC 系统内部通信链路如图 5.8 所示。

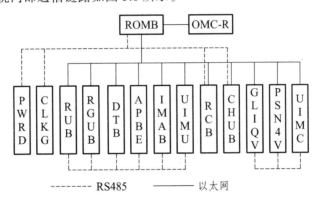

图 5.8　ROMB 单板与其他各单板的管理通信链路示意图

5. 时钟系统设计

从 ZXTR RNC 在整个通信系统的位置看，其时钟系统应该是一个三级增强钟或二级钟，而时钟同步基准来自 Iu 口的线路时钟或者 GPS/BITS 时钟。采用主从同步方式。

ZXTR RNC 的系统时钟模块位于时钟板 CLKG 上。与 CN 相连的 APBE 单板提取的时钟基准经过 UIM 选择，再通过电缆传送给 CLKG 单板，CLKG 单板同步于此基准，并输出多路 8K 和 16M 时钟信号给各资源框，最后通过 UIM 驱动后经过背板传输到各槽位供 DTB 单板和 APBE 单板使用。

时钟单板 CLKG 采用主备设计，主备时钟板锁定于同一基准。当系统时钟运行在自由方式时，备板锁定于主板 8K，主备倒换在时钟低电平期间进行。主备时钟采用输出驱动端高阻直连以实现平滑倒换，如图 5.9 所示。

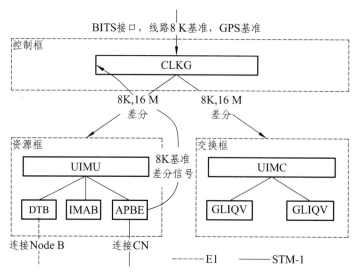

图 5.9 ZXTR RNC 系统的时钟系统

6. 系统容量设计

ZXTR RNC 系统以资源框为基本配置模块，系统的控制面的处理资源和用户面的处理资源挂接在内部的以太网上，在以太网上实现 ZXTR RNC 内部的交换。

由于系统采用构件化设计方案，因此系统的容量可以通过叠加功能单板的方法进行平滑扩充。每个资源框形成一个独立的小系统，具备对外的接口。系统扩容可以直接根据用户数计算增加资源框的数目或在资源框内部增加用户面和接口单板来实现。

7. 单　板

ZXTR RNC 系统中的功能板命名如表 5.1 所示。

表 5.1 ZXTR RNC 系统中的功能板命名

序号	名　称	代号	代号含义
1	操作维护处理板	ROMB	RNC Operating & Maintenance Board
2	用户面处理板	RUB	RNC User plane processing Board
3	控制面处理板	RCB	RNC Control plane processing Board
4	GTP-U 处理板	RGUB	RNC GTP-U processing Board
5	ATM 处理板	APBE	ATM Process Board Enhanced
6	IMA/ATM 协议处理板	IMAB	IMA Board
7	数字中继板	DTB	Digital Trunk Board
8	通用控制接口板	UIMC	Universal Interface Module of BCTC
8	通用媒体接口板	UIMU	Universal Interface Module of BUSN
10	控制面互联板	CHUB	Control Plane HUB
11	分组交换网板	PSN	Packet Switch Network
12	千兆线路接口板	GLI	Gigabit Line Interface
13	时钟产生板	CLKG	Clock Generator

续表 5.1

序号	名　　称	代号	代号含义
14	GPS 处理板	GPSB	GPS Process Board
15	独立业务移动定位中心板	SASB	StandAlone Service Mobile Location Center Board
16	电源分配板	PWRD	PoWeR Distributor
17	PWRD 转接背板	PWRDB	POWER Distributor Backplane
18	分组交换网背板	BPSN	Backplane of Packet Switch Network
19	通用业务网背板	BUSN	Backplane of Universal Switch Network
20	控制中心背板	BCTC	Backplane of ConTrol Center
21	风扇主控制板	FANM	FAN Main
22	通用 19 英寸机柜顶装风扇控制电路主板	FANT	无
23	风扇连接板	FANC	FAN Connect
24	风扇显示板	FAND	FAN Display
25	数字中继板后插板	RDTB	Rear Board of DTB
26	MNIC 后插板	RMNIC	Rear Board of MNIC
27	MPB 后插板	RMPB	Rear Board of MPB
28	通用后插板 1	RGIM1	General Rear Interface Module 1
29	CLKG 后插板 1	RCKG1	Rear Board 1 of CLKG
30	CLKG 后插板 2	RCKG2	Rear Board 2 of CLKG
31	UIM 后插板 1	RUIM1	Rear Board 1 of UIM
32	UIM 后插板 2	RUIM2	Rear Board 2 of UIM
33	UIM 后插板 3	RUIM3	Rear Board 3 of UIM
34	CHUB 板后插板 1	RCHB1	Rear Board 1 of CHUB
35	CHUB 板后插板 2	RCHB2	Rear Board 2 of CHUB
36	GPSB 后插板	RGPSB	Rear Board of GPSB

5.1.3　RNC 信号流程

1. 用户面 CS 域数据流向

以上行方向为例，用户面 CS 域数据流向如图 5.10 所示。下行方向则相反。

流向说明如下：

① 用户面 CS 域数据从 Iub 口进来后，经过接入单元的 DTB 和 IMAB 进行 AAL2 SAR 适配。

② 通过交换单元传输到 RUB 板，进行 FP/MAC/RLC/IuUP 协议处理。

③ 通过交换单元传输到接入单元的 APBE 进行 AAL2 SAR 适配送到 Iu 口。

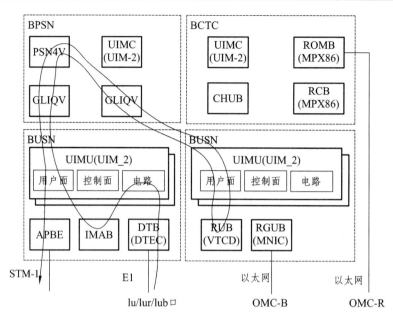

图 5.10　用户面 CS 域数据流向示意图

2. 用户面 PS 域数据流向

以上行方向为例，用户面 PS 域数据流向如图 5.11 所示。下行方向则相反。

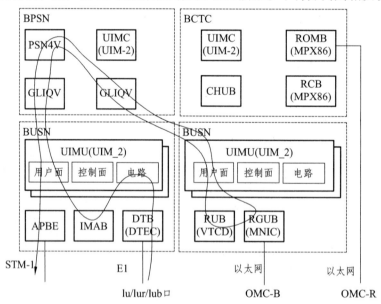

图 5.11　用户面 PS 域数据流向示意图

流向说明如下：

① 用户面 PS 域数据从 Iub 口进来后，经过接入单元的 DTB 和 IMAB 进行 IMA 处理和 AAL2 SAR 适配。

② 然后通过交换单元传输到 RUB，进行 FP/MAC/RLC/PDCP/IuUP 协议处理。

③ 处理完后通过交换单元送到 GTP-U 处理板 RGUB 处理 GTP-U 协议。

④ 处理后经过接入单元完成 AAL5 SAR 的适配传送到 Iu-PS 接口。

3. Iub 口信令数据流向

以上行方向为例，Iub 口信令数据流向如图 5.12 所示。下行方向则相反。

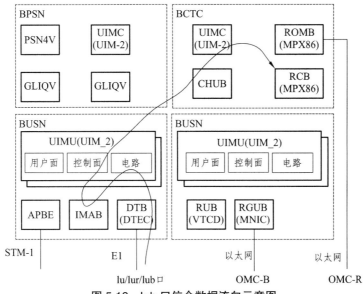

图 5.12　Iub 口信令数据流向示意图

流向说明如下：

① 从 Iub 口来的信令，经过接入单元的 DTB 和 IMAB 进行 IMA 处理和 AAL5 SAR 适配。

② 然后经交换单元分发到 RCB 板处理。

4. Iur/Iu 口信令数据流向

以下行方向为例，Iur/Iu 口信令数据流向如图 5.13 所示。上行方向则相反。

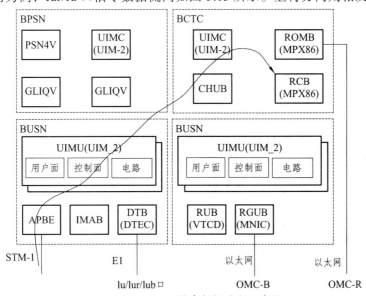

图 5.13　Iur/Iu 口信令数据流向示意图

流向说明如下：

① 从 Iu/Iur 口来的信令，经过接入单元的 APBE 板，进行 AAL5 SAR 适配，再经过 APBE 的 HOST 处理。

② 然后经交换单元分发到 RCB 板处理。

5. Node B 操作维护数据流向

以上行方向为例，Node B 操作维护数据流向如图 5.14 所示。下行方向则相反。

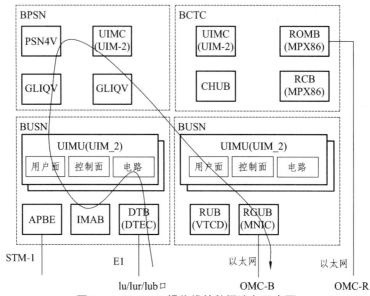

图 5.14 Node B 操作维护数据流向示意图

流向说明如下：

① 从 Iub 口来的 Node B 操作维护数据，经过接入单元的 DTB 和 IMAB 进行 IMA 处理以及 AAL5 SAR 适配。

② 然后经过交换单元送至 RGUB，完成与 OMC-B 之间的连接。

6. Uu 口信令数据流向

以上行方向为例，Uu 口信令数据流向如图 5.15 所示。下行方向则相反。

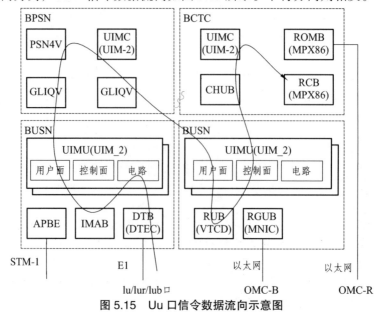

图 5.15 Uu 口信令数据流向示意图

流向说明如下：

① Uu 口信令承载在 Iub 口的用户面，经过接入单元的 DTB 和 IMAB 进行 IMA 处理和 AAL5 SAR 适配。

② 经交换单元分发到 RUB 板，经过 RUB 的 HOST 处理。

③ 经交换单元分发到 RCB 板处理。

5.1.4　RNC 系统配置

1. 配置思想

ZXTR RNC 系统整个硬件框架由接口资源、系统控制资源、用户面处理资源、控制面处理资源以及交换平台资源等几个部分构成。

系统的整体配置也主要与这几个部分的资源配置相关。需要配置的内容清单如下：

- 接口资源：APBE，DTB，IMAB。
- 系统控制资源：ROMB，CLKG。
- 用户面处理资源：RDMP，RGUB。
- 控制面处理资源：RCB。
- 交换平台资源：UIMC，UIMU，CHUB。

从 3G 启动的业务类型来看，主要是电路域的话音和分组域的非实时的业务，并且分组业务的速率一般都不是确保速率，属于软阻塞的情况，因此在这种业务分布的基础上，将原 GSM 和 GPRS 的话务模型加以融合。在这种情况下的话务模型可以定为以下几个指标：

- 系统总的用户数。
- 每话音用户的话务量。
- 忙时每用户平均数据量。

根据话务模型的假设参数以及必要的输入参数（如用户数、载扇数、物理接口数等），通过计算得到系统各性能指标参数值，进而得到关键单板资源的数目。

对于接口资源，主要取决于系统在各接口上的总流量以及外部物理数目的约束，综合两者可以得到接口单板数目。

用户面处理资源是系统配置计算的核心，从系统总话务量以及用户面单板的话务量可以直接得到用户面处理资源的需求，进而通过一定的匹配关系，得到控制面处理资源需求。

系统控制资源和交换平台资源可以根据上面得到的各资源总合带来的物理需求得到。

2. 配置说明

根据不同的用户容量及应用场合等需求，下面给出了两种典型配置：双框配置和三框配置。

（1）双框配置。双框配置下，系统由一个控制框加一个资源框组成，支持大约 7.5 万用户。

（2）三框配置。三框配置下，系统由两个资源框和一个控制框组成。两个资源框通过光纤直接互连而不用配交换框。此配置下支持大约 15 万用户。

由于当资源框大于 2 个时，必须配备交换框以实现各资源框的互连。因此此配置在扩容时涉及数据配置的变更以及相关连线的更改。

3. 单板配置

双框、三框配置下单板清单说明如表 5.2 所示。

表 5.2　各配置下单板清单

单板名称	代号	单位	数目		备注
			双框配置	三框配置	
用户面处理板	RDMP	块	4	10	无
控制面处理板	RCB	块	2	4	本版本不支持主备
GTP-U 处理板	RGUB	块	2	2	至少 1 块，考虑负荷分担下配 2 块
ATM 处理板	APBE	块	3	6	无
IMA/ATM 协议处理板	IMAB	块	2	4	如果需要支持 E1 则配置，最多 8 块
数字中继板	DTB	块	4	8	如果需要支持 E1 则配置，最多 8 块
通用媒体接口板	UIMU	块	2	4	无
通用控制接口板	UIMC	块	2	2	无
时钟产生板	CLKG	块	2	2	至少 1 块，主备配置下配 2 块
操作维护处理板	ROMB	块	1	1	本版本不支持主备
控制面互联板	CHUB	块	2	2	至少 1 块，主备配置下配 2 块
通用业务网背板	BUSN	块	1	2	无
控制中心背板	BCTC	块	1	1	背板拨码开关必须满足：机架号=1，机框号=2
DTB 后插板	RDTB	块	4	8	根据 DTB 数目，1~8 块
通用后插板 1	RGIM1	块	2	2	至少配 1 块，在 APBE 数目够的情况下配置 2 块
MNIC 后插板	RMNIC	块	2	2	至少 1 块，主备配置下配 2 块
MPB 后插板	RMPB	块	1	1	无
CLKG 后插板 1	RCKG1	块	1	1	必配
UIM 后插板 1	RUIM1	块	2	4	必配
UIM 后插板 2	RUIM2	块	1	1	必配
UIM 后插板 3	RUIM3	块	1	1	必配
CHUB 板后插板 1	RCHB1	块	1	1	必配

4. 机框配置

（1）双框配置下机框配置如表 5.3 所示。

表 5.3　双框配置机框配置图

前插板																	后插板																
1	2	3	4	5	6	7	8	9	10	11	12	13	14	15	16	17	1	2	3	4	5	6	7	8	9	10	11	12	13	14	15	16	17
DTB	DTB	DTB	DTB	IMAB	APBE	APBE	IMAB	UIMU	UIMU	RGUB	RGUB	APBE	RDMP	RDMP	RDMP	RDMP	RDTB	RDTB	RDTB	RDTB			RGIM1		RUIM1	RUIM1	RMNIC	RMNIC	RGIM1				
RCB		RCB						UIMC	UIMC	ROMB		CLKG	CLKG	CHUB	CHUB										RUIM2	RUIM3	RMPB		RCKG1		RCHB1		

（2）三框配置下机框配置如表 5.4 所示。

表 5.4　三框配置机框配置图

前插板																	后插板																
1	2	3	4	5	6	7	8	9	10	11	12	13	14	15	16	17	1	2	3	4	5	6	7	8	9	10	11	12	13	14	15	16	17
DTB	DTB	DTB	DTB	IMAB	APBE	APBE	IMAB	UIMU	UIMU	APBE	RGUB	RUB	RUB	RUB	RUB	RUB	RDTB	RDTB	RDTB	RDTB					RUIM1	RUIM1	RGIM1	RMNIC					
RCB		RCB		RCB		RCB		UIMC	UIMC	ROMB		CLKG	CLKG	CHUB	CHUB										RUIM2	RUIM3	RMPB		RCKG1		RCHB1		
DTB	DTB	DTB	DTB	IMAB	APBE	APBE	IMAB	UIMU	UIMU	APBE	RGUB	RUB	RUB	RUB	RUB	RUB	RDTB	RDTB	RDTB	RDTB					RUIM1	RUIM1	RGIM1	RMNIC					

5. 软件配置

配套软件清单如表 5.5 所示。

表 5.5　配套软件清单

序号	软件名称	单位	数目		备注
			双框配置	三框配置	
1	ROMB 软件	套	1	1	
2	RCB 软件	套	2	4	
3	IMAB 软件	套	2	4	
4	APBE 软件	套	3	6	
5	RUB 软件	套	4	10	
6	RGUB 软件	套	2	2	
7	DTB 软件	套	4	8	
8	UIMC 软件	套	2	2	
9	UIMU 软件	套	2	4	
10	CLKG 软件	套	2	2	
11	CHUB 软件	套	2	2	
12	PWRD 软件	套	1	1	

6. 网管配置

OMC-R 服务器和客户端配置建议如表 5.6 所示。

表 5.6　OMC-R 服务器和客户端配置

部件	OMC-R 服务器	客户端
CPU	Intel Xeon，2.8G*2，二级缓存 1M	2.4G 或更高，二级缓存 1M
内存	ECC DDR 2G	1G
硬盘	SCSI，10000 RPM，2*73G	ATA，7200RPM，80G
光驱	CD-ROM	CD-ROM
网卡	1000M 自适应网卡	集成网卡
显卡	缺省显卡	缺省显卡

5.2　TD Node B B328 设备

无线基站 Node B 的主要功能是进行空中接口的物理层处理，包括信道编码和交织、速率匹配、扩频、联合检测、智能天线、上行同步等，也执行一些基本的无线资源管理，例如功率控制等。

在 Iub 接口方向，Node B 支持 AAL5/AAL2 适配功能、ATM 交换功能、流量控制和拥塞管理、ATM 层 OAM 功能；完成 Node B 无线应用协议功能，包括小区管理、传输信道管理、复位、资源闭塞/解闭、资源状态指示、资源核对、专用无线链路管理（建立、重配置、释放、监测、增加）、专用和公共信道测量等。此外，也完成传输资源管理和控制功能，实现传输链路的建立、释放和传输资源的管理，同时也实现对 AAL5 信令的承载功能。

在操作维护方面，Node B 支持本地和远程操作维护功能，实现特定的操作维护功能，包括配置管理、性能管理、故障和告警管理、安全管理等。从数据管理角度来看，主要实现 Node B 无线数据、地面数据和设备本身数据的管理、维护。

中兴通讯通过推出系列化基站，满足了运营商的各种要求，将 Node B 分为基带池（Base Band Unit，BBU）和远端射频单元（Remote Radio Unit，RRU）。BBU 与 RRU 之间的接口为光接口，两者之间通过光纤传输 IQ 数据和 OAM 信令数据。

BBU 和 RRU 功能框图如图 5.16 所示。基带、传输和控制部分在 BBU 中，射频部分在 RRU 中。

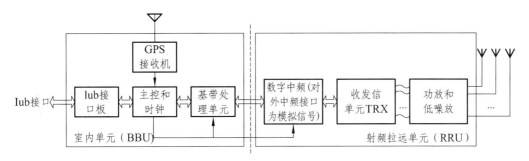

图 5.16　BBU 和 RRU 功能框图

ZXTR B328 基于射频拉远方案中的基带单元 BBU，通过 BBU 与 ZXTR R04（或者其他不同规格的 RRU）配合能实现一个完整 Node B 逻辑功能。

ZXTR B328 与 RRU 采用分散安装方式，通过替代传统 Node B 宏基站，连接 RNC 组成 UTRAN 系统。

5.2.1　B328 的主要功能和系统特点

ZXTR B328 采用先进的工艺结构设计，主要提供 Iub 接口、时钟同步、基带处理、与 RRU 的接口等功能，实现内部业务及通信数据的交换。基带处理采用 DSP 技术，不含有中频、射频处理功能。

1. ZXTR B328 的主要功能

（1）通过光纤接口（接口规范自定义）完成与 RRU 连接功能，完成对 RRU 控制和 RRU 数据的处理功能，包括信道编解码及复用解复用、扩频调制解调、测量及上报、功率控制以及同步时钟提供。

（2）通过 Iub 接口与 RNC 相连，主要包括 NBAP 信令处理（测量启动及上报、系统信息广播、小区管理、公共信道管理、无线链路管理、审计、资源状态上报、闭塞解闭）、FP 帧数据处理、ATM 传输管理。

（3）通过后台网管（OMCB/LMT）提供如下操作维护功能：配置管理、告警管理、性能管理、版本管理、前后台通讯管理、诊断管理。

（4）提供集中、统一的环境监控，支持透明通道传输。

（5）支持所有单板、模块带电插拔；支持远程维护、检测、故障恢复，远程软件下载。

（6）提供 N 频点小区功能。

2. ZXTR B328 的特点

（1）容量。B328 具有容量大、集成度高的特点，最大支持 72 载扇配置；单层机框支持 36 载扇配置。并可支持在线软件（含系统软件和基带软件）平滑升级；支持从单载扇到 72 载扇的连续平滑扩容。

（2）组网。支持 B328 与 RNC 的 Iub 接口的组网以及 B328 与 RRU 间光接口的组网，包括星型、链型、环形及混合组网。

（3）接口。ZXTR B328 有多个外部接口：Uu 接口、Iub 接口、GPS 接口、本地测试时钟接口、LMT 接口、OMC-B 接口、环境监控接口以及 BBU 和 RRU 之间的 GBRS 接口。

（4）时钟系统。ZXTR B328 支持多种时钟同步方式，包括线路时钟同步系统和空中接口时钟同步系统，能适应多种时钟组网环境。

5.2.2　B328 的硬件结构

1. ZXTR B328 硬件组成

ZXTR B328 硬件组成如图 5.17 所示。

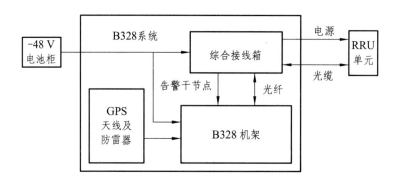

图 5.17　ZXTR B328 硬件组成

ZXTR B328 机架结构如图 5.18 所示。

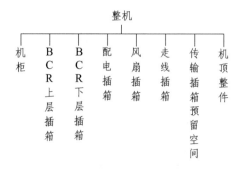

图 5.18　整机结构系统

ZXTR B328 机架外观如图 5.19 所示。

标准全配置的机架布局如图 5.20 所示。

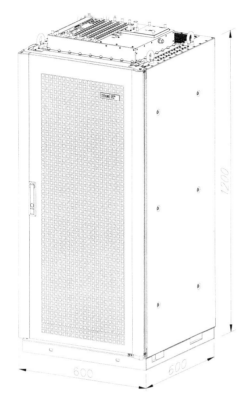

图 5.19   ZXTR B328 机柜外观

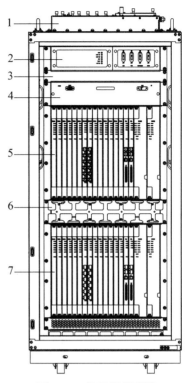

图 5.20   机架标准配置

1.机顶整件   2.配电插箱   3.假面板（传输插箱
预留空间）   4.风扇插箱   5.BCR 上层插箱
6. 走线插箱   7.BCR 下层插箱

BCR 机框采用 BCR 背板，主要完成基带处理、系统管理控制功能。

根据 BCR 机框在机柜中的物理位置，BCR 机框分为上层 BCR 机框和下层 BCR 机框。在实际使用中先配置上层 BCR 机框，然后根据需要配置下层 BCR 机框。

BCR 机框可装配的单板如表 5.7 所示。

表 5.7   公共层机框单板配置

名称	单板代号	满配置数量
控制时钟交换板	BCCS	2
基带处理板	TBPA	12
Iub 接口板	IIA	2
光接口板	TORN	2

各单板在 BCR 机框的位置示意图如图 5.21 所示。

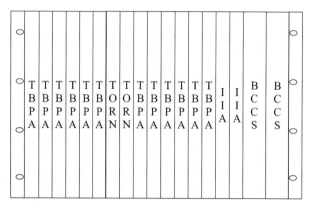

图 5.21　BCR 机框可装配的单板示意图

　　BCR 机框满配置示意图如图 5.22 所示。由该图可知，BCR 机框满配情况下可配置 2 块 BCCS、12 块 TBPA、2 块 IIA 和 2 块 TORN。

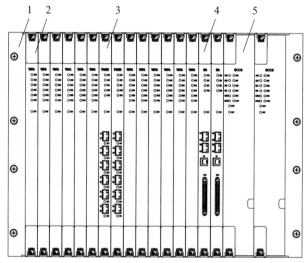

1.BCR 插箱　2. TBPA　3.TORN　4.IIA　5.BCCS

图 5.22　BCR 机框满配置图

　　BCCS 板是主备板，只插一块也能正常工作。每一层框一般配置 1 块 BCCS，可根据需要配置 2 块 BCCS，完成 1 + 1 备份功能。TBPA、TORN、IIA 根据配置计算单板数量。

　　在配置容量较小时，应配备假面板和假背板以保持风道的完整性。

2. B328 功能原理

　　上层 BCR 机框和下层 BCR 机框功能原理基本相同，所不同的是上层机框需与机顶相连。此处以上层 BCR 机框为例进行说明。上层 BCR 机框原理如图 5.23 所示。

　　BCCS 是 ZXTR B328 系统的控制板，它完成整个系统的控制、以太网交换和时钟产生。BCR 框的其他单板 TBPA、IIA 以及 TORN 的以太网端口都接在 BCCS 上，以实现对单板的监控、维护及单板间数据的交互。BCCS 板通过产生系统的主时钟，分发到本层机框的 TBPA、IIA 和 TORN 上。

　　BCR 机框通过 IIA 与 RNC 连接，通过 TORN 与 RRU 连接。上层 BCR 机框通过 BCCS 与机顶、下层 BCR 机框连接。下层 BCR 无需与机顶连接。

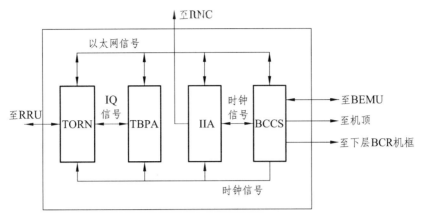

图 5.23 上层 BCR 机框原理

从 RNC 来的业务流和控制流数据经过 Iub 接口板 IIA 的处理后，封装为 MAC 包。其中业务数据经过 BCCS 的以太网交换到基带处理板 TBPA，由 TBPA 进行基带处理，然后将处理好的 IQ 数据经过背板的 IQ 链路传输到 TORN，经过 TORN 处理后通过光纤传输给 RRU。反之亦然。而控制信息则由 BCCS 通过以太网交换直接送到各个单板。同理各个单板的操作维护信息也通过以太网直接交换到 BCCS 上，然后由 BCCS 通过 IIA 传到后台。

3. 系统内部通信

内部的通信网络主要包含 3 个方面：以太网交换和通讯；IQ 交换网络；时钟的分配情况。

（1）以太网交换。

系统的以太网交换主要完成数据业务（FP 帧）及信令和消息的传输。以太网交换单元的连线如图 5.24 所示。

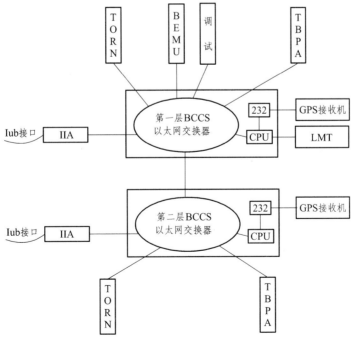

图 5.24 以太网交换和通讯联系图

以太网交换主要是通过 BCCS 来完成归口和对外的维护接口，BCCS 提供一个具有 26 端口以上的以太网交换网。

LMT 用以太网接口直接连接到 BCCS 的 CPU，这样 LMT 只能访问 BCCS 的 CPU，通过 CPU 与其他子系统通信，而不能直接接入内部交换网。

调试网口因为只在内部调试时使用，可以连接到交换网，调试时可以直接和各个子系统通信。

（2）IQ 数据交换。

IQ 数据交换主要完成光接口板与基带处理板间的 IQ 通信，并能实现多个光接口板和多个基带处理板（TBPA）间的灵活配置。上下层的 IQ 交换是一样的，单层的 IQ 交换如图 5.25 所示。

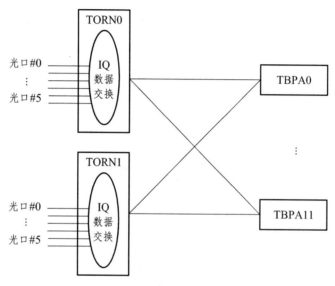

图 5.25　IQ 交换示意图

（3）内部时钟分发。

内部时钟系统包括两套时钟体系：地面网络的同步体系；空中接口的同步体系。

地面网络的同步体系，主要是同步于网络侧，参考时钟来自 BITS 中产生的时钟或线路时钟（IIA 产生），BCCS 同步到参考时钟，产生 19.44MHz 和 2.048MHz 给 IIA。

空中接口的同步体系，根据 GPS 基准源，从 BCCS 分出的时钟包括 10MHz（本振）、61.44MHz、100Hz（帧时钟）、帧号（每 10ms 一个），送到相应的单板。

时钟流图如图 5.26 所示。

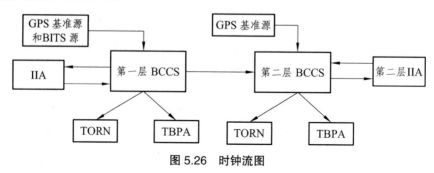

图 5.26　时钟流图

5.2.3　B328 的组网方式

ZXTR B328 与 RRU 之间支持星形组网方式、链形组网方式、环形组网方式以及混合组网方式。

1. 星形组网

B328 与 RRU 星形组网方式如图 5.27 所示。

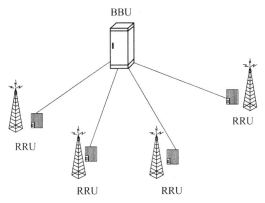

图 5.27　B328 与 RRU 的星形组网方式

在星形组网时，B328 与每个 RRU 直接相连，RRU 设备都是末端设备。

2. 链型组网

B328 与 RRU 链形组网方式如图 5.28 所示。

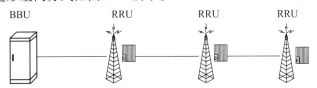

图 5.28　B328 与 RRU 的链形组网方式

链形组网方式最多可以支持 5 级 RRU 组网。

3. 环型组网

B328 与 RRU 环形组网方式如图 5.29 所示。

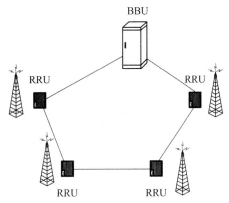

图 5.29　B328 与 RRU 的环形组网方式

环形组网比链形组网可靠性高，原因在于当环的某一部分出现断链后，系统具有自愈功能，一个环分成两条链，保证了各个 RRU 正常工作。

4. 混合组网

B328 与 RRU 混合组网方式如图 5.30 所示。

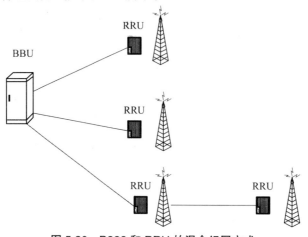

图 5.30　B328 和 RRU 的混合组网方式

5.3　TD B328 系统配置

5.3.1　站点类型

根据频率资源和小区规划，将无线蜂窝移动网的辖区划分为若干个小区（Cell），同一个蜂窝系统中的各个小区相互毗邻，如图 5.31 所示。

每个蜂窝小区都由若干个无线信道覆盖。如果采用全向型发射天线，在每个 Cell 的中心位置设立一个基站（图 5.31 中 A）。如果采用定向扇型天线，则在一个以上 Cell 的交叉点上设立基站（图 5.31 中 B），这样一个基站覆盖相邻的一个以上的 Cell。

对于采用全向天线的基站站点，它只覆盖一个小区。对于采用定向天线的基站站点，它覆盖一个以上的小区。

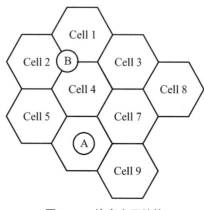

图 5.31　蜂窝小区结构

因此站点类型可分为：O 型站点和 S 型站点。

O 型站点是指全向性小区，即一个站点所有载频都服务于这个 O 型小区。

S 型站点是指扇区性小区，一般常用 3 扇区站点，即每个站点有 3 个扇区。

5.3.2　配置算法

1. 硬件单板说明

硬件单板主要包括如表 5.8 所示的 9 种单板，表中描述了单板的可配置情况。

表 5.8　单板配置说明

序号	单元组成	数量/单元	中文名称	备注
1	ZXTR B328　BCR	2	背板	-
2	ZXTR B328　FANS	1	风扇	-
3	ZXTR B328　BEMU	1	环境监控板	-
4	ZXTR B328 BELD	1	环境监控灯板	-
5	ZXTR B328 BCCS	可变	系统控制板	-
6	ZXTR B328 ET	可变	E1 转接板	只在 Iub 接口采用 E1 传输时才需要该单板
7	ZXTR B328 IIA	可变	基站 Iub 接口板	根据配置计算单板数量
8	ZXTR B328 TBPA	可变	基带处理板	根据配置计算单板数量
9	ZXTR B328 TORN	可变	光接口板	根据配置计算单板数量

影响 ZXTR B328 设备配置的因素主要有：

● ZXTR B328 所处理的载扇数目。载扇数目是 BBU 所处理容量的最主要指标。

● Iub 接口采用的接口方式：E1 还是 STM1。因为每块 IIA 最多只有 8 路 E1。

● 一个 TORN 只有 6 个 1.25G 光接口，每个光接口的容量为 24A×C（载波天线）。

● 基带板是否备份。如果基带板需要备份，需要多配置基带板。

2. 硬件配置原则

只允许先配置上层框，然后根据需要配置下层框。

每一层框中，在容量满足的情况下，尽量满足优先使用左边的 TORN 单板。

3. 硬件配置算法

假设该 B328 所覆盖的各站点数为 N_SITE，各站点的载波数为 N_CARRIER_i，各站点的扇区数为 N_SECTOR_i，各站点各扇区的天线数为 N_ATTENNA_i，各站点需要的 BBU-RRU 光纤数量为 N_FIBER__i。

ROUNDUP（x）表示向上取整。IF（条件，值 1，值 2）表示如果"条件"为真，取"值 1"，否则取"值 2"。

（1）各站点的总的载扇数 N_CS= SUM（N_CARRIER_i * N_SECTOR_i），i=1，…，N_SITE

（2）TBPA 单板数量 N_TBPA=ROUNDUP（N_CS/3）。如果考虑 *N*+1 备份，则 N_TBPA=ROUNDUP（N_CS/3）+1

（3）TORN 单板数目 N_TORN。BBU-RRU 之间的光纤数为网规输入参数，规划时上下层的光纤数分别计算,一根光纤的容量不能超过 24AxC(载波天线)。

N_TORN= ROUNDUP(N_FIBER1/6)+ ROUNDUP(N_FIBER2/6)

其中,N_FIBER1 为上层框所需的光纤数,N_FIBER2 为下层框所需的光纤数。

(4)BCCS 单板数目 N_BCCS=IF(N_CS <=36,1,2),如果要备份 N_BCCS=IF(N_CS <=36,1,2)*2

(5)Iub 口光口数、E1 数量为网规输入参数,但光口和 E1 一般只会用一种。无网规时按如下公式估算,Iub 口所需带宽(Mbps)= N_Carrier*N_Sector + 级联 NODE B 所需的带宽

E1 数量:N_E1=ROUNDUP(Iub 口所需带宽(Mbps)/(2*0.8))

Iub 口光口数:N_STM1 = Iub 口所需带宽(Mbps)/100

IIA 总数:N_IIA=IF(OR(N_E1>8,N_STM1>2),2,1) + IF(N_BCR =1,0,1)

(6)BCR 数量 N_BCR=IF(N_CS <=36,1,2)

(7)ET 单板数量。当 Iub 口采用 STM-1 传输时不需要 ET 板,当 Iub 口采用 E1 传输时,ET 单板数量=IIA 单板数量

(8)其他单板数量如表 5.9 所示。

表 5.9　其他单板配置

单板组成	数量/单元	备注
BEMU	1	1 块 BEMC 和 1 块 BEMS 构成 BEMU
BELD	1	-

5.3.3　典型配置

ZXTR B328 有许多种不同组合的配置方式,所有配置根据用户需求及网络规划确定。因此,对不同的应用站点,系统的配置形式各不相同。对于一个站点,一般典型的配置有全向站和三扇区站型。

表 5.10 给出了三种典型配置情况,其板位配置分别如表 5.11 ~ 5.13 所示。

表 5.10　单板典型配置

序号	单元(单板)名称	型号	基本数量		
			配置 A	配置 B	配置 C
1	E1 转接板	ZXTR B328-ET	1	0	0
2	Iub-ATM 接口板	ZXTR B328-IIA	1	1	2
3	控制时钟交换板	ZXTR B328- BCCS	2	2	4
4	环境监控单元	ZXTR B328-BEMU	1	1	1
5	塔放电源监控板	ZXTR B328- TTPM	1	1	1
6	基带处理板	ZXTR B328- TBPA	3	12	24
7	光接口板	ZXTR B328-TORN	1	2	4
8	环境监控灯板	ZXTR B328- BELD	1	1	1

1. 配置 A

配置 A 支持 1 个站点,每个站点支持 9 载扇,每载扇支持 8 个天线,Iub 口采用 E1 传输,

Node B 无级连。机架配置图如表 5.11 所示。

表 5.11　配置 A 的板位配置

1	2	3	4	5	6	7	8	9	10	11	12	13	14	15	16	17	18	19	20	21
TBPA	TBPA	TBPA				TORN								IIA			BCCS		BCCS	

2. 配置 B

配置 B 支持 2 个站点，每个站点支持 18 载扇，每载扇支持 8 个天线，Iub 口采用 STM-1 传输，Node B 无级联。机架配置图如表 5.12 所示。

表 5.12　配置 B 的板位配置

1	2	3	4	5	6	7	8	9	10	11	12	13	14	15	16	17	18	19	20	21
TBPA	TBPA	TBPA	TBPA	TBPA	TBPA	TORN	TORN	TBPA	TBPA	TBPA	TBPA	TBPA	TBPA	IIA			BCCS		BCCS	

3. 配置 C

配置 C 支持 4 个站点，每个站点支持 18 载扇，每载扇支持 8 个天线，Iub 口采用 STM-1 传输，Node B 无级联。机架配置图如表 5.13 所示。

表 5.13　配置 C 的板位配置

1	2	3	4	5	6	7	8	9	10	11	12	13	14	15	16	17	18	19	20	21
TBPA	TBPA	TBPA	TBPA	TBPA	TBPA	TORN	TORN	TBPA	TBPA	TBPA	TBPA	TBPA	TBPA	IIA			BCCS		BCCS	
TBPA	TBPA	TBPA	TBPA	TBPA	TBPA	TORN	TORN	TBPA	TBPA	TBPA	TBPA	TBPA	TBPA	IIA			BCCS		BCCS	

5.4　TD Node B R04 设备

随着 TD-SCDMA 技术的大力发展、成熟以及国家对该技术的支持，建设 TD-SCDMA 网络已经是大势所趋。

采用智能天线的 TD-SCDMA 技术导致馈线多，施工难度大，同时也加大了新兴移动运营商站址资源获取的难度。如何解决这些问题是影响 TD-SCDMA 能够大规模部署的一个重要因素。

采用基于基带池构架的 RRU 远置的 Node B 能够有效解决馈线多、施工难度大以及站址资源获取难的问题，是规模部署中的一种常用机型。

由前述可知，Node B 分为基带池 BBU 和远端射频单元 RRU。BBU 与 RRU 之间的接口为光接口，两者之间通过光纤传输 IQ 数据和 OAM 信令数据。

ZXTR R04 是符合 3GPP TD-SCDMA 标准的、基于基带拉远的一种 RRU，与 BBU 一起完成 TD-SCDMA 系统中 Node B 的功能。

ZXTR R04 施工方便，可以使运营商节省建网成本，快速开展业务，早日收回投资，从而满足运营商快速建网和盈利的需求。

R04 是 Node B 系统中的射频拉远单元，在 Node B 系统中的位置如图 5.32 所示。

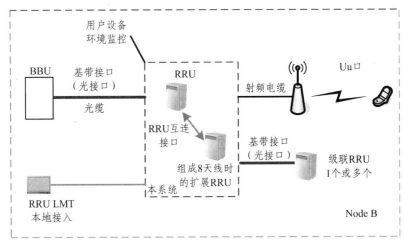

图 5.32 R04 系统在 Node B 中的位置

与 R04 相关的外部系统、功能说明及接口说明如表 5.14 所示。

表 5.14 外部系统、功能说明及接口说明

外部系统	功能说明	接口说明
BBU	基带资源池，实现 GPS 同步、主控、基带处理等功能	光纤接口
UE	UE 设备属于用户终端设备，实现与 RNS 系统的无线接口 Uu，实现话音和数据业务的传输	Uu 接口
扩展 RRU	R04 是 4 天线的 RRU 系统，组成 8 天线时需要扩展 RRU	控制接口和时钟接口
级联 RRU	实现 1 个或多个 RRU 级联	光纤接口
外部监控等设备	用户监控设备	干节点
RRU LMT	对 RRU 进行操作和维护，在 RRU 本地接入	以太网口

5.4.1 R04 的基本功能

（1）支持 6 载波的发射与接收。系统最多可以支持 6 载波的发射和接收，大大提高了系

统的容量。

（2）支持 4 天线的发射与接收。每个 ZXTR R04 支持 4 个发射通道和接收通道，从而支持 4 天线的发射和接收。

（3）支持 2 个 RRU 组成一个 8 天线扇区。2 个 RRU 共 8 个收发通道，可以共同组成一个 8 天线的扇区。

（4）支持 RRU 级联功能.RRU 提供上联光接口和下联光接口，能够使得 RRU 级联组网。

（5）通道校准功能。通过对发射通道和接收通道分别进行校准，使各个发射通道间达到幅相一致的要求，各个接收通道也达到幅相一致的要求。

（6）支持上下行时隙转换点配置功能。支持 BBU 对上下行时隙切换点的配置，支持的时隙切换点配置主要包括：

① 时隙切换点在 TS3 和 TS4 之间。

② 时隙切换点在 TS2 和 TS3 之间。

③ 时隙切换点在 TS1 和 TS2 之间。

（7）支持到 BBU 的光纤时延测量和补偿。

（8）发射载波功率测量。支持各发射载波、天线 DwPTS 时隙周期性功率测量。各载波、各发射通道分别测量，参考点为天线连接处。

（9）操作维护功能。主要包括故障管理、性能管理、安全管理、版本管理。

① 故障管理功能。系统提供远程告警上报、远程告警查询功能，同时提供本地告警查询功能。

② 性能管理功能。主要包括 CPU 利用率远程查询、内存使用率查询、光接口通讯链路性能统计查询、主备通信链路统计查询。

③ 安全管理功能。系统对并发访问进行控制，当多用户并发操作时，保证系统安全。

④ 版本管理功能。主要包括远程版本下载、远程版本信息查询、本地版本下载，本地版本查询、版本本地下载以及硬件版本信息查询等。多种版本管理功能在实际的组网应用中提供了多种选择性，从而方便用户工作。

（10）电源管理功能。主要包括本地射频通道电源管理，系统可以通过命令打开或者关闭本地射频通道电源、远程射频通道电源管理，以及断电告警。

（11）透明通道功能。系统提供一条到远程操作维护终端的透明通道，方便用户操作。

5.4.2　R04 的特点

1. 关键技术

（1）天线校准。

由于 BBU+RRU 支持智能天线，要求各收发通道幅相一致。但由于各收发通道的离散性，其幅相一致性能不能满足智能天线的要求，因此需要通过天线校准进行补偿。天线校准在 RRU 进行。

天线校准（AC）和功率校准（PC）一起为波束赋形和联合检测提供最优的条件。

（2）功率校准。

在 RRU 中，通过高精度的功率检测和补偿方法，使得收发通道模拟部分的误差得到降低，从而保证天线单元的准确的发射功率和接收通道准确的增益。

（3）通道时延测量。

智能天线对各通道时延一致性的要求比较高，在时延不一致的情况下需要产生相应的告警，并对通道重新同步。解决这一问题的方法是对通道时延一致性进行测量。

（4）主从概念。

当一个扇区配置 8 天线时，需要两个 RRU 才能实现。组成一个扇区的两个 RRU 之间的主从关系包括时钟主从、校准主从和控制主从。

（5）光接口通信。

系统提供两个光接口用于 RRU 的级联和环形组网。光接口速率为 1.25 Gbps，提供 24A×C 的容量。

（6）无线口同步。

无线口同步是指 Node B 间的 TDD 同步，采用 GPS 方式进行同步。

2．应用优点

（1）应用范围广。适用于密集城区、一般城区、城市郊区、县城、城镇等多种区域。

（2）功率大，覆盖面积广。

（3）容量大。系统支持 6 载波发射和接收，系统容量大。

（4）支持多种天线。系统支持多种天线，包括 8 天线圆阵列智能天线、8 天线线阵列智能天线、4 天线线阵列智能天线和非智能天线。

（5）避免馈线过长，方便工程安装。系统采用光纤拉远方式，避免射频馈缆太长，从而增大建设建网的工程量和成本，因此方便了工程安装。

（6）支持软件在线平滑升级。系统支持远程在线软件平滑升级，方便维护操作。

（7）支持远程操作维护，减少维护工作量。

（8）支持灵活的组网方式。系统与 BBU 配合支持星形组网、链型组网、环型组网以及混合组网，能够满足不同应用场景下的组网需求。

3．工艺结构特点

（1）采用自然散热形式的铝合金压铸壳体结构，整体结构分为上下壳体两部分，结构紧凑，体积较小，散热面积大，且批量生产成本低。

（2）壳体采用铝合金压铸成型，表面进行导电氧化处理，外表面喷漆（中兴银）。壳体的壁厚均匀，在壳体的外侧壁上设置有加强筋，用于增加强度。

（3）上下壳体之间有一对铰链，保证在开关壳体时不会损失内部的电缆。铰链直接和壳体铸在一起的。

（4）在上下壳体的侧壁上设置有两只把手，以方便各种场合下的搬运。同时为了便于工程现场进行吊装的需要，可在壳体的顶部加装吊环螺栓。

（5）设备的所有对外接口都分布在底部，所有电缆通过转接头进入壳体内部，电缆转接头都自带密封垫，以满足防水和防尘的要求。整机防护设计满足 IP65 要求。

本章小结

　　ZXTR RNC 是中兴通讯公司根据 3GPP R4 版本协议研发的 TD-SCDMA 无线网络控制器，该设备提供协议所规定的各种功能，提供一系列标准的接口，在系统实现上采用分布式处理方式，具有高扩展性、高可靠性和大容量等特点，可以平滑地向更高版本过度。本章将对 R4 版本的 ZXTR RNC 进行介绍。

　　首先讲解了 ZXTR RNC 功能和特点、RNC 的硬件结构、RNC 信号流程、RNC 系统配置。ZXTR B328 采用先进的工艺结构设计，主要提供 Iub 接口、时钟同步、基带处理、与 RRU 的接口等功能，实现内部业务及通信数据的交换。基带处理采用 DSP 技术，不含有中频、射频处理功能。

　　接下来主要介绍了 B328 的硬件结构、功能原理、组网方式以及系统配置。ZXTR R04 是符合 3GPP TD-SCDMA 标准的、基于射频拉远的一种 RRU。它和 BBU 一起能完成 TD-SCDMA 系统中 Node B 的功能。

　　最后简单介绍了 ZXTR R04 设备的基本功能、主要特点。

习　题

　　1. ZXTR RNC 具有哪些功能？

　　2. .ZXTR RNC 系统能够提供的业务有哪些？

　　3. ZXTR RNC 移动性管理包括哪些内容？

　　4. ZXTR RNC 系统具有哪些特点？

　　5. 请描述 RNC 在 TD-SCDMA 系统中的位置？

　　6. RNC 能提供哪些外部接口？

　　7. ZXTR RNC 系统有哪些功能模块？每个模块的主要作用是什么？

　　8. 请描述上行方向用户面 CS 域数据流向。

　　9. 基站 Node B 的主要功能有哪些？

　　10. B328 具有哪些特点？

　　11. B328 的硬件总体结构是什么？

　　12. B328 有哪些单板？每种单板的作用是什么？

　　13. R04 具有哪些功能？

　　14. R04 具有哪些特点？

实训二　TD-SCDMA 硬件配置

1. 实训目的

（1）学会实际需求分析。

（2）学会选择组网方式。

（3）学会硬件配置。

2. 实训内容

以实际配置过程学习 TD-SCDMA 硬件配置。

3. 实训步骤

（1）实例。

① 实际需求。

某地一业务区新建 1 套 RNC，4 个 O3（3 载全向）Node B 和 1 个 S3/3/3（3 载 3 扇）Node B，其中 1 个 O3 基站是光口，其他配置为 E1。其中数据用户比例为 8%，呼损 5%，每个用户话务量 0.02Erl。

② 组网分析。

本应用实例采用星形组网、三载波同频组网的方式。

RNC3 与 Node B_1 通过光纤直接互联，与 Node B_2、Node B_3、Node B_4、Node B_5 分别通过 2 条 E1（IMA 组）互联。Node B_1、Node B_2、Node B_3、Node B_4 配置 3 个全向小区，Node B_5 配置 3 个 3 扇区定向小区。

RNS 组网示意图如图 5.33 所示。

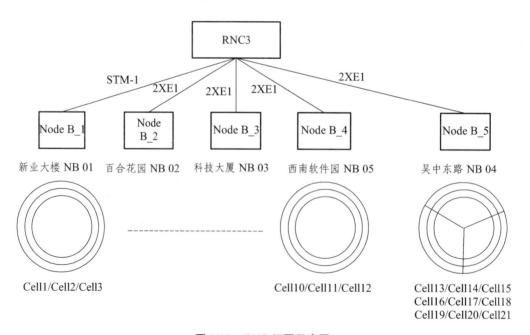

图 5.33　RNS 组网示意图

对于小区编码，如 2031，其中 2 表示 Node B 编号，03 表示频点编号（01，02，03 分别对应 2020.8、2022.4，2024），1 为小区编号（全向站为 1，定向站与扇区角度对应）。小区编号如表 5.15 所示。

表 5.15　小区编号

RNC 编号	基站 编号	物理 连接	扇区	频点中 心频率	天线 朝向	小区编码 （下行同步码/扰码）
RNC3	NB01	STM-1				
			cell1/2/3	2020.8	全向 天线	1011（16//61）
				2022.4		1021（16//61）
				2024		1031（16//61）
RNC3	NB02	2×E1				
			cell1/2/3	2020.8	全向 天线	2011（10//37）
				2022.4		2021（10//37）
				2024		2031（10//37）
RNC3	NB03	2×E1				
			cell1/2/3	2020.8	全向 天线	3011（27//105）
				2022.4		3021（27//105）
				2024		3031（27//105）
RNC3	NB05	2×E1				
			频点 2020.8	2020.8	0	4011（25//97）
				2020.8		4012（14//54）
				2020.8		4013（29//113）
			频点 2022.4	2022.4	120	4021（25//97）
				2022.4		4022（14//54）
				2022.4		4023（29//113）
			频点 2024	2024	240	4031（25//97）
				2024		4032（14//54）
				2024		4033（29//113）
RNC3	NB04	2×E1				
			cell1/2/3	2020.8	全向 天线	5011（32//125）
				2022.4		5021（32//125）
				2024		5031（32//125）

③ 配置实现。

● RNC 配置（单框）。

RNC 单框配置如表 5.16、5.17 所示。

表 5.16 RNC 控制框配置

1	2	3	4	5	6	7	8	9	10	11	12	13	14	15	16	17
R C B	R C B	R C B	R C B	R C B	R C B	R C B	I M A B	U I M U	U I M U	R O M B	R O M B	C L K G	C L K G	C H U B	C H U B	

表 5.17 RNC 资源框配置

1	2	3	4	5	6	7	8	9	10	11	12	13	14	15	16	17
S D T B	S D T B	S D T B	S D T A	I M A B	A P B E	A P B E	I M A U	U I M U	U I M U	R G U B			R U B	R U B	R U B	R U B

框 2 的 6 号槽位 APBE 端口 1 和端口 2 配置为 IuCS 和 IuPS 接口（光口）。

框 2 的 7 号槽位 APBE 端口 3 配置为 Iub 接口与 Node B_1 相连（光口）。

框 2 的 1 号槽位 SDTB 出 2×4=8 条 E1 分别与 Node B_2/Node B_3/Node B_4/Node B_5 连接。

灰色表示备板，可以不配置。

● Node B 配置。

NB01/NB02/NB03/NB04 支持 3 载全向，单框全配（8 天线）：TBPA（1 块）、TORN（1 块）、IIA（1 块）、BCCS（2 块）。

NB05 支持 3 载 3 扇，双框标配（8 天线）：TBPA（3 块）、TORN（1 块）\IIA（1 块）、BCCS（2 块）。

NB01 通过光口与 RNC 连接，NB02/NB03/NB04/NB05 通过 E1 与 RNC 连接。

（2）实　训。

① 要求。

某地一业务区新建 1 套 RNC，1 个 S1/1/1Node B、1 个 S3/3/3Node B、1 个 O1Node B，Node B 采用中兴 B328 设备、RRU 采用 R04 设备，其中 1 个 O3 基站是光口，其他配置为 E1。其中数据用户比例为 8%，呼损 5%，每个用户话务量 0.02Erl。

② 组网。

采用星形组网、三载波同频组网的方式。小区编号如表 5.18 所示。

表 5.18 小区编号

RNC 编号	基站 编号	物理 连接	扇区	频点中 心频率	天线 朝向	小区编码 （下行同步码/扰码）
RNC1	NodeB1	E1				
			cell 1	2010.8	0	1011（14//61）
			cell 2	2012.4	120	1021（16//70）
			cell 3	2014	240	1031（18//80）

续表 5.10

RNC 编号	基站 编号	物理 连接	扇区	频点中 心频率	天线 朝向	小区编码 （下行同步码/扰码）
RNC1	NodeB2	E1				
			cell 1	2010.8	0	2011（25//97）
				2010.8		2012（14//54）
				2010.8		2013（29//113）
			cell 2	2012.4	120	2021（25//97）
				2012.4		2022（14//54）
				2012.4		2023（29//113）
			cell 3	2014	240	2031（25//97）
				2014		2032（14//54）
				2014		2033（29//113）
RNC1	NodeB3	STM-1	O3			
				2010.8	全向	3011（32//125）
				2012.4		3021（32//125）
				2014		3031（32//125）

③ 配置分析。

● RNC 配置分析。

请在表 5.19 中写出 RNC 控制框配置，在表 5.20 中写出 RNC 资源框配置。

表 5.19　RNC 控制框配置

1	2	3	4	5	6	7	8	9	10	11	12	13	14	15	16	17

表 5.20　RNC 资源框配置

1	2	3	4	5	6	7	8	9	10	11	12	13	14	15	16	17

● Node B 配置分析。

写出所需的单板类型和数量。

④ 上机实训。

按照配置分析分别在 ZXTRRNC（3.0）和 Node B B328 设备上进行设备的配置。

第 6 章　移动通信基站安装

6.1　基站工程概述

移动通信基站是移动通信系统的重要组成部分。基站工程具有涉及面广，内外协作配合的环节多等特点，完成一期基站安装施工，需要进行多方面的工作（例如一个基站的安装涉及铁塔、电力、空调、天线、传输资源等），其中有些是前后衔接的，有些是左右配合的，有些是互相交叉的。随着通信技术的更新和发展，基础工程迫切需要一批专业技术能力强、知识面广、职业素养高的专业人员。

6.2　移动通信基站勘察与设计

基站的勘察与设计是无线移动网络建设的基础，它不仅体现了网络规划的系统设计水平，也决定了今后网络的格局。另外基站勘察与设计得好坏对网络运行的质量起着不可或缺的作用，因此基站的勘察与设计对安装、维护和网络规划工作的顺利开展有着重要意义。

基站勘测是确定基站布局的重要部分，基站的现场勘测包括光测、频谱测量和站址调查。光测针对基站周围建筑环境、自然环境进行；频谱测量针对电磁背景环境进行；站址调查针对天线、设备的安装条件、电源、传输供应进行。

基站勘察分为两部分：基站勘察、基站绘图。基站勘察分为室外勘察、室内勘察；基站绘图分为草图绘制、报告填写、正式图绘制。

6.2.1　基站室外勘察与设计

1. 室外勘察业务简介

确定基站的初始布局是规划网络的首要工作，具体包括：

（1）根据地理条件确定基站的理论位置。

（2）根据基站地理位置及气候条件确定基站主设备选型和天线选型。

（3）根据频带宽度决定频率复用方式。

（4）根据容量预测、话务分布、覆盖要求等条件，估计所需基站数量及单个基站配置。

（5）假定基站的有关参数（网络层次结构、发射功率、天馈系统、天线类型、挂高、方向、下倾角等）。

2. 准备工作

熟悉工程概况，尽量收集跟项目相关的各种资料，主要包括：工程文件、背景资料、现有网络情况、地图、配置清单；准备工具确保工具可用：数码相机、GPS 卫星接收机、指南针、尺子、便携计算机。

3. 覆盖要求

一个基站的覆盖范围主要取决于以下因素：服务质量指标，发射机输出功率，接收机的可用灵敏度，天线的方向性和增益，使用频段，传播环境，分集接收的应用。

4. 站址选择

在做好准备工作、了解覆盖要求以后，即可开始选择站址。在确定站址的过程中，需要考虑以下信息：原有网络情况，人口分布与当地习惯，城市结构及城镇分布，主要街道及其交通流量，山地、湖泊、河流、海岸线等自然环境，长远发展趋势等。站址选择的具体原则如下：

（1）对于城区基站，站址应尽量选择在规则蜂窝网孔中规定的理想位置，其偏差不应大于基站区半径的四分之一，以便频率规划和以后的小区分裂。

（2）基站的疏密布置应对应于话务密度分布。

（3）新建基站应建在交通方便，市电可用、环境安全及少占良田的地方；避免在大功率无线电发射台、雷达站或其他干扰源附近。

（4）在市区楼群中选址时，可巧妙利用建筑物的高度，实现网络层次结构的划分。

（5）新建基站应设在远离树林处以避开接收信号的衰落。

（6）新建基站必须保证与基站控制器（BSC）之间传输链路的良好连接。

（7）在建网初期建站较少时，选择的站址应保证重点地区有良好的覆盖。

（8）城区内基站站距一般不低于 500 m。

5. 天线选择

根据地形或话务分布情况可以把天线使用的环境分为以下几种类型：市区、郊区、农村、公路、山区、近海、隧道、室内等。

（1）市区基站天线选择。

① 常选用水平半功率角 60°～65°的定向天线。

② 一般选择 15 dBi 左右的中等增益天线。

③ 最好选择带有一定电下倾角（3～6°）的天线。

④ 建议选择双极化天线。

（2）郊区基站天线选择。

① 根据实际情况选择水平半功率角 65°或 90°的定向天线。

② 一般选择 15～18 dBi 的中、高增益天线。

③ 根据具体情况决定是否采用预置下倾角。

④ 双极化和垂直极化天线均可选用。

（3）农村基站天线选择。

① 根据具体情况和要求选择 90°、120°定向天线或全向天线。

② 所选的定向天线增益一般比较高（16～18 dBi）。

③ 一般不选预置下倾天线，高站可优先选择零点填充天线。

④ 建议选择垂直极化天线。

（4）公路基站天线选择。

① 一般选择窄波束、高增益的定向天线，也可以根据实际情况选择 8 字型天线、全向或

变形全向天线。

②公路基站对覆盖距离要求高，因此一般不选预置下倾角天线。

③建议选择垂直极化天线。

6. 天线高度设计原则

同一基站不同小区的天线允许有不同的高度。这可能是受限于某个方向上的安装空间；也可能是小区规划的需要。对于地势较平坦的市区，一般天线的有效高度为 25 m 左右。对于郊县基站，天线高度可适当提高，一般在 40 m 左右。天线高度过高会降低天线附近的覆盖电平（俗称"塔下黑"），特别是全向天线该现象更为明显。天线高度过高容易造成严重的越区覆盖、同/邻频干扰等问题，从而影响网络质量。

6.2.2　机房室内勘测

1. 机房位置的选取

机房位置应选择靠近顶层，最好是倒数第二层，以缩短传输线的长度以及避免机房受太阳照射节省空调消耗的能量；应尽量避开排水管道以保证内部干燥。对于站址为楼房，其楼梯应有足够宽度，以便通信设备及安装器材的搬运。

2. 机房的测量

机房面积应有 15 m² 以上，房高大于 2.9 m，机房楼板承重应大于 600 kg/m²。如果是规则的矩形则只要测量矩形的长宽高即可。如果不是矩形则需要根据实际情况测量相应的参数以确定机房形状。观察墙的四角是否有承重立柱突出部分，有的话则要测量其长宽。测量门宽以及门边与墙的距离。如有窗户，需对窗户下边沿距地高度、窗边与墙间距、窗高、窗宽进行测量。

3. 机房环境勘察

机房环境勘察项目及机房环境要求详如表 6.1 所示。

表 6.1　机房环境要求

勘察项目	要求说明
门窗	使用双层外包边钢制防盗门，内部填充防火材料；窗户原则上用防火板封死，对于不允许封死的窗户要用玻璃进行密封，玻璃表面贴防晒膜处理
照明	为便于施工和维护，20 m² 左右可采用 4 个 40W 的吸顶灯
墙面	不允许有开裂现象，并进行防漏、防潮处理
供电接入	一般采用三相四线制直接引入交流 380V 供电，室内需有 220V 的交流电源插座，以供后期维护使用
水暖管道	原则上机房内部水暖管道和阀门全部拆除，不能拆除的需进行防漏处理
地面	尽量避免采用预制板结构，机房楼板承重应大于 600kg/m²

4. 设备的布放

机房内设备一般包括：交流配电箱、电力保护箱、开关电源、传输设备、室内走线架、蓄电池、室内接地排、Node B 基站主设备、环境监控系统、空调等。机房内设备的一般布放原则如下：

（1）先要了解设备的基本性质，如采用的是什么设备、有几个机柜、设备背后（侧面）

是否需要维护，是光站还是微波站，采用几组电池组，各种设备的尺寸等。考虑地面承重，安装位置铺设工字钢加固。

（2）主要设备摆放因业务种类不同各有差异，应最大化利用机房空间。设备机柜（基站主设备机柜、传输设备、开关电源柜、微波机架等）应排成一条直线，与走线架外沿平齐，但要预留主设备扩容机位。可按照开关电源、传输综合柜、基站主设备自右向左排列（根据实际情况也可以自左向右）。设备布置合理，不能堵住门口。设备前面应有大于 1.2 m 的维护空间，后面留有至少 0.45 m 的维护空间。

（3）环境监控箱、交流配电箱、防雷箱应靠门壁挂安装，挂高离地大于 1.4 m。交流配电箱应靠门挂墙安装，离门 30～50 cm。室内接地排应靠近走线架挂墙安装。

（4）空调室内机安装于机房的屋角处，并考虑方便排水和室外机的连接。楼顶站室外机原则上安装于机房屋顶上。

（5）由于电池组较重，应放在梁上或靠墙分开放置，也可固定于加固工字钢上，平行排列，后沿距离墙面大于 10 cm；两组蓄电池之间应预留不小于 30 cm 的间距。

（6）基站馈线窗位置原则上应固定于房屋长方向两端的墙上，下沿距离地面 2.4 m，如果因房屋结构限制，可根据实际情况调整。

（7）走线架位置为馈线窗正下方，每 3m 一段水平连接一次，在荷重较大的地方设吊挂件或支撑件，爬墙走线架视具体情况而定。

（8）基站内部需配备至少 3 个悬挂式灭火器，2～4 个手持式灭火器；悬挂式灭火器须挂于开关电源、主设备和电池连接处正上方；手持式灭火器应放置在进门顺手侧靠墙地面上。

（9）清洁用品统一放置在门后，在空间不够的情况下，应放置在空调旁边。

某基站机房设备布放图（经 CAD 软件绘制）如图 6.1 所示。

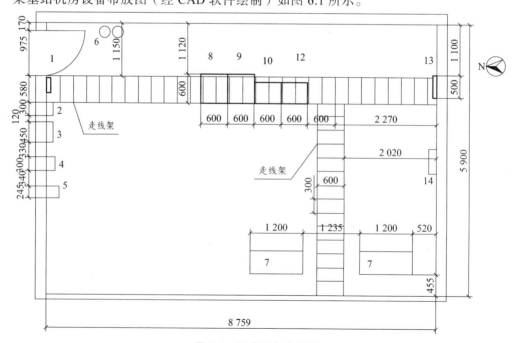

图 6.1　机房设备分布图

1—接地排　2—电力保护箱　3—交流配电箱　4—电力开关　5—环境监控箱　6—灭火器　7—蓄电池
8—开关电源　9—综合传输柜　10—GSM-BTS　12—Node B　13—馈线窗　14—空调

5. 勘察文件及图样

勘测完成后，需对勘察记录进行整理，主要包括勘察草图、勘察数据与表格、勘察照片等。然后要提交完整的勘测报告。网络规划部工程师要完成工程参数总表中关于基站勘测部分数据，将这些数据交办事处和网络规划部存档。将这些数据提交工程设计人员，由其完成现场勘测报告统一提交运营商签字并归档。

勘测结束后，需要与运营商再次开会，讨论勘测出现的问题，确认勘测结果，不能达成共识的需要签署《勘测备忘录》，请运营商签字认可并存档。

（1）基站勘察报告。准确规范的文档能为随后的网络规划、优化工作提供依据，是工程质量的有力保障，也是将来网络扩容规划的依据。主要包括网络建设背景、预规划方案、基站工程参数表、基站分布图以及现场拍摄的照片等。

（2）工程参数总表。工程参数总表简称工参总表，它是对基站勘察的简要总结，是在运营商提供的相关数据的基础上，结合现场勘察记录完成的。工参总表的内容需随着网络的发展而实时更新，常采用 EXCEL 电子表格形式记录，记录内容一般包括站名、Cell-Name、经/纬度、站型、天线类型、挂高、角度、频率、扰码等。

（3）基站勘察备忘录。为了避免遗忘造成的信息偏差，及时发现备选站点存在的问题，制定应对方案，因此勘察结束后，需要与局方再次开会，讨论勘察出现的问题，确认勘察结果，不能达成共识的需要签署基站《勘察备忘录》，由运营商签字认可并存档，以便后期监测跟踪。

（4）现场勘察记录表。每个基站都有一张现场勘察记录表，并按照要求做出现场勘察，主要包括基站天线安装位置、各扇区工程参数、天线周围环境等信息。

（5）小结。以上所讲为基站勘测的一些基础知识和勘测流程，在实际勘测中还有很多更为复杂的因素需要注意。基站勘测与设计工作的本质就是移动通信网络规划，有大量的工作技巧需要从业人员在实际工作中体会和领悟。

6.3　基站设备及天馈安装

6.3.1　基站主设备安装

1. 机房设备布置时应考虑的原则
（1）应综合考虑基站子系统的设备和机房内其他系统设备布局，注意整齐、美观、合理。
（2）应考虑设备线缆的布放方便和合理性，线缆应尽量避免交叉。
（3）应充分考虑以后的扩容机位。
（4）应考虑机房楼板的负荷。
（5）应按设备情况预留设备的维护空间。

2. 设备机架安装固定
（1）机架位置、朝向应符合施工图纸要求。
（2）安装完毕后，机柜要求牢固、稳定，用手摇晃机架不应晃动。

（3）机架安装时垂直度误差≤0.1%，可用吊线锤测量。如达不到垂度要求时，可用铅皮或薄铁皮垫平。地面不平时适当加用金属垫片以达到机柜四角受力均匀。

（4）各机架之间垂直缝隙偏差≤3 mm，几个机架排列在一起，设备面板应在同一平面、同一直线上。当需要调整机架位置、水平或垂直度时，可用橡皮锤轻敲机器底部（不得用铁锤直接敲打设备），使之达到要求。

（5）机架背面必须保留不小于 0.8 m 的距离，侧面最小离墙 1 m 摆放，以保证有足够的维护空间。

（6）机架内设备单元的安装。要求所有的设备单元安装正确、牢固，无损伤、掉漆的现象。安装数量符合设计文件规定，无设备单元的空位应装有盖板。

3. 设备综合接地

（1）基站的直流工作地、保护地应接入同一地线排，地线系统采用联合接地方式。根据《移动通信无线基站接地系统建设工程验收规范 v1.0（试行）》的规定，接地电阻要求小于 5 Ω，部分地处高山周边土壤电阻率大于 3 500 Ωm 的基站，当接地建设确有难度时，接地电阻可以适当放宽到 10 Ω 以下；基站地网应符合联合接地及等电位原理。

（2）地线引上敷设 3 根接地引入线，一根连接到机房大地排；一根连接到机房小地排；一根用于室外天线第三点接地。3 根接地引入线不得同接点引入。

（3）不同类型的设备要单独接入地线排（如无线架、电源架、天馈线、AC 屏等），并在地排线处注明。

（4）拉进机房的母地线必须直接连到室内地线排上，不能再经过任何设备（如交流屏）才下地，必须直接落地。

（5）设备的母地线。无线设备的母地线应采用截面积不小于 35 mm^2 多股铜缆。设备母地线要求沿着走线梯内侧布放，且用绑带固定在走线梯边上。

（6）机房内各设备（开关电源、传输设备、数据设备、室内走线架、空调内机）接地排（柱）均应接至室内地线排上，要求连接可靠，布线尽量短直。地线连接线两端均应压接相应规格的铜鼻子。

（7）入机房的接地引入线。从机房地网引接点引进机房的接地引入线用材料为40mm×4 mm 的热镀锌扁钢或截面积小于等于 95 mm^2 多股铜缆，需要将其接到机房的接地汇集线上。

（8）馈线的母地线。馈线的母地线末端严禁与走线梯相连接，并必须做好绝缘处理。

（9）设备与母地线相接方向要求顺着地线排的方向。走线梯上母地线的每个接地点只能接一个设备，严禁两个或以上设备同接在母地线的同一点上。

（10）对于无线机架和其他设备，应用截面积为 25 mm^2 的接地线与母地线连接。

4. 标签

要求机架内部和机架之间的所有连线、插头都贴有标签，并注明该连线的起始点和终止点，不能有手写标签。标签应该粘贴或绑扎牢固。

5. 机房孔洞封堵

机房所有孔洞在设备安装（即使用完后）完后，皆应封堵，以保证机房的防虫、防水、防鼠。可用水泥砂浆和防火泥封堵孔洞。

6.3.2　基站天馈线系统的安装

基站的天馈系统规范如图 6.2 所示。

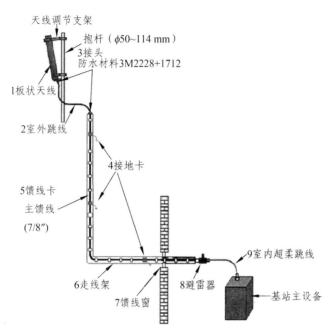

图 6.2　基站天馈系统安装示意图

1. 天线的安装

（1）天线必须牢固地安装在其支撑杆上，其高度和位置符合设计文件的规定。

（2）对于全向天线，要求天线与铁塔塔身之间距离不小于 2 m；对于定向天线，要求不小于 0.5 m。

（3）天线应安装牢固，同一扇区的天线朝向及下倾角应相同；全向天线安装时必须与地平面保持垂直。

（4）天线的主瓣方向附近应无金属物件或楼房阻挡。

（5）天线抱杆应超出天线顶端至少 10 cm。

（6）天线安装位置需注意防雷。天线及室外设备均要安装在避雷针 45°保护角范围内。

（7）要确认避雷针已直接连入地网。

2. 天线跳线安装

（1）天线跳线接头对准天线接口，拧牢。天线跳线可在天线吊至铁塔之前连接好，并进行防水处理，可减少高空作业时间，并提高接头连接和防水质量。

（2）天线安装完毕后，将天线跳线理顺，并绑扎固定到铁塔或天线抱杆上，跳线绑扎时，有以下要求：

① 使用防紫外线扎带对天线跳线进行绑扎，天线跳线的绑扎应该整齐美观、无交叉。

② 天线跳线的最小弯曲半径应不小于天线跳线半径的 20 倍。

③ 对于 1/2″跳线而言，一次性弯曲的弯曲半径最小为 50 mm。反复弯曲的弯曲半径最小为 125 mm，弯曲次数不得大于 15 次。

3. 馈线的安装

（1）馈线的型号、规格应符合工程设计要求。

（2）布放馈线路由应符合安装工艺要求，馈线从塔顶应顺护栏边梯而下，走向合理、平滑、顺直，不得有交叉、飞线、扭曲、裂损等情况。垂直方向每隔 1 m 左右用馈线卡与塔梯固定，水平方向每隔 1.5 m 左右用馈线卡与室外走线架固定。

（3）软馈在与天线或设备接口处至少要保证 20 cm 以上笔直，且馈线卡要远离接口 20 cm 以上。

（4）馈线每隔 40～50 cm 左右要用黑扎带由上而下将各扇区馈线绑扎在一起。

（5）馈线拐弯应圆滑均匀，弯曲半径应大于馈线外径 15 倍。

（6）馈线进入馈线窗之前应做滴水弯，切角大于 60°。

（7）施工时馈线两头应贴标志，标志应贴在明显位置，具有永久性，字迹应清楚端正。标志上标明扇区、收发和馈线长度，其长度偏差不超过 1 m。

（8）馈线夹用于固定馈线于走线梯上，使馈线走线整齐美观。对于不同线径的馈线，馈线夹的固定间距如表 6.2 所示。

表 6.2　馈线固定距离表

	1/2 ″ 馈线	7/8 ″馈线	5/8″　馈线
馈线水平走线时	1.0 米	1.5 米	2.0 米
馈线垂直走线时	0.8 米	1.0 米	1.5 米

当馈线和跳线需要弯曲时，要求弯曲角保持圆滑，其弯曲曲率半径不能小于如表 6.3 所示的规定。

表 6.3　馈线曲度表

线　径	二次弯曲的半径	一次性弯曲的半径
/2″	210 mm	70 mm
7/8″	360 mm	120 mm

4. 天馈系统的防水要求

（1）1/2″跳线与馈线、天线的连接与密封步骤。

① 将天线跳线与主馈线、天线接头连接并拧紧。

② 对接头进行防水密封处理。馈线接头防水处理方法如图 6.3 所示。

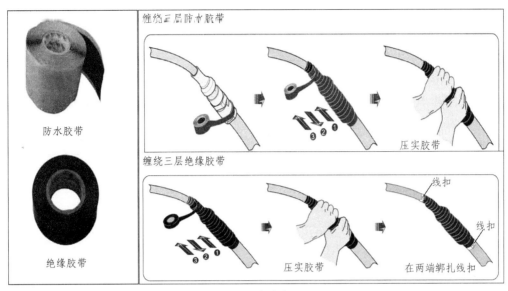

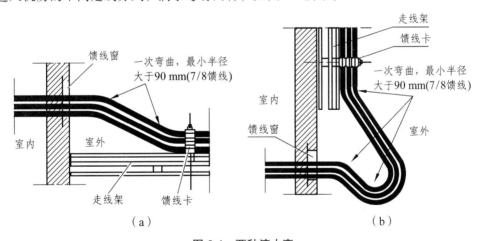

图 6.3　接头防水处理

（2）馈线进入机房，要保证馈线不会将雨水引入机房，必须做滴水弯。根据馈线通过馈线窗进入机房的不同走线方式，滴水弯有两种，如图 6.4 所示。

图 6.4　两种滴水弯

6.4　基站配套安装

1. 蓄电池安装要求

（1）电池架的安装应符合的要求。

① 电池架排列位置应符合施工图规定，偏差不大于 10mm。

② 电池架排列平整稳固，水平偏差每米不大于 3mm，全长不大于 15mm。

③ 铁架与地面加固处的膨胀螺栓在安装前应进行防腐处理。电池铁架各个组装螺栓、螺母及漆面脱落处应补喷防腐漆。

④ 在房屋结构设计不符合电池安装标准的机房，应事先加钢梁进行加固。

⑤ 在要求抗震的地区按设计要求，电池架应采取抗震措施加固。

（2）电池的安装要求。

① 安装的电池型号、规格、数量应符合施工图设计。

② 安装中不得损坏电池外壳。电池各列应排放整齐，前后位置、间距适当，应符合工程设计要求。每列外侧应在一直线上，其偏差不大于 3 mm。电池应保持垂直与水平，底部四角均匀着力，如不平整应用油毡垫实。

③ 电池标志、比重计、温度计应排在外侧。

④ 电池间隔偏差不大于 5 mm，电池间的连接条应磨平，连接螺栓、螺母拧紧，在连接条、螺栓、螺母上应涂一层防氧化物或加装塑料合盖。

⑤ 电池体安装在铁架上时，应垫缓冲胶垫，使之牢固可靠。

⑥ 各组电池应根据母线走向确定正负极出线位置，电池组及电池均应设有清晰的明显标志。

⑦ 隔离板、棍应无裂纹、弯曲、漏插。组装间距相等，平直整齐、高低一致。

⑧ 阀控式密封蓄电池应用万用表检查电池端电压和极性，以保证极性连接正确。

电池安装效果如图 6.5 所示。

图 6.5　电池安装效果图

2. 交、直流配电设备安装要求

（1）各种设备排列整齐，垂直度误差不超过机架高度的 1.5‰。列架机面平直，每米偏差不大于 3 mm，全列偏差不大于 15 mm。

（2）设备安装位置应符合工程设计要求，其偏差不大于 10 mm。

（3）安装的设备、附件的型号、规格应符合工程设计要求。

（4）施工中应保证设备结构无变形，表面无损伤，机内部件无碰损、无卡阻、无脱落、无损坏。

（5）在需要抗震的地区，按工程图要求，机架安装应采取抗震措施。地震设计烈度为 8 度及以上的基站，其机架应与房屋柱体连接牢固。

（6）机架面漆应保持完整、清洁，颜色应基本一致。

（7）部件组装要稳固、整齐一致、接线正确无误。

（8）机架与部件接地线安装牢固。防雷地线与机框保护地线的安装应符合工程设计要求。

电源设备安装效果如图 6.6 所示。

图 6.6　电源设备安装效果

3. 电源线及信号线布放要求

（1）电源线、信号线及铜、铝接线端子、螺栓、螺母的规定和型号必须符合施工图设计的规定。

（2）电源线应外皮完整，必须是整段材料，中间不得有接头和急转弯。直流电源线、交流电源线应分开敷设，避免在同一线束内。

（3）电源线应走线方便、整齐、美观，与设备连线越短越好，同时不应妨碍今后的维护工作。

（4）直流电源线、交流电源线、信号线必须分开布放，避免在同一线束内。详见图 6.7、6.8。其中直流电源线正极外皮颜色应为红色，负极外皮颜色应为蓝色。电源线敷设时，应保持其平直、整齐，转弯应均匀圆滑，铠装电力电缆弯曲半径不得小于外径的 12 倍，塑包线和胶皮电缆转弯半径不得小于外径的 6 倍。绑扎松紧适度，间距均匀。线扣多余部分应齐根剪掉，做到剪后不扎手，线扣头放在隐蔽处。

（5）机房布线、架间连线及各部件连线应正确无误，接触良好，焊接光滑。不得碰地、短路、断路。严禁虚焊、漏焊。

图 6.7　电源柜内线缆布放效果

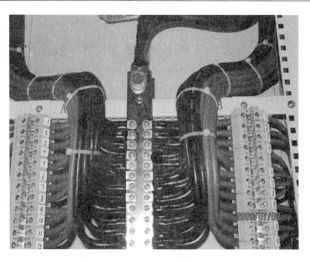

图 6.8　电源柜线缆布放效果

（6）电源线与设备连接时应符合的要求。

① 截面在 10 mm² 以下的单芯或多芯电源线可与设备直接连接，即在电线端头制作接头圈，线头弯曲方向应与紧固螺栓、螺母的方向一致，并在导线与螺母间加装垫片，拧紧螺母。

② 截面在 10 mm² 以上的多股电源线应加装接线端子，其尺寸应与导线线径相吻合，用压（焊）接工具压（焊）接牢固，接线端子与设备的接触部分应平整，在接线端子与螺母间应加装平垫片和弹簧垫片，拧紧螺母。其效果如图 6.9 所示。

③ 电源线与设备端子连接时，不应使端子受到机械压力。

④ 较粗的电源线进入设备的一端应将外皮剥脱，并编扎塑料绝缘带，各电源线编扎长度一致。较细的电源线进入设备时在端头处直接套上带有色谱的绝缘套管。交流电源线应以黄色标识 A 相线、绿色标识 B 相线、红色标识 C 相线、紫色标识不接地中性线、黑色标识接地中性线；直流电源线应以红色标识正极线、以蓝色标识负极线。套管松紧适度，长约 2～3 cm。

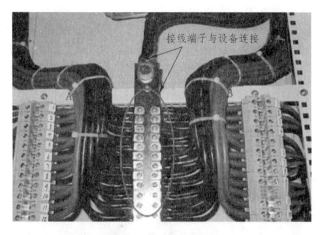

接线端子与设备连接

图 6.9　接线端设备连接

（7）信号线与设备端子连接时应符合的要求。

① 信号线与设备连接时，应用剥线刀把电缆端头剥开，分线按色谱顺序，不得将每组芯线互绞打开。

②接线时根据设备情况可按如下要求进行：使用绕线枪往设备接线端子板的端子上绕接。线径为 0.4～0.5 mm 时绕 6～8 圈，线径为 0.6～1.0 mm 时绕 4～6 圈；用专用烙铁往设备端子板的端子上焊线，做到焊接光滑，无假焊、错焊、漏焊，无短路，芯线露铜应小于 2 mm；使用专用工具往设备端子板的端子上进行压接，压接时做到用力均匀，使芯线与端子接触牢固。

③无论采用何种方法，芯线从端子根部开始，不宜漏铜，芯线不得有损伤。

（8）若电源线、信号线布放在地槽中，电缆不宜直接与地面接触，宜用橡皮垫子或横木条垫底。

（9）沿墙布放电源线、信号线时，应将其牢固卡在建筑物上，间隔均匀、平直。如电缆为铅皮应接地良好；如电缆为塑料外套，应使用绝缘子绝缘。电源线穿越上、下层或水平穿墙时，应使用防火封堵材料将孔洞堵实。

（10）电源线、信号线穿越上、下楼层或水平穿墙时，应余留"S"弯，孔洞应加装口框保护，完工后应用阻燃和绝缘板材料盖封洞口，其颜色与地面或墙面基本一致。

（11）电源线弯曲时，弯曲半径应符合规定。铠装电力电缆的弯曲半径不得小于外径的 12 倍，塑包线和胶皮电缆不得小于其外径的 6 倍。

（12）室外直埋电缆敷设深度应符合工程设计要求。一般不小于 60～80 cm。当遇有障碍物或穿越公路时应敷设穿线钢管或塑料管。直埋电缆敷设前应检查绝缘电阻、绝缘强度、导电率，不合格的要及时更换。直埋电缆的地沟底层应铺一层细砂土，电缆入土后，再铺 5cm 厚的细砂土，后铺一层红砖，最后回土、填平。

（13）电源线穿越钢管（塑料管）时，钢管管径、位置应符合施工图设计要求，管内清洁、平滑。电源线穿越后，管口两端应密封。非同一级电压的电力电缆不得穿在同一管孔内。

6.5　基站防雷与接地

为了防止移动通信基站遭受雷害，确保基站内设备的安全和正常工作，确保建筑物、站内工作人员的安全，提高网络运行的安全系数，实施移动通信基站的整体防雷与接地工作是十分重要的。移动通信基站防雷与接地牵连若干复杂问题，实施防雷工程应本着整体防雷、综合治理、全方位系统防护的原则，按规范统筹设计、统筹施工。因此我国相关部门制定了一些标准和规范，如下：

中华人民共和国原信息产业部标准《移动通信基站防雷与接地设计规范》YD5068—98；

中华人民共和国原信息产业部标准《通信工程电源系统防雷技术规定》YD5078—98；

原邮电部标准《通信局（站）接地设计暂行技术规定》YDJ26—89；

国家标准《建筑物防雷设计规范》GB 50057—94；

原邮电部标准《微波站防雷与接地设计规范》YD 2011—93；

国际电工委员会（IEC）标准《Protection of Structures against Lightning》IEC 61024；

国际电工委员会（IEC）标准《Protection against lightning electromagnetic impulse》（雷电电磁脉冲的防护）IEC 61312；

国际电信联盟 ITU-T SG5 相关建议书：K.11（过电压和过电流保护的原则）；K.27（电信大楼内的连接结构和接地）；K.34（电信设备电磁环境条件分类）；K.35（远端小型机房的连

接结构和接地）；K.40（电信中心对雷电电磁脉冲的防护）。

1. 基站铁塔的防雷与接地

（1）根据国家标准《建筑物防雷设计规范》的规定，结合十年来的运行经验，利用基站铁塔和常规避雷针，可以有效地防止直击雷的危害。避雷针宜采用圆钢或焊接钢管制成。

处于海边、山上的基站，当铁塔高度超过 30 m 时，宜安装既能防直击雷又能抑制感应雷的新型避雷针。新型避雷针的雷电通流量应大于等于 300 kA。

（2）移动通信基站铁塔本身与防雷地网应两点以上焊接连通，以确保多点泄放雷电流。如通信铁塔在建筑物顶部，建筑物内有主钢筋时，应保证铁塔与建筑物主钢筋以及建筑物主钢筋与防雷地网之间两点以上焊接连通，连接材料可采用不小于 40 mm×4 mm 热镀锌扁钢或Φ12 热镀锌圆钢，并对焊接处进行防腐处理。

（3）若移动通信基站铁塔顶部设有塔灯时，应严格按照《移动通信基站防雷与接地设计规范》YD5068—98 的 3.2.2 条执行，同时要求塔灯必须在避雷针的有效保护范围内。

2. 天馈线系统的防雷与接地

（1）移动通信基站天线应在避雷针的保护范围之内，接闪器的高度应按滚球法计算。

（2）基站同轴电缆馈线的金属外护层，应在上部、下部就近与铁塔或地网相连通，在机房入口处的接地应就近与接地汇集排妥善连通。当铁塔高度大于或等于 60 m 时，同轴电缆馈线的金属外护层还应在铁塔中部增加一处接地。

（3）同轴电缆线进入机房后，在连接到基站设备前应安装馈线避雷器以防止来自天馈线引入的感应雷。参照基站设备提供商的天馈方案和公司以前的运行维护经验，建议馈线避雷器安装在主馈线和下跳线的接口处，接地端子应就近接到馈线入口处的接地排上。

（4）馈线避雷器技术参数要求。

工作原理：波导分流方式；

阻抗为 50 Ω；

连接接头：7/16 DIN，N；

工作频段为 850 ~ 960 MHz，1 700 ~ 1 900 MHz；

插入损耗≤0.1 dB；

驻波系数≤1.15；

平均功率≥300 W；

雷电通流量≥20 kA；

残压峰值≤200 V（放电电流为 1.5 kA 等级）。

（5）考虑到馈线的维护对网络影响较大，因此应选用免维护或少维护、满足双频系统应用的馈线避雷器，如图 6.10 所示。

3. 供电系统的防雷与接地

（1）由于供电传输线路长、架空传输，并且试验证明雷电波的最大能量的谐波分量分布在工频附近，因此，雷电波极易从供电线路耦合进入，且耦合度很高。因此电源线路上防雷与接地就尤为重要。

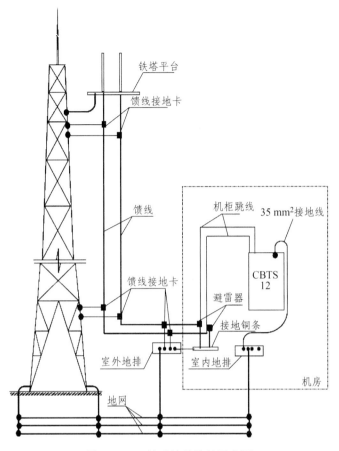

图 6.10　天馈系统的接地示意图

（2）移动通信基站的交流供电系统应采用三相五线制供电方式。进入移动通信基站前或电力变压器高压侧的供电线路应按照规范 YD5068—98 中 3.1.2～3.1.5 和 5.0.2，5.0.3 条会同当地电力部门妥善处理。进入移动通信基站的低压电力电缆宜从地下引入机房，具体要求按照 YD5068—98 中 3.1.6 条文处理。

（3）普通基站供电线路的防雷处理。

考虑电源避雷器残压的影响，移动通信基站的 220/380 V 应进行多级过电压防护，如图 6.12 所示。

① 当 220/380 V 供电线路进入基站时，应首先在进站后的第一配电处进行第一级避雷保护，技术参数要求：

响应时间≤25 ns；

雷电通流量≥100 kA（雷电冲击电流波为 8/20 us）；

残压峰值≤2.6 kV（放电电流为 5 kA 等级）；

损坏告警指示、监控触点；

为防止避雷器件损坏而造成短路故障，避雷器输入端应设空气开关，容量不小 80A；

为便于观察和统计雷击发生情况，应安装雷击计数装置。

② 在机房内配电箱的输入端加装相应的第二级电源避雷器，技术参数要求：

响应时间≤25 ns；

雷电通流量≥40 kA（雷电冲击电流波为 8/20 us）；

残压峰值≤1.3 kV（放电电流为 5 kA 等级）；

损坏告警指示、监控触点；

为防止避雷器件损坏而造成短路故障，避雷器输入端应设空气开关，容量不小 80A。

③ 在第一级和第二级电源避雷器之间的供电线路应有 10 m 以上的间距，当间距达不到要求时，应加装退耦器件；站内只有一处配电时宜优先选用两级合一的复合型避雷器。

④ 移动通信基站使用高频开关电源时，应选用装有电源避雷器的产品。直流配电输出端依据基站实际需要，选择性地加装直流电源避雷器。

4. 电源避雷器的接地

（1）对于第一级避雷器如果供电线路为 TN-S 三相五线制或单相三线制，则应将 PE 线作为避雷器接地线；如供电为 TN-C 三相四线制或单相二线制，应按规范 YD5068—98 的 3.1.5 条款改为 TN-C-S 局部三相五线制或局部单相三线制，将 N 线重复接地，再从接地点并接一条新的 PE 线，同时作为电源避雷器的接地线。

（2）机房内的交流配电箱处应实行三相五线制或单相三线制，或是如上条所述的局部三相五线制。其中的 PE 线接配电箱及电源第二级避雷器接地线；不是三相五线制或单相三线制时，应从机房地网汇集排单独引出地线作为 PE 地线。

（3）直流避雷器的接地线可直接接机房接地汇集排。

（4）电源避雷器的接地线应尽量短、粗，可根据长短选择 16～35 mm^2 多股铜线，连接必须可靠。

5. 注意事项

如果供电系统电压波动过大，需要加装稳压器时，宜装在第二级电源避雷器之前。基站供电防护如图 6.11 所示。

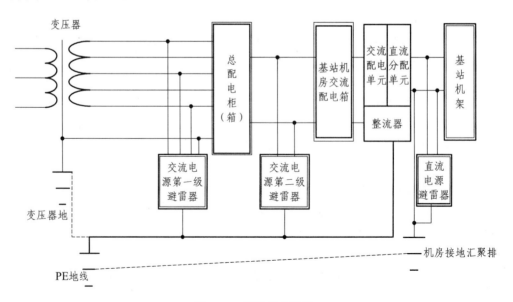

图 6.11　基站供电防护

说明：

① 对进入基站后的电源线应进行多级过电压防护，一般采取两级避雷措施：第一级交流电源避雷器一般安装在基站总配电柜（箱）前；第二级电源避雷器安装在基站机房内交流配电箱输入端；应保证第一、第二级电源避雷器之间的供电线路有 10 m 以上距离。

② 基站电源一般在电源的输入端和输出端均已有过压保护装置，可根据基站实际需要，在电源直流输出端或设备前端加装直流电源避雷器。

③ 如基站的低压电力线通过架空引入，或者变压器在基站范围内，高压电力线架空引入，建议在变压器低压侧或低压电力线入楼前加装能防直击雷、大能量的电源加强型避雷器。

6. 机房内的地线布置

① 机房内的工作接地、保护接地、走线架、避雷器等可共用一个室内接地汇集排。各接地线宜短、直。

② 有条件的基站可建设成环状的接地汇集排，并通过至少 2 条接地引入线，从相距大于 5m 的机房地网引接点引出。

③ 接地汇集排（线）及接地引入线的规格应按照规范 YD5068—98 的 4.3 和 4.4 条款执行。

7. 移动通信基站的联合接地系统

移动通信基站应按均压、等电位的原则，将机房地网和防雷地网（包括铁塔、建筑物防雷地网）组成一个联合地网。

移动通信基站的工作地及室外防雷地应在联合地网上不同的引接点引出，引接点相互距离不应小于 5 m。

① 联合地网的制作应按 YD5068—98 的 4.1.2 和 4.1.7 条款要求，充分利用地网的面积和接地体的散流效果，接地引接点应尽量从地网中心位置引出。

② 郊区、山坡新建基站时，要考虑地网的建设问题。独立铁塔与机房不能靠得太近，铁塔地网与机房应有 3 ~ 5 m 间距。

③ 移动通信基站联合地网的接地电阻应小于 5 Ω。接地体的埋设应严格按照 YD5068—98 的 4.2.1 ~ 4.2.5 条款要求执行。如果在高土壤电阻率地区，按照普通方法施工，接地电阻无法符合要求，可采用换土、添加无腐蚀性降阻剂、深井钻孔法等办法。不允许采用在远处低土壤电阻率处建设地网，再用电缆或扁钢长距离引入基站内的接地办法。

本章小结

随着通信事业的发展，通信系统的安全性、稳定性、可靠性、经济性、全天候服务已经成为通信运营商的竞争核心。本章从移动通信基站工程实施入手，全面讲解了基站勘察设计、基站设备安装工艺、配套设施设备以及防雷接地。通过讲解基站安装工程实施的全部过程，意在贯穿培养从业技术人员严谨、务实、高标准、严要求、全天候服务的职业素质，适应通信行业发展要求。

习　题

一、选择题

1. 对于基站防雷，一般包括以下哪些？（　　）。

A 天馈防雷　　　　B 电源防雷　　　　C 接线防雷　　　　D E1 防雷

2. 正常情况下，电气设备接地部分对地电压是（　　）V。

A 380V　　　　　　B 220V　　　　　　C 1V　　　　　　　D 0V

3. 交流接地包括（　　）。

A 交流工作地　　　B 保护接地　　　　C 防雷接地　　　　D 机壳屏蔽接地

4. 直流接地包括（　　）。

A 保护接地　　　　B 工作接地　　　　C 防雷接地　　　　D 机壳屏蔽接地

5. 基站的现场勘测包括光测、频谱测量和站址调查　（　　）。

A 光测　　　　　　B 频谱测量　　　　C 站址调查　　　　D 室外勘察

6. 基站的覆盖范围主要取决于哪些因素　（　　）。

A 服务质量指标　　　　　　　　　B 发射机输出功率，接收机的可用灵敏度

C 天线的方向性和增益　　　　　　D 使用频段、传播环境、分集接收的应用

二、简答题

1. 简述接地系统的组成。
2. 简述联合接地的概念及其优点。
3. 简述天馈系统的防水标准。
4. 简述基站电源线信号线布放工艺。

实训三　基站勘测设计

1. 实训目的

培养学生综合运用所学的基础理论、基础知识、基本技能进行分析和解决实际问题的能力，使学生掌握基站勘测原理，基站勘测的流程及工作内容、无线网络规划所需要的天线知识，无线传播理论，不同频段电磁波的传播特性。

2. 勘测工具

手持 GPS、指南针、相机、测距仪

3. 实训内容

学生通过所学知识进行基站勘察并且对新建基站进行规划。该基站的覆盖范围为半径 500 米。具体步骤如下：

可行性：首先找一块位置相对空旷的地区，至少应保证所建基站 100 m 范围内没有其他障碍物。拿出指南针，找到正北方向，以正北方向为 0°，每隔 45° 为步长顺时针用相机拍下周围的景物，然后用 GPS 定位，得出新建基站的经纬度及海拔高度。

由于所建基站在学校内部，因此主要覆盖区域为教学楼。初步设计将基站建在 6 号楼楼顶，可以保证障碍物不会造成影响。

测量基站的方位角：找到基站，然后将指南针正对天线，将指南针尽量水平放置，用一只眼看目镜，要注意目镜、指南针表盘的黄线刻度、外壳中间的铜线形成一条直线。这时可以初步得出基站的方位角。

新建基站与邻近基站的距离：可以通过 GPS 经纬度来确定。

新建基站与人在地面的夹角：目测。

楼层高度：可以通过测距仪测量整栋楼高度。

通过以上步骤可以得到新建基站的高度。

除此之外，还要考虑到楼层与楼层之间的距离，同样用测距仪进行测量。

当得出各种数据后，着手绘制手制图及 CAD 图。

最后完善基站勘察信息表。

4. 撰写勘测设计报告

主要内容包括建站的可行性分析、建设思路、拟建基站技术条件、基站覆盖方向图片、CAD 效果图。

实训四　移动通信基站安装质量检查

1. 实训目的

（1）熟悉基站主设备的安装规范。

（2）熟悉天馈系统的安装规范。

（3）熟悉基站电源的安装规范。

（4）熟悉防雷接地的安装规范。

2. 实训内容

安装移动通信基站。按照检查质量表格对学校通信机房进行逐项检查并记录。

（1）硬件安装检查。请按如表 6.4 所示进行逐项检查并记录。

表 6.4　硬件安装检查质量表

验收项目	验收类别	验收结果	备注
硬件安装工程量的完成情况	硬件安装工程量的完成情况	□通过　□部分通过　□未通过	
机架安装工艺检查	设备标签、相关标识检查	□通过　□部分通过　□未通过	
	机架安装的检查	□通过　□部分通过　□未通过	
	机架安装后的测试检查	□通过　□部分通过　□未通过	
走线架及线槽的安装工艺检查	支撑、吊挂，走线架和线槽安装的检查	□通过　□部分通过　□未通过	
	非震区与震区的抗震加固检查	□通过　□部分通过　□未通过	
	上走线、下走线的安装检查	□通过　□部分通过　□未通过	
设备接地网检查	防雷接地的检查	□通过　□部分通过　□未通过	
	机架、终端、电源、配线架接地要求及线径检查	□通过　□部分通过　□未通过	
	特殊情况接地检查	□通过　□部分通过　□未通过	

续表 6.4

验收项目	验收类别	验收结果	备注
电缆的布放工艺检查	架间电缆的布放检查	□通过 □部分通过 □未通过	
	直流电源电缆的布放检查	□通过 □部分通过 □未通过	
	中继电缆的布放检查	□通过 □部分通过 □未通过	
	网线的布放检查	□通过 □部分通过 □未通过	
	光纤的布放检查	□通过 □部分通过 □未通过	
机框和单板的安装检查	机框的安装检查	□通过 □部分通过 □未通过	
	单板的安装检查	□通过 □部分通过 □未通过	
机台和外围终端设备的安装检查	终端电缆的布放检查	□通过 □部分通过 □未通过	
	终端设备的安装检查	□通过 □部分通过 □未通过	
	告警箱的安装检查	□通过 □部分通过 □未通过	
配线架的安装检查	DDF/MDF 架安装检查	□通过 □部分通过 □未通过	
	ODF 架安装检查	□通过 □部分通过 □未通过	
电源模块、熔丝开关的安装检查	电源模块、熔丝开关及标签的安装检查	□通过 □部分通过 □未通过	
隐蔽工程的检查	电缆过孔洞、楼层时的隐蔽处检查	□通过 □部分通过 □未通过	
供电检查	机架供电检查	□通过 □部分通过 □未通过	
	机框供电检查	□通过 □部分通过 □未通过	
	单板试通电检查	□通过 □部分通过 □未通过	

（2）天馈系统安装检查。

① 天馈安装工艺检查。请按如表 6.5 所示进行逐项检查并记录。

表 6.5　天馈安装工艺检查质量表

检查内容	检查规范	现场状况（如没有问题请填 OK，有问题请具体说明）
馈线、小跳线安装固定检查	馈线布放符合规范（有无硬弯等）	
	馈线有无外伤、凹扁等	
	馈线卡固定是否牢固	
	馈线卡是否缺损	
	馈线与室外跳线连接是否牢固	
	室外跳线弯曲是否符合标准	
	馈线与室内跳线连接是否牢固	
	室内跳线弯曲是否符合标准	
馈线接头检查	馈线接头是否松动	
	馈线接头是否锈蚀	
馈线标识	工程馈线标识有否	

续表 6.5

检查内容	检查规范	现场状况 （如没有问题请填 OK，有问题请具体说明）
馈线夹	馈线夹是否有生锈	
胶泥	是否有漏液现象	
馈线接地	数量	
	是否有生锈、缺失现象	
密封窗检查	机房馈线密封窗及密封圈检查 （是否密封、有漏水现象）	
回水弯检查	馈线及跳线的弯曲是否符合标准	
	馈线是否有回水弯（无的话，注明 具体情况，是否有走线架等）	
天线抱杆检查	安装是否牢固且垂直	
天线固定	检查天线固定是否良好（注意记录 是用钢箍或钢扎带固定）	
	天线紧固件齐全，有无缺损、有无 锈蚀等现象	
天线防水检查	天线有无漏水现象，天线各端口的 密封程度是否良好	
天线周围环境检查	天线正面无阻挡；周围无工程杂物、 无障碍物	
GPS 天线检查	GPS 天线无阻挡；无漏水现象；	
	GPS 天线安装的位置，记录其安装 的位置是否有隐患，如走线架或爬 梯边上人员容易碰触等	
	GPS 天线固定是否牢固，固定件有 无锈蚀，是否垂直	

② 天馈性能验收。请按如表 6.6 所示进行逐项检查并记录。

表 6.6　天馈性能验收质量表

序号	测试项目	规范标准	测试工具及方法	验收结果
1	天馈线系统 电压驻波比	天馈线系统电压驻波比≤1.5	驻波测量仪	
2	馈线外观	馈线外观应无损伤	现场检查	
3	馈线路由走向 及布放工艺	符合设计要求；进入机房前有防水弯；馈线转 弯处曲率半径大于 15 倍馈线外径；室内距馈线 窗 1 m 处必须有卡子固定馈线窗，且密封良好	现场检查	
4	馈线防雷接地	符合设计要求，馈线避雷器应就近与室外接地 排相连。导线截面大于 16 mm^2		
5	单极化天线 分集距离	同一小区的两个接收天线水平间距不小于 4 m	卷尺	
6	馈线卡子间距	两卡子的间距在 1 m 左右		

（3）基站电源安装检查。

① 交流配电箱检验。请按如表 6.7 所示进行逐项检查并记录。

表 6.7　交流配电箱检验质量表

序号	测试项目		标准	检测方法	验收结果
1	绝缘要求		设备机内布线、二次布线绝缘电阻不小于 2 兆欧	500v 兆欧表	
2	显示	输入电压（V）	与显示值比较	电压表	
3		输入电流（A）	与显示值比较	电流表	
4	安装牢固				
5	防雷保护		交流输入端有浪涌保护	与说明书对照	
6	是否预留移动油机输入接口		满足设计要求	观测	
7	监控模块故障		仍能正常工作	断开监控模块	
8	设备厂商、型号				

② 组合开关电源检验。请按如表 6.8 所示进行逐项检查并记录。

表 6.8　组合开关电源检验质量表

序号	测试项目		标准	检测方法	验收结果
1	绝缘要求		设备机内布线、二次布线绝缘电阻不小于 2 兆欧	500v 兆欧表	
2	显示	输入电压（V）	与显示值比较	电压表	
3		输出电压（V）	与显示值比较		
4		输入电流（A）	与显示值比较	电流表	
5		输出电流（A）	与显示值比较		
6	告警	市电停电		拉闸	
7		市电恢复	正常	合闸	
8		熔断器断		拔熔断器	
9	机内压降（V）		符合说明书	电压表	
10	浮、均充电性能		应能手动、自动转换	观测	
11	均分负载不平衡度		不大于 ±5%	接假负载，观测	
12	输出杂音	衡重杂音	≤2 mV	杂音计	
13		峰峰值杂音	≤200 mV（0～20 MHz）		
14		宽频杂音	≤50 mV（3.4～150 KHz）		
15		宽频杂音	≤20 mV（150～30 000 KHz）		
16	限流保护		自动降压	接假负载，接可变的输入电压	
17	过流保护				
18	输入过压保护		自动关断		
19	输入欠压保护				

续表 C.0

序号	测试项目	标准	检测方法	验收结果
20	一次下电	电压低于一次下电设定值，一次下电负载断开	断开蓄电池，调整流模块设定值，改到保护设定值，一次下电	
21	二次下电	电压低于二次下电设定值，二次下电负载断开	断开蓄电池，调整流模块设定值，改到保护设定值，二次下电	
22	防雷保护	交流输入端有浪涌保护	与说明书对照	
23	监控接口	正常	正常监控	
24	监控模块故障	仍能正常工作	断开监控模块	
25	设备厂商、型号			

③ 蓄电池检验。请按如表 6.9 所示进行逐项检查并记录。

表 6.9　蓄电池检验质量表

序号	测试项目	标准	检测方法	验收结果
1	环境温度	-15℃~+45℃ 条件下应能正常使用	如条件所限不能测试，由供货商提供原厂对本机的原始测试记录	
2	安装位置	排列整齐、符合设计要求	外观	
3	水平偏差	每米不大于 3 mm，全长不大于 10 mm	钢尺	
4	电池外观	外壳不得有损坏现象，极板不得受潮、氧化、发霉，通气性能良好	外观	
5	蓄电池结构	蓄电池正负极应便于连接，有明显标志。蓄电池端子应用螺栓、螺母连接		
6	蓄电池的气密性	应能承受 50 KPa 的正压或负压而不破裂、不开胶、压力释放后壳体无残余变形。	外观	
7	抗震措施	按照设计要求，采取加固措施	外观	
8	连接条	连接条紧固螺钉力矩符合说明书要求；连接条压降小于 10 mV；连接条需涂抹凡士林、导电膏或加阻燃绝缘罩	万用表	
9	荷载	符合设计要求		
10	电源母线	符合设计要求		
11	端电压均衡性	静态：各单体之间开路电压差值 ≤20 mV；动态：进入浮充状态 24 小时后，各单体电池端电压≤90 mV	万用表	

续表 6.9

序号	测试项目	标准	检测方法	验收结果
12	容量试验 （10 小时放电率或 3 小时放电率）	放电电流 $1.0I_{10}$ 终止电压 1.8V，容量达到 C_{10}	放电记录表格由供货商提供	
		放电电流 $2.5I_{10}$ 终止电压 1.8V，容量达到 $0.75C_{10}$	放电记录表格由供货商提供	
13	容量保存率	蓄电池静置 28 天后起容量保存率不低于 97%	如条件所限不能测试，由供货商提供原厂对本机的原始测试记录	
14	使用寿命	在浮充状态下不少于 8 年以上	如条件所限不能测试，由供货商提供原厂对本机的原始测试记录	
15	设备厂商、型号			

④ 直流配电箱检验。请按如表 6.10 所示进行逐项检查并记录。

表 6.10　直流配电箱检验质量表

序号	测试项目		标准	检测方法	验收结果
1	绝缘要求		设备机内布线、二次布线绝缘电阻不小于 2 兆欧	500v 兆欧表	
2	显 示	输入电压（V）	与显示值比较	电压表	
3		输入电流（A）	与显示值比较	电流表	
4	安装牢固				
5	直流输入容量		符合设计要求		
6	直流配电分路数量、容量		符合设计要求		
7	监控模块故障		仍能正常工作	断开监控模块	
8	设备厂商、型号				

⑤ 电源系统配置检验。请按如表 6.11 所示进行逐项检查并记录。

表 6.11　电源系统配置检验质量表

电源系统配置验收指标					
序号	项目名称	标准	验收方法	备注	验收结果
1	市电引入容量	符合设计要求	查验市电引入开关的容量、引入电缆截面、交流配电箱容量	三条中有一条不符合设计要求，即为不合格	

续表 6.11

电源系统配置验收指标			
2	电源浪涌保护器的容量	符合设计要求		
3	开关电源模块容量	符合设计要求	开关电源的总容量应按负荷电流和电池的均充电流（10 小时率充电电流）之和确定，并考虑 $n+1$，其中 n 为主用	如无备用模块即为不合格
4	直流配电箱	符合设计要求	直流配电箱输入容量、配电分路数量、容量	
5	蓄电池的容量、组数	符合设计要求	应设置两组蓄电池	
6	蓄电池的使用年限（扩容基站）			验收结果仅登记使用年限，不判定是否合格

（4）防雷接地检查。请按如表 6.12 所示进行逐项检查并记录。

表 6.12　防雷接地检查质量表

序号	测试项目	规范标准	测试工具及方法	验收结果
1	外市电引入防雷与接地	用低压电力电缆从地下引入，电力电缆在进入机房前应加装第一级防雷器（一般为最大通流量应为 80～100 kA），如果电力线架空引入，则防雷器应向上增加一个量级		
2	开关电源的防雷	开关电源内部的第二级防雷器		
3	天馈线系统（室外）防雷与接地	天馈线金属外护套应在上、下和机房入口处三点接地，机房入口处的接地线应接在室外地排上，当塔高超过 60 米时还应在铁塔中部增加一处接地		
4	天馈线系统（室内）防雷与接地	馈线进入基站后与设备连接处应安装馈线防雷器，其接地端子应引到室外接地排	观测	
5	直流拉远馈线	直流拉远馈线必须采用有金属护套（金属屏蔽层）的电力电缆，且在入机房馈线窗口处金属护套层必须接地		
6	直流室外防雷箱	为了确保 RRU 的安全，应在 RRU 直流输入处加装直流室外防雷箱。厂家如果确认该接口不需要另外加防雷器，可以在厂家签字后，不再要求安装直流室外防雷箱		
7	室内直流配电防雷箱	为了确保基站内设备不因直流拉远馈电线将雷电引入，机房内必须在直流拉远馈电线处安装直流配电防雷箱，不管厂家是否称接口有无保护。按照信息产业部标准要求，一般直流室内防雷箱应由各个分公司提供		

续表 6.12

序号	测试项目	规范标准	测试工具及方法	验收结果
8	开关电源输出侧直流防雷器	开关电源输出侧直流防雷器，开关电源输出侧必须加装直流防雷器		
10	防雷器功能要求	应具有劣化指示、损坏告警、保险跳闸告警（箱式）、遥信、雷电记数等功能		
11	光缆、电缆防雷与接地	光缆、电缆宜由地下进出机房，光缆加强芯及金属护套层必须接地		
12	走线架、机架或机壳、吊线等铁架设施的防雷与接地	基站机房内地线引线用 $16 \sim 35 \text{ mm}^2$ 的多股铜导线，小型设备可以 4 mm^2 的多股铜导线（如光端机、BBU、RRU 等）		
9	防雷器检测要求	所有防雷器必须有信息产业部通信产品防雷质量监督检验中心的检测报告，并且通过信息产业部符合性认证	落实查看有无信息产业部通信产品防雷质量监督检验中心的检测报告，必要时打电话落实	
13	地网	施工工艺规范，符合设计要求	查验隐蔽工程记录及竣工图纸	

第 7 章　移动通信基站维护

7.1　基站维护概述

移动通信基站是移动通信系统的重要组成部分，加强基站的维护管理是保障通信畅通的必要举措。为了保证移动基站设备的正常运转，提升网络各项指标，确保通信安全畅通，需要对这些基站设备进行定期或不定期日常巡检和不定期的故障抢修来进行维护。基站维护的基本任务就是保证基站及其设备的完整良好，预防故障并尽快排出故障。维护工作的目的是一方面通过正常的维护措施不断改进设计和施工工作中的遗留问题；另一方面，在基站出现故障时能及时处理，尽快排出，提供稳定、优质的通信服务。因此维护工作应该遵循"预防为主，抢防结合，先急后缓，顾全大局"的原则。

7.2　基站设备的维护与抢修

7.2.1　基站日常巡检

基站巡检是基站日常维护的一项重要工作，是防御基站发生故障的重要措施，是维护人员的主要任务。通过基站巡检可以了解和检查基站设备的运行状况，消除隐患，防止故障发生，因此维护人员必须按照规定定期巡检。在重要的通信期间（如国庆及其他重要假日），维护人员需根据区内的情况增加巡检次数并做好节日值守保障工作。

每一个月的基站巡检工作能够及时了解设备的运行情况，对存在安全隐患的设备能够及时进行处理。具体的检查范围包括基站主设备、基站交流配电设备、开关电源、基站蓄电池、基站空调、基站动力环境监控设备、基站传输设备、基站天馈线系统、基站机房安全设施。检查项目包括工作电压、工作电流、有无告警、运转情况、设备连线情况、环境卫生以及基站所存在的各种安全隐患。

1. 日常巡检具体项目

（1）基站主设备。检查各模块的指示灯是否正常，对有告警的用 OMT 软件查出并及时处理，各模块之间的连线机柜顶部馈线传输线接地线是否连接紧固，测量机柜系统电压是否在正常范围值内，更换防尘网，对设备进行清理。

（2）基站交直流配电设备。基站交直流配电系统为整个基站提供电能，如果交直流系统出现故障将导致整个基站退服。日常巡检时主要测量动力引入三相交流电压、开关电源三相相线电流、中性线电流、直流输出电压、直流输出电流等；导线、熔断有无过热现象、开关电源有无告警、一次下电及二次下电电压、蓄电池组参数是否正确等；零线地线连接是否正确，接地线可靠，地阻小于 5 Ω，交流配电箱空气开关及电缆连接良好，不存在安全隐患；交流配电箱内防雷器无损坏，防雷空开合上，浮充电压和负载电流正常，交流配电屏指示灯、告警信号正常；交流电压供电回路的接点、空气开关、熔丝、闸刀等有无温度过高现象；变压器是否有漏油现象，跌落式开关是否良好。

（3）基站蓄电池。基站蓄电池主要是在市电中断的情况下能短时期为基站主设备提供电能。如果蓄电池性能减退时不能为主设备提供足够的电能，在发电不及时的情况下将直接导致退服，因此在日常巡检时主要测量蓄电池组的单体电压、馈电母线电流、软连线压降、连接体处有无松动腐蚀现象、电池壳体无渗漏和变形极柱、安全阀周围无酸雾酸液逸出、定期紧固电池连接条、清理灰尘，并做电池容量测试，掌握蓄电池的健康情况。

（4）基站空调。基站主设备和蓄电池对环境温度要求都很高，温度过高或过低都直接导致基站退服，而且高温对蓄电池的使用寿命也有致命的影响。根据维护经验，基站因空调故障而导致的退服占退服总数的 25%，因此应对基站空调的维护给予重视。日常巡检时主要测量工作电压、工作电流、制冷剂有无泄露、清理防尘网、检查冷凝器、定时清洗冷凝器、排水管通畅、无漏水现象以及自启动是否正常等。

（5）基站动力环境监控设备。监控设备负责采集基站设备的电流、电压、温度、烟感、水浸等信息量，及时反馈给监控，做到早发现早处理。日常巡检时重点检查各传感器是否正常，可以人为产生告警，检查告警能否正常上传，并与机房校对数据。

（6）基站传输设备。传输设备也是重点检查项目之一，日常巡检检查设备有无告警，如果有告警，则要各机房进行确认，并及时进行处理。清理设备防尘网、光缆、传输线、光纤、接地线走线整齐、捆绑有序、标签完好和有效、防静电手环可用等。

（7）基站天馈线系统。检测天线馈线是否无松动、接地是否良好、标签有无脱落、分集接收和驻波比是否在正常数值范围内，对超出范围值的天馈系统要进行及时处理。

（8）基站机房安全设施。基站周围无杂草、易燃物、楼面/墙体无开裂、门窗无破损、钥匙可用、防盗设施完整可用、基站地面无渗漏、塌陷、地漏或空调排水顺畅、洞孔封堵严密，照明、灭火设备可用。对地网设施被损、线缆布线凌乱、接头松动，电源线过载发热、标志标签不全或脱落的进行整改。基站主设备维护范围包括主基站、直放站、室内分布系统、微蜂窝、边际站。

2. 基站主设备维护范围

基站主设备维护范围包括主基站、直放站、室内分布系统、微蜂窝、边际站。

基站主设备巡检维护内容包括：

（1）设备是否正常运行，设备供电是否正常，设备有无告警。

（2）基站过滤网、风扇的检查、清洗或更换。

（3）每次巡检都必须在基站所在各小区用移动公司的 GSM 手机拨打一次以上的当地电话和手机（用本小区信号），确认基站正常运行，每次通话时长要超过 1 分钟。

（4）负责对基站故障的判断与处理。发现不能处理的故障，要及时上报移动公司相关部门申请技术支持，并安排技术骨干配合故障处理。

（5）维护过程中的坏件要在 3 个工作日内送分公司以便及时送修，同时填写送修单并作好送修记录。

（6）配合各类割接测试。

（7）在恶劣天气（冰雹、雷雨、大风等）时，加强对 VIP 基站等重要基站的巡视。

3. 基站空调系统巡检

（1）维护范围及内容。

范围：基站空调的室内外机、防盗网。

内容：空调自启动检查、设备清洁、空调运行情况检查。

维护界面划分：空调的故障维修由空调代维公司负责维修（维修费用含在空调单项代维费中），基站代维公司负责空调的日常维护（日常巡检和保洁）。

（2）维护要求。

① 检查内容：空调制冷效果、电压、电流负载、排水情况、滴水、漏氟、风机风扇是否运转、接地等情况。

② 检查自启动装置、主备倒换等功能，对每台空调的室内机（含滤网）和室外机进行清洗，并进行主备对调。

③ 对空调设备进行全面保养，设备完好率为 100%。

④ 基站空调故障造成室温过高，处理时限为 12 h。

⑤ 空调温度控制正常，无安全隐患。

⑥ 定期清洗设备（部件）。

⑦ 检查并及时处理空调各种告警。

⑧ 检查空调三相相序是否正常。

4. 基站动力系统

维护范围及内容范围：基站交流系统、直流系统设备、蓄电池、接地系统等。

维护界面划分：基站的交流系统一直要维护到基站从业主或供电部门提供交流接入的端子。

具体维护要求如下：

（1）开关电源系统及 UPS。

① 记录开关电源的品牌、型号和标准浮充电压及电流，记录机架数量、整流模块数量、总容量等。

② 检查告警指示灯、仪表显示是否正常，检查开关、接触器接线端子接触是否良好。

③ 测量直流输出电压并校对显示值，检查充放电电路是否正常。

④ 检查接线端子的接触是否良好，检查接地防雷设备及各避雷模块是否正常。

⑤ 接地保护检查。测量直流熔断器压降或温升（温升应低于 80 ℃），检查模块的负荷均分性、直流输出限流保护功能。

⑥ 参数设置检查。检查电源线尤其是绝缘线是否老化。

⑦ 检查继电器、断路器、风扇是否正常，每月检查 UPS 的输入输出电压，各接点是否接触良好，每半年检查切换功能是否正常。

（2）交流配电维护。

① 记录交流配电箱的品牌、容量。

② 检查交流配电箱，电缆连接及空气开关是否良好，是否存在安全隐患（裸露金属）。

③ 检查指示灯、告警信号是否正常。

④ 检查交流引入线周围环境是否正常，注意供电电缆的地面有无施工、挖掘现象。

⑤ 检测交流供电回路的接点、空气开关、熔丝、闸刀等有无温度过高现象（用红外点温计测量）。

⑥ 测量交流电压、电流（三相或单相），并与设备上自装仪表指示相比较，注意与前次测试结果比较。

⑦ 测量三相交流电零线电流，测量零线、地线之间的交流电压，如果发现零线、地线之间电压高于 5V 基站，立即组织人员整改（相关费用由移动公司根据实际情况支付）。

⑧ 检查避雷器是否良好。

（3）变压器维护。

① 记录变压器的品牌、型号、容量，检查变压器室是否漏水，堵塞进水和小动物的孔洞，检查接触器、闸刀、负荷开关是否正常。

② 检查功率补偿屏的工作是否正常，各接头是否有氧化，螺丝是否有松动，检查避雷器及接地引线。

③ 检查变压器油位，检查变压器和电力电缆的绝缘。

注：需由电业部门进行的变压器维护由代维公司出面协调。

（4）交流稳压器。

① 记录交流稳压器的品牌、型号、容量。

② 定期清扫交流稳压器各部分，特别是炭刷、滑动导轨和变速传动部分。

③ 机械传动部分及电机减速齿轮箱要定期加油润滑。

④ 检查链条松紧度是否正常，检查交流稳压器的自动转旁路性能是否正常，检查各种保护性能，检查输出电压是否正常。

⑤ 检查交流稳压器内各电气设备温度是否正常（红外点温计）。

（5）蓄电池。

① 记录电池的品牌、型号。

② 蓄电池单体电压测量、记录。

③ 连接体处有无松动、腐蚀现象，电池壳体有无渗漏和变形极柱，安全阀周围是否有酸雾酸液逸出。

④ 检查蓄电池外壳的温度是否过高（用红外电温计测量）。

⑤ 检查引出线及端子的接触情况，电缆及连接头子压降（包括极柱螺栓的紧固）。

⑥ 放电检查，断开交流开关，模拟停电，蓄电池放电 15～20 分钟，观察蓄电池供电情况是否正常，合上开关是否正常。

⑦ 核对性放电实验（每年一次）及容量实验（每三年一次）。

（6）油机设备的维护。

① 记录油机的品牌、型号、功率。

② 检查启动、冷却、润滑、燃油系统是否正常。

③ 对启动电池添加蒸馏水并进行充电。

④ 定期空载或加载试机。

⑤ 定期对油机发电机组保养维护。

（7）变换器、逆变器等。

① 记录变换器的品牌、型号、容量，检查告警指示、显示功能。

② 接地保护检查，检查继电器、断路器、风扇是否正常。

③ 检查负载均分性能，检查接线端子、开关、接触器件的接触是否良好。

④ 检查输出电压、电流是否正常。

7.2.2　基站的故障处理与抢修

一般的基站故障可分为以下几类：基站硬件故障、基站软件故障、交流引入故障（短路、断路、更换开关及熔丝、更改室内外走线、停电后恢复供电等）、直流故障（更换开关、熔丝，更换整流模块，更换监控模块，修改开关电源参数等）、蓄电池故障、空调故障、基站传输排故障、基站动力环境监控设备故障。

（1）当基站出现断站故障时应首先考虑电源、传输及温度问题。通过监控查看基站交流、直流供电电压，可初步判断断站原因。电源部分问题主要有以下几方面：① 交流电压无。首先，与当地电业部门、电工确认是否停电，若未停，判断电表是否欠费（磁卡或电子计费类电表）；其次，可能是自用变压器或市电引入部分及交流配电部分有问题，应携带发电机进行发电，并联系电工配合处理；若是打雷导致交流空开跳闸或防雷模块损坏，到基站闭合开关，更换模块，并测试基站地阻值，正常单站地阻值应小于 5 Ω。② 交流电压正常，直流电压低。一般为开关电源整流模块部分问题，携带相应型号备件到基站进行更换。

（2）当传输中断引起断站时则要仔细分析传输中断原因。导致传输中断的主要原因有三方面：供电、光路、电路。检查传输障碍时，要做到谨慎、细致、保持清醒的头脑、仔细观察、不要轻易动手。传输问题并不仅仅影响一个基站。看好并确认标签，不要动与本次障碍无关的设备和线路；轻拿轻放，光纤非常脆弱，不要弯折，开关综合柜门时，不要用力撞击，防止振动导致其他线路连接松动，将障碍扩大。现在用的传输不论是光路还是电路都使用收、发两条传输线。通常可用光功率计对光纤进行受光功率测试，这样可立刻判断出是光路问题还是电路问题。在排除供电原因后，再根据传输拓扑结构，看是单个基站传输中断还是相关联的基站传输都断，若是单个基站传输中断，则检查本站及上端站传输设备的工作状态；若是相关联的多个基站传输中断，则一般为光缆问题或两端节点站问题。请传输机房值班人员配合在传输网管上查看光端机是否有光 R-LOSS 告警，有告警并且当地或上端站未停电，一般为光缆故障。排除光路问题后，检查电路即我们平时说的 2M。首先在 DDF 架对交换侧进行环回，即用终端塞对光端机出来的 2M 信号分别进行环、断，询问机房传输状态。若正常，说明故障点在基站侧；若原来的状态未改变，说明故障点不在本基站侧，可能是传输机房跳线或电路状态被改变所导致。基站内问题可以逐段排查。

（3）温度异常导致断站通常都是由机房空调故障引起的。当环境温度超出安全范围（0～55℃）时，设备板卡将会出现异常，一般在监控机柜下方有一个温度传感器，当局部温度超出安全范围，设备自动保护，造成 BTS 或光端机退服。冬季的应急措施是先用电吹风对传感器加热，对基站设备进行复位，恢复基站运行，再采取升温和保温措施，出入时关严门，避免冷风直接吹到机柜。夏季开门通风降温，尽快修复空调故障问题。

（4）基站告警。与 BSC 联系确定告警类别及告警代码。根据告警代码分析障碍原因。出发前需要根据告警来准备相应的备件和工具，避免由于没有备件而导致障碍处理超时。经常遇到的告警主要有分集接收或驻波比告警、RU 硬件故障、IDB 数据库问题、温度超出安全范围（0～55℃）[正常范围 5～45℃]。

（5）分集接收或驻波比告警。对分集接收和驻波比告警的处理方法基本一样，唯一不同的是分集接收是接收路径上发生的问题，驻波比是发射路径上发生的问题。分集接收丢失告警可能是 TRU、CDU、CDU 至 TRU 的射频连线或天馈线故障引起的。现网运行的基站天馈线接错的可能性不大，用 OMT 读取告警，使用 Site Master 进行测量，可以检查 CDU 前 1/2 馈线至天线段是否有问题。当驻波比值大于 1.4，通过故障定位查出故障点，再根据距离判断故障点，一般小于 6 m 时是室内接头问题，主要检查柜顶接头和室内尾纤与 7/8 馈线接头、CDU 至 TRU 的射频连线主要检查接口是否松动、连接是否正确。对 TRU 或 DXU 复位后，分集接收告警会消失，这并不表示故障解决了，半小时或一两天后还会出现。分集接收告警是当告警计数器达到门限值后才提示，因此必须要找到原因并彻底解决。

（6）有很多故障并非基站硬件故障，而是因为 BSC 的参数设置不对。如果参数设置错误，发射机也将无法工作，因此基站维护人员一定要掌握必要的 BSC 知识，这样对故障的判断才能迅速、准确。基站内出现的告警可能会各种各样，掌握了基础知识，处理起来就避免了盲目性。障碍处理的能力是随着经验的积累而逐渐增长的，处理障碍时要注意对现场现象的观察，如各部件指示灯的状态，同时对 OMT 读出的告警数据进行保存，这样做不仅便于日后的分析，而且当遇到困难时可以让技术支持得到更详细的数据。

另外，故障抢修时必须注意障碍历时，带齐工具和备件，在最短的时间内到达基站，用最短的时间、在最小的影响范围内来解决故障。保持稳定的情绪、冷静思考。如遇到自己不能解决的及时寻求支援，电话中把问题、现象、处理过程描述清楚，注意条理，只有把最急于解决的事情说清，才能得到有效的帮助。如果出现与本专业无关的现象，应该立即向有关部门及监控中心、通信工程师汇报，以保证在短时间让其他专业人员到达现场。故障排除后将处理结果反馈到监控中心，并及时做好记录。

（7）故障处理时限。

各类别故障如图 7.1 所示，需要在要求时间内完成故障处理。

表 7.1　故障处理时限表

故障类别	VIP 基站或重要的容量基站	其他基站
	故障处理时限	故障处理时限
小区退服	1.5 h	3 h
驻波比告警	1.5 h	3 h
载频退服	24 h	24 h
时隙退服	24 h	24 h
通话质量或指标明显恶化	24 h	24 h
基站漏水、渗水、被盗、消防等其他安全问题	24 h	24 h

（8）安全生产管理。

以预防为主，对现存的危险和能预知的危险要及时处理，消除基站各种安全隐患。例如：及时铲除基站周围的杂草，防止火灾。检查交流市电引入，对馈线引入部分防水，避免雨水入户造成设备短路。定期测量基站地阻，检查防雷接地系统以避免雷击事故的发生。另外要做好巡检人员和车辆的安全管理，杜绝各项安全事故的发生。

（9）维护资料管理。

当每天基站巡检和抢修结束后都要做好工作记录，基站内安装、拆除或扩容工程结束时须及时对基站设备进行登记，登记内容包括基站主设备、基站电源设备、基站传输设备、天馈系统、基站环境监控设备等，将所记录的数据编辑成基站数据库，以为日后故障处理和优化做好准备。并将日常巡检记录，开关电源设置数据，接地电阻测试、蓄电池放电测试、天馈普查或调整数据及各项抢修记录等汇总成册并存档，便于以后查询。

（10）工程随工。

基站工程施工人员经通信公司有关部门批准后方可进入基站，代维人员在工程随工过程中要对基站整改工程中所施工的部分要重点检查并做好相关主记录，对施工中不涉及的部分杜绝施工人员乱动，当工程需要停站时要向甲方单位建设部和监控中心提出申请，当工程结束时督促施工人员清理现场，保持卫生并保证基站运行良好。施工完毕后对设备进行登记，人员撤离后锁好门窗并通知机房，填写随工记录单。

7.3　动力及环境监控系统

7.3.1　动力及环境监控系统概述

动力及环境监控系统是采用数据采集技术、计算机技术和网络技术以有效提高通信电源系统、机房空调系统及环境维护质量的先进手段。动力及环境监控系统是对分布的各个独立的动力设备和机房环境监控对象进行遥测、遥信等采集，实时监视系统和设备的运行状态，记录和处理相关数据，及时侦测故障，并作必要的遥控操作，适时通知人员处理；实现基站的少人无人值守，以及电源、空调的集中监控维护管理，提高供电系统的可靠性和通信设备的安全性。

将新建基站纳入动环监控系统中可以保证基站机房内主设备正常、安全运行，降低主设备故障率，方便维护人员及时发现空调散热片因粉尘堆积产生低压停机，又或市电异常导致空调关闭使机房升温、蓄电池长时放电致使其损毁，以及机房内设备被盗等情况，避免其成为影响网络正常运行的主要原因。通过动环监控系统，可以使维护人员及时解决基站及机房动力、环境等配套设备的故障，保证主设备正常、安全运行，降低主设备故障率。

7.3.2　动力及环境监控系统结构介绍

监控系统采用逐级汇接的结构，一般由监控中心、监控站、监控单元和监控模块构成，如图 7.1 所示。

SC（Supervision Center）即监控中心——本地网或者同等管理级别的网络管理中心。监控中心为适应集中监控、集中维护和集中管理的要求而设置。

SS（Supervision Station）即监控站——区域管理维护单位。监控站是为满足县、区级的管理要求而设置的，负责辖区内各监控单元的管理。其中 SC、SS 属于管理层。

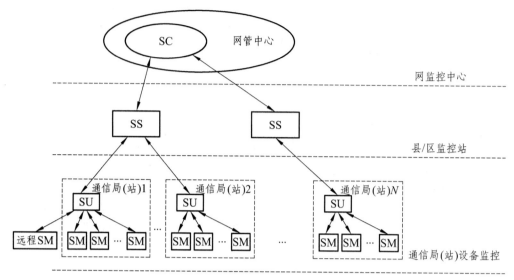

图 7.1   动力及环境监控系统的结构

SU（Supervision Unit）即监控单元——监控系统中最基本的通信局（站）。监控单元一般完成一个物理位置相对独立的通信局（站）内所有的监控模块的管理工作，个别情况可兼管其他小局（站）的设备。

SM（Supervision Module）即监控模块——完成特定设备管理功能，并提供相应监控信息的设备。监控模块面向具体的被监控对象，完成数据采集和必要的控制功能。一般按照被监控系统的类型有不同的监控模块，在一个监控系统中往往有多个监控模块，例如 IDA、OCI-6、OCE。

1. 动力及环境监控系统主要技术

（1）干接点技术。基站现场监控单元只将监控的开关量告警信息通过接入基站设备的告警通道，上传至无线网管 OMC 平台，通过无线网管展现基站动环告警信息。

该技术优点是不占基站传输资源，成本低；缺点是没有专有的监控平台，不能进行遥控，能随时监测基站开关电源、空调等运行参数，但不能提供故障诊断和处理所需的相关数据，因此可靠性低，误告警多，不能反映模拟量监控信息。

（2）模拟量技术。基站动环监控功能强，可靠性高，可随时监测基站开关电源、空调、环境量等运行参数；监控数据可为基站电源维护、机房环境管理、故障分析、障碍处理提供基础信息。

（3）底端解析技术。基站现场监控单元将基站开关电源、空调等设备监控到的信息进行预处理和解析，解析成监控设备厂家的通信协议，上传监控信息至区域监控中心；基站现场监控单元可存储监控信息，即基站现场监控单元与区域监控中心传输中断后告警信息仍可保存，待传输恢复后，还可将监控信息上传到区域监控中心。但目前监控厂家之间通信协议的兼容性差，不同厂家基站现场监控单元设备与区域监控中心设备通信协议难实现。

（4）中心解析技术。基站现场监控单元对基站所监控设备的数据不做任何处理，直接透传至区域监控中心，由区域监控中心前置机统一进行通信协议的解析，区域监控中心集中处理大量数据；基站现场监控单元不具存储监控信息的功能，即基站现场监控单元与区域监控中心传输中断后告警信息会丢失。但目前监控厂家之间的兼容性较好，不同厂家基站现场监控单元设备与区域监控中心设备通信容易实现。

2. 监控系统功能

动力环境集中监控系统主要实现以下功能。

（1）数据采集和控制。

数据采集是监控系统最基本的功能要求，必须精确和迅速；对设备的控制是为实现维护要求而立即改变系统运行状态的有效手段，必须可靠。对各种被监控设备（开关电源、空调、蓄电池、柴油发电机组、消防设备、摄像设备）进行集中操作维护，为实现机房少人无人值守创造条件。通过对设备的集中维护，缩短故障排除时间，提高设备利用率。数据采集和控制功能可以总结为"三遥"功能，即遥测——远距离数据测量；遥信——远距离信号收集；遥控——远距离设备控制。

（2）设备运行和维护。

设备运行和维护是基于数据采集和设备控制之上的系统核心功能，能完成日常的告警处理、控制操作和规定的数据记录等。

（3）维护管理。

管理功能应实现以下四组管理功能。

① 配置管理。配置管理提供收集、鉴别、控制来自下层数据和将数据提供给上级的一组功能，包括局向数据的增加、删除、修改等，现场监控量的一般配置、告警门限配置等。

② 故障管理。故障管理提供对被监控对象运行情况异常进行检测、报告和校正的一组功能。及时发现紧急事件，防止因设备原因造成通信中断、机房失火等重大事件的发生。提供告警等级管理，通过告警信号的人机界面进行告警确认、告警门限设置和告警屏蔽等。

③ 性能管理。性能管理提供对监控对象的状态以及网络的有效性评估和报告的一组功能。例如提供设备主要运行数据及参数；停电、油机及时供电情况；设备故障、告警统计；监控系统可用性分析等。

④ 安全管理。安全管理提供保证运行中的监控系统安全的一组功能。

7.3.3　监控站（SS）和监控中心（SC）

1. 监控站（SS）的职能

人员权限分为一般用户、系统操作员、系统管理员。

（1）实时监控。

① 实时监视各通信局（站）动力设备和机房环境的工作状态，接收故障告警信息。

② 可以查询监控单元（SU）采集的各种监测数据和告警信息。

（2）告警管理。

① 设定告警等级、用户权限。

② 设定各个监测量性能门限。

③ 具有告警过滤能力。

（3）运行管理。

①具有统计功能，能生成各种统计报表及曲线图。

②具有数据存储功能，告警数据、操作数据和监测数据应至少保存半年时间。

（4）监控系统自身管理。

①能同时监视辖区内 SU 的工作状态并与 SC 保持通信，可透过监控单元（SU）对监控模块（SM）下达监测和控制命令。

②接收监控中心定时下发的时钟校准命令。

③将所收到的全部告警信息转送到监控中心。

2. 监控中心（SC）的职能

（1）实时监控。

①实时监视各通信局站动力设备和环境的工作状态和运行参数，接收故障告警信息。

②根据需要查询监控站（SS）和监控单元（SU）采集的各种监测数据和告警信息。

③实时监视各监控站（SS）的工作状态。

④可透过监控站（SS）对监控单元（SU）下达监测和控制命令。

（2）告警管理。

设定告警等级、用户权限。

（3）运行管理。

①具有统计功能，能生成各类统计报表及曲线图。

②具有文件存档和数据库管理功能。

（4）监控系统自身管理。

①在接管监控站（SS）的控制权后，对于告警信息的处理与监控站（SS）相同，也就是具有告警过滤能力。

②具有实时向上一级监控中心转发紧急告警信息和接受上一级监控中心所要求的监测数据信息的能力。

③向监控站定时下发时钟校准命令。

随着集中维护管理模式的发展，非大型本地网动力及环境监控系统的 SS 级功能呈现弱化趋势，SS 级的监控终端逐渐成为 SC 级的远程终端，其功能主要集中在区域设备监控上。

本章小结

由于基站成蜂窝状分布，相隔比较远，而且大多是无人值守，因此容易受到外界自然环境和自然环境的影响。如果设备不经常检查维护，会加速设备的自然老化，缩短其使用寿命；或者因为自然原因或者其他不可抗力因素影响会导致设备损坏，这些情况都会干扰正常通信，严重时候会引起通信网络系统服务质量恶化，业务量降低甚至出现突发事件。这样就会给社会的正常生产、生活带来不利影响，同时会给国民经济发展带来极其严重的危害。因此如何防止故障的发生，或者是故障发生后如何能及时查清故障原因，尽早恢复通信就成为通信系统运营维护的主要工作。随着运营商对移动基站维护工作调整，移动基站维护基本分为：日常维护与管理、基站主设备维护、基站配套设备维护。作为维护人员，从事基站维护工作也需要掌握基站的监控和管理系统，因此本章介绍了基站维护的三个方面和一个系统。

习　题

1. 简述移动通信基站的故障类型以及常见基站故障的处理时限。
2. 请简述基站日常巡检的项目以及机房安全监察的范围。
3. 简述动力及环境监控管理系统的结构。
4. 动力及环境监控系统运用了哪些主要技术？
5. 在动力及环境监控管理系统中，监控中心的职能是什么？

实训五　基站运行维护

1. 实训目的

移动通信基站的建设是我国移动通信运营商投资的重要部分，移动通信基站的建设一般都是围绕覆盖面、通话质量、投资效益、建设难易、维护方便等要素进行。随着移动通信网络业务向数据化、分组化方向发展，移动通信基站的发展趋势也必然是宽带化、大覆盖面建设及 IP 化。移动通信系统中的基站主要负责与无线有关的各种功能，为 MS（移动台）提供接入系统的 UM 接口，直接与 MS 通过无线相连接，因此系统中基站发生故障对整个移动网的影响是很大的。引起基站故障的原因很多，这次实训的目的就是让大家通过实际操作来掌握基站故障原因以及解决办法。

2. 实训内容

（1）日常巡检。

每一个月的基站巡检工作能够及时了解设备的运行情况，对存在安全隐患的设备能够及时进行处理，具体的检查范围包括基站主设备、基站交流配电设备、开关电源、基站蓄电池、基站空调、基站动力环境监控设备、基站传输设备、基站天馈线系统、基站机房安全设施。检查项目包括工作电压、工作电流、有无告警、运转情况、设备连线情况、环境卫生，以及基站所存在的各种安全隐患。

① 基站主设备。检查各模块的指示灯是否正常，对有告警的用 OMT 软件查出并及时处理，各模块之间的连线机柜顶部馈线传输线接地线是否连接紧固，测量机柜系统电压是否在正常范围值内，更换防尘网，对设备进行清理。

② 基站交直流配电设备。基站交直流配电系统为整个基站提供电能，如果交直流系统出现故障将导致整个基站退服。日常巡检时主要测量动力引入三相交流电压、开关电源三相相线电流、中性线电流、直流输出电压、直流输出电流等；导线、熔断有无过热现象、开关电源有无告警、一次下电及二次下电电压、蓄电池组参数是否正确等；零线地线连接是否正确，接地线可靠，地阻小于 5 Ω，交流配电箱空气开关及电缆连接良好，不存在安全隐患；交流配电箱内防雷器无损坏，防雷空开合上，浮充电压和负载电流正常，交流配电屏指示灯、告警信号正常；交流电压供电回路的接点、空气开关、熔丝、闸刀等有无温度过高现象；变压器是否有漏油现象，跌落式开关是否良好。

③基站蓄电池。基站蓄电池主要是在市电中断的情况下能短时期为基站主设备提供电能。如果蓄电池性能减退时不能为主设备提供足够的电能，在发电不及时的情况下将直接导致退服，因此在日常巡检时主要测量蓄电池组的单体电压、馈电母线电流、软连线压降、连接体处有无松动腐蚀现象、电池壳体无渗漏和变形极柱、安全阀周围无酸雾酸液逸出、定期紧固电池连接条、清理灰尘，并做电池容量测试，掌握蓄电池的健康情况。

④基站空调。基站主设备和蓄电池对环境温度要求都很高，温度过高或过低都直接导致基站退服，而且高温对蓄电池的使用寿命也有致命的影响。根据维护经验，基站因空调故障而导致的退服占退服总数的 25%，所以应对基站空调的维护给予重视。日常巡检时主要测量工作电压、工作电流、制冷剂有无泄露、清理防尘网、检查冷凝器、定时清洗冷凝器、排水管通畅、无漏水现象以及自启动是否正常等。

⑤基站动力环境监控设备。监控设备负责采集基站设备的电流、电压、温度、烟感、水浸等信息量，及时反馈给监控，做到早发现早处理。日常巡检时重点检查各传感器是否正常，可以人为产生告警，检查告警能否正常上传，并与机房校对数据。

⑥基站传输设备。传输设备也是重点检查项目之一，日常巡检检查设备有无告警，如果有告警，则要各机房进行确认，并及时进行处理。清理设备防尘网、光缆、传输线、光纤、接地线走线整齐、捆绑有序、标签完好和有效、防静电手环可用等。

⑦基站天馈线系统。检测天线馈线是否无松动、接地是否良好、标签有无脱落、分集接收和驻波比是否在正常数值范围内，对超出范围值的天馈系统要进行及时处理。

⑧基站机房安全设施。基站周围无杂草、易燃物、楼面/墙体无开裂、门窗无破损、钥匙可用、防盗设施完整可用、基站地面无渗漏、塌陷、地漏或空调排水顺畅、洞孔封堵严密、照明、灭火设备可用。对地网设施被损、线缆布线凌乱、接头松动、电源线过载发热、标志标签不全或脱落的进行整改。

以上的各项测量数据要认真做好相应的记录，并编辑成数据库，可定期地进行分析，及时侦测故障，做到防患于未然。

（2）基站故障处理。

一般的基站故障可分为以下几类：基站硬件故障、基站软件故障、交流引入故障（短路、断路、更换开关及熔丝、更改室内外走线、停电后恢复供电等）、直流故障（更换开关、熔丝，更换整流模块，更换监控模块，修改开关电源参数等）、蓄电池故障、空调故障、基站传输排故障、基站动力环境监控设备故障。

①当基站出现断站故障时应首先考虑电源、传输及温度问题。通过监控查看基站交流、直流供电电压，可初步判断断站原因。电源部分问题主要有以下几方面：①交流电压无。首先应与当地电业部门、电工确认是否停电，若未停，判断电表是否欠费（磁卡或电子计费类电表）；其次，可能是自用变压器或市电引入部分及交流配电部分有问题，应携带发电机进行发电，并联系电工配合处理；若是打雷导致交流空开跳闸或防雷模块损坏，到基站闭合开关，更换模块，并测试基站地阻值，正常单站地阻值应小于 5 Ω。②交流电压正常，直流电压低。一般为开关电源整流模块部分问题，携带相应型号备件到基站进行更换。

②当传输中断引起断站时则要仔细分析传输中断原因。导致传输中断的主要原因有三方面：供电、光路、电路。检查传输障碍时，要做到谨慎、细致、保持清醒的头脑、仔细观察、不要轻易动手。传输问题并不仅仅影响一个基站。看好并确认标签，不要动与本次障碍无关

的设备和线路，轻拿轻放，光纤非常脆弱，不要弯折，开启综合柜门时，不要用力撞击，防止振动导致其他线路连接松动，将障碍扩大。现在用的传输不论是光路还是电路都使用收、发两条传输线。通常可用光功率计对光纤进行受光功率测试，这样可立刻判断出是光路问题还是电路问题。在排除供电原因后，再根据传输拓扑结构，看是单个基站传输中断还是相关联的基站传输都断，若是单个基站中断，则检查本站及上端站传输设备的工作状态；若是相关联的多个基站传输中断，则一般为光缆问题或两端节点站问题。请传输机房值班人员配合在传输网管上查看光端机是否有光 R-LOSS 告警，有告警并且当地或上端站未停电，一般为光缆故障。排除光路问题后，检查电路即我们平时说的 2M。首先在 DDF 架对交换侧进行环回，即用终端塞对光端机出来的 2M 信号分别进行环、断，询问机房传输状态。若正常，说明故障点在基站侧；若原来的状态未改变，说明故障点不在本基站侧，可能是传输机房跳线或电路状态被改变所导致。基站内问题可以逐段排查。

③ 温度异常导致断站通常都是由机房空调故障引起的。当环境温度超出安全范围（0～55℃）时，设备板卡将会出现异常，一般在监控机柜下方有一个温度传感器，当局部温度超出安全范围，设备自动保护，造成 BTS 或光端机退服。冬季的应急措施是先用电吹风对传感器加热，对基站设备进行复位，恢复基站运行，再采取升温和保温措施，出入时关严门，避免冷风直接吹到机柜。夏季开门通风降温，尽快修复空调故障问题。

④ 基站告警。与 BSC 联系确定告警类别及告警代码。根据告警代码分析障碍原因。出发前需要根据告警来准备相应的备件和工具，避免由于没有备件而导致障碍处理超时。经常遇到的告警主要有分集接收或驻波比告警、RU 硬件故障、IDB 数据库问题、温度超出安全范围（0～55℃）[正常范围 5～45℃]。

⑤ 分集接收或驻波比告警。对分集接收和驻波比告警的处理方法基本一样，唯一不同的是分集接收是接收路径上发生的问题，驻波比是发射路径上发生的问题。分集接收丢失告警可能是 TRU、CDU、CDU 至 TRU 的射频连线或天馈线故障引起的。现网运行的基站天馈线接错的可能性不大，用 OMT 读取告警，使用 Site Master 进行测量，可以检查 CDU 前 1/2 馈线至天线段是否有问题。当驻波比值大于 1.4，通过故障定位查出故障点，再根据距离判断故障点，一般小于 6 m 时是室内接头问题，主要检查柜顶接头和室内尾纤与 7/8 馈线接头、CDU至 TRU 的射频连线主要检查接口是否松动、连接是否正确。对 TRU 或 DXU 复位后，分集接收告警会消失，这并不表示故障解决了，半小时或一两天后还会出现。分集接收告警是当告警计数器达到门限值后才提示，因此必须要找到原因并彻底解决。

⑥ 有很多故障并非基站硬件故障，而是因为 BSC 的参数设置不对。如果参数设置错误，发射机也将无法工作，因此基站维护人员一定要掌握必要的 BSC 知识，这样对故障的判断才能迅速、准确。基站内出现的告警可能会各种各样，掌握了基础知识，处理起来就避免了盲目性。障碍处理的能力是随着经验的积累而逐渐增长的，处理障碍时要注意对现场现象的观察，如各部件指示灯的状态，同时对 OMT 读出的告警数据进行保存，这样做不仅便于日后的分析，而且遇到困难时还可以让技术支持得到更详细的数据。

另外，故障抢修时必须注意障碍历时，带齐工具和备件，在最短的时间内到达基站，用最短的时间、在最小的影响范围内来解决故障。保持稳定的情绪、冷静思考。如遇到自己不能解决的及时寻求支援，电话中把问题、现象、处理过程描述清楚，注意条理，只有把最急于解决的事情说清，才能得到有效的帮助。如果出现与本专业无关的现象，应该立即向有关部门及监控中心、通信工程师汇报，以保证在短时间让其他专业人员到达现场。故障排除后将处理结果反馈到监控中心，并及时做好记录。

（3）安全管理。

以预防为主，对现存的危险和能预知的危险要及时处理，消除基站各种安全隐患。例如：及时铲除基站周围的杂草，防止火灾。检查交流市电引入，对馈线引入部分防水，避免雨水入户造成设备短路。定期测量基站地阻，检查防雷接地系统以避免雷击事故的发生。另外要做好巡检人员和车辆的安全管理，杜绝各项安全事故的发生。

（4）资料管理。

当每天基站巡检和抢修结束后都要做好工作记录，基站内安装、拆除或扩容工程结束时须及时对基站设备进行登记，登记内容包括：基站主设备、基站电源设备、基站传输设备、天馈系统、基站环境监控设备等，将所记录的数据编辑成基站数据库，以为日后故障处理和优化做好准备。并将日常巡检记录，开关电源设置数据，接地电阻测试、蓄电池放电测试、天馈普查或调整数据及各项抢修记录等汇总成册并存档，便于以后查询。

（5）每人写一份基站维护总结。

第 8 章　TD-SCDMA 仿真系统实训

8.1　实训目的及要求

（1）掌握 TD-SCDMA 的基本原理；

（2）熟悉 RNC、Node B 设备结构；

（3）掌握 TD-SCDMA 仿真系统配置、故障排查的方法。

8.2　实训内容

（1）TD-SCDMA 的基本原理；

（2）RNC、Node B 设备介绍；

（3）TD-SCDMA 仿真系统配置。

8.3　实训仪器

计算机（1 台）、中兴 TD-SCDMA 仿真软件（1 套）。

8.4　实训步骤

8.4.1　启动 TD–SCDMA 仿真教学软件

点击"TD-SCDMA 仿真教学软件"进入主页，菜单上有虚拟机房和虚拟后台。在虚拟机房可以查看 RNC、BBU、RRU 以及天线的配置。

在虚拟后台可以进行数据配置。数据配置时先启动服务器，然后启动客户端，进入数据配置界面。在视图的配置管理界面的 UTRAN 资源树的 OMC 下创建 UTRAN 子网。

8.4.2　数据配置

下面以 S3/3/3（即三个扇区，每个扇区分配三个载波）为例进行数据配置。

1. RNC 数据配置

（1）创建子网：视图——配置管理——OMC——创建 TD UTRAN 子网。

子网标识：1

（2）创建 TD RNC 管理网元：TD UTRAN——创建——TD RNC 管理网元。

用户标识：TD RNC 管理网元   RNC 标识：1

操作维护单板 IP 地址：129.0.31.1

（3）创建 RNC 全局资源：配置集——创建——RNC 全局资源。

用户标识：RNC 全局资源   移动国家码：460

移动网络码：07   本局 24 位信令点编码：14.31.11

ATM 地址编码方式：NSAP   ATM 地址：全 0

（4）创建机架：设备配置——创建——快速创建机架——小容量机架——标准机架 1

（5）对机架 1 各单板（GIPI、ROMB、APBE）的配置。

① GIPI——修改——接口信息。

端口号：1   IP 个数：2

IP：139.1.100.100/139.1.100.102

接口掩码：255.255.255.0   广播：255.255.255.255

② ROMB——修改——接口信息。

端口号：1   IP 个数：1

IP：136.1.1.1

接口掩码：255.255.255.255   广播：255.255.255.255

③ APBE——修改——接口信息。

端口号：3   IP 个数：2

IP：20.2.33.3/20.2.33.4

接口掩码：255.255.255.0   广播：255.255.255.255

端口号：1   IP 个数：1

IP：20.2.34.3

接口掩码：255.255.255.0   广播：255.255.255.255

（6）统一分配 IPUDP IP 地址：设备配置——统一修改 IPUDP IP 地址。

RPU 接口 IP：136.1.1.1

需要配置的单板：1/1/14   1/1/16   1/1/17

（7）ATM 通信端口配置：局向配置——创建——ATM 通信端口配置。

通信端口：4、6——添加（1/1/6）

（8）Iu-CS AAL2 路径组配置：局向配置——路径组配置。

用户标识：路径组配置

（9）Iu-CS 局向配置：局向配置——Iu-CS 局向配置。

用户标识：Iu-CS 局向配置

ATM 地址编码：NSAP   ATM 地址编码计划：前三位改为 1

MGW 信令点编码：14.29.5   MSC-SERVER 信令点编码：14.27.5

传输路径信息：路径组编号：1

AAL2 通道信息：

AAL2 通道编号：1   管理该通道的 SMP 模块号：11   VPI/VCI：2/41

宽带信令信息：管理该链路放入 SMP 模块号：11

（10）Iu-PS 局向配置：局向配置——Iu PS 局向配置。

用户标识：Iu-PS 局向配置　　　　　　ATM 地址编码：NSAP

24 位信令点编码：14.26.5

IPOA 消息：目的 IP 地址：20.2.33.3　　　　　源 IP 地址：20.2.33.4

地址掩码：255.255.255.0　　　IPOA 对端通信端口：6　　VPI/VCI：1/50

宽带信令链路消息：信令链路组内编号：1　　　　SMP 模块号：11

通信端口号：6　　　　　　　　　　　VPI/VCI：1/46

（11）Iub 局向配置：局向配置——快速创建 Iub。

站型：S3/3/3　　　　　Node B 数量：1　　　E1 数量：5

（12）创建服务小区：Node B——创建——服务小区。

用户标识：服务小区 1、2、3　　　　小区标识：10、11、12

本地小区标识：10、11、12　　　Node B 内小区标识：0、1、2

小区参数标识：0、1、2　　　　　位置区码：7

服务区码：10　　　　　　　　　路由区码：2

载频、时隙和功率配置：　频点：2010.8、2012.4、2014

2. 手工开动 Node B

（1）创建 Node B：TD UTRAN——创建——B328 管理网元。

Node B 号：1　　　　　　　　用户标识：B328

提供商：ZTE　　　　　　　　　模块一 IP 地址：140.13.0.1

（2）创建模块：B328——配置集——模块。

用户标识：模块　　　　　　　　ATM 地址：第二十位：1

Iub 接口联机介质属性：E1 同轴电缆

（3）配置机架、机框、单板：设备配置——创建——机架：B328 机架。

将第二机框内除三块 TBPA、一块 TORN、一块 IIA、一块 BCCS 单板之外板子删除。

（4）IIA——E1 线维护。

E1 线维护端口号：0、1、2、3、4　　　　无复帧

（5）TORN——单板光纤维护。

光口编号：0、1、2、3、4、5　　　光纤编号：0、1、2、3、4、5

（6）TORN——射频资源配置。

光纤编号：0、1、2、3、4、5　　　射频资源号：0、1、2、3、4、5（或者是配置三根光纤，每根光纤带两个 R04）

（7）配置承载链路：ATM 传输——承载链路。

连接标识：1111100

（8）配置传输链路。

AAL2：链路标识：1、2、3　　　AAL2 链路标识：1、2、3

VPI/VCI：1/150、1/151、1/152

AAL5：AAL5 链路标识：64501、64502、64503

VPI/VCI：1/46、1/50、1/40

AAL5 类型：控制端口 NCP、通信端口 CCP、承载 ALCAP

CCP 链路号：0、1、1

（9）配置无线模块：无线参数——物理站点。

用户标识：物理站点　　　　　站点号：1　　　　　类型：S3/3/3

（10）配置扇区：物理站点——创建——扇区。

扇区号：1、2、3　　　　　　　　　天线个数：8 天线

天线类型：线阵智能天线　　　　　天线朝向：0、120、240

射频资源：0　1、　　　2　3、　　　4　5

扇区属性参数：手工功率校准　　　　所有通道不正常才不工作

（11）配置本地小区：扇区——创建——本地小区（注：每个本地小区内要有 3 个载波）。

本地小区号：10、11、12

8.4.3　数据配置检查

在数据配置完毕后，进行数据配置检查。右击 RNC 管理网元，选择配置数据管理，再选择整表同步，可以检查 RNC 数据配置的合法性；然后右击 B328，选择整表同步，可以检查 B328 数据配置的合法性；如两者的合法性均通过，选择视图的动态数据管理，进行小区建立查询、AAL2 通道建立查询、7 号信令链路建立查询、局向建立查询。如果查询没有问题，可以返回主页，进入虚拟电话进行拨打测试。如果查询有问题，可以根据相应提示，进行故障排查。

配置完成后若要存盘，可左击数据管理，选择数据备份，选择备份的网元 OMC，然后在备份文件前缀栏中输入文件名，然后点击"确定"即可。

若数据配置完毕，想重新开始初始化界面，可左击数据管理选择数据恢复，选择文件名为 init.ztd 的文件，在选择备份的网元 OMC，然后点击确定即可。

8.4.4　S3/3/3 与 S1/1/1、03、01 在数据配置上的不同之处

S1/1/1：配置三个扇区，每个扇区只分配一个载波。

03：在配置过程中，小区与扇区的个数为 1，但载波的个数仍为 3；天线类型由线阵智能天线改为圆阵智能天线，没有方位角。

01：在配置过程中，小区与扇区的个数为 1，载波的个数为 1；天线类型由线阵智能天线改为圆阵智能天线，没有方位角。

8.4.5　故障排查

导入包含有故障的配置文件，根据故障提示进行故障排查，要求故障处理完毕后应能打通电话。

8.5　上机实训操作

TD 开局实作试题（操作）。

注意:

根据所给的数据参数来配置业务。在开始数据配置前 清空后台数据。时间: 45 分钟。

要求:

机房内新建一个为 TD 子网(电讯 RNC1),创建 RNC 管理网元(本人姓名),且在该 RNC1 下管理着 1 个 Node B,该 Node B 为 B328 设备,B328 管理网元(学院),站点名称(1 号教学楼)、站点编号为 1,该站点采用 5 条 2M 的 E1 传输,站型为 S(/3/3/3)、频点分别为: 2011,2012.6,2014.2。天线朝向为 55°、135°、270°,本地小区标识为(31、32、33)、位置区码均为 7,各小区均采用 8 天线线阵智能天线。请在 B328 设备上做出满足需求的最小配置!

请在 OMC 仿真软件上做出上述新建配置,其中 RNC 对接参数按仿真软件给出的使用,其余参数按题目要求使用。

数据做完后做拨打测试,能上网,能打电话。

第 9 章　LTE 简介

9.1　3GPP LTE 简介

目前，基于 WCDMA 无线接入技术的 3G 移动通信技术已逐渐成熟，在世界范围内正被广泛应用。为了进一步发展 3G 技术，3GPP 首先引入 HSDPA 和增强型上行链路这两种具有很强竞争力的 3G 增强技术。遗憾的是，虽然这些技术能够大幅度地提高上下行速率，但是是以牺牲小区吞吐率为代价的，而且由于成本过高，因此难以大规模应用。

为了实现降低成本和提高性能的目标，3GPP 在众多国内外大型运营商的提倡下于 2004 年将 UTRAN 的长期演进（LTE Long Term Evolution）计划正式批准立项。

3GPP 长期演进（LTE）项目是关于 UTRA 和 UTRAN 改进的项目，是对包括核心网在内的全网的技术演进。其话音业务部分将由 VoIP 来实现。LTE 主要由两部分组成，即无线接口和无线网络结构。与以前相比，只有分组域，而没有电路域。LTE 是 3GPP 启动的最大的新技术研发项目。

9.1.1　LTE 的目标

LTE 的目标有以下几点：

（1）实现比现有技术更高的数据速率。在 20 MHz 带宽下，若 UE 下行采用 2 天线发射，UE 上行采用 1 天线发射，则上行峰值速率应达到 50 Mbit/s，下行峰值速率应达到 100 Mbit/s，频谱利用率比 R6 版本提高了 2 ~ 4 倍。在全小区范围内，数据速率应保持一致性；在边缘区域，速率不能有明显下跌。

（2）提供比 R6 版本高 3 ~ 4 倍的小区容量，小区边缘容量比 R6 版本高 2 ~ 3 倍。

（3）显著降低用户平面和控制平面的时延。用户平面内部单向传输时延应低于 10 ms，控制平面从睡眠状态到激活状态的迁移时间应低于 100 ms，从驻留状态到激活状态的迁移时间应小于 100 ms。

（4）显著降低用户和运营商的成本。

另外 LTE 要求在满足以上目标时尽可能平滑地实现技术进步，因此要求新的无线接入技术必须与现有的 3G 无线接入技术并存，并且能与现有无线网络以及其替代版本兼容。

9.1.2　LTE 的技术优势

3GPP LTE 制定的无线接口和无线接入网架构演进技术主要包括如下内容：

（1）明显增加峰值数据速率。如在 20 MHz 带宽上达到 100 Mbit/s 的下行传输速率

（5 bit/s/Hz）、50 Mbit/s 的上行传输速率（2.5 bit/s/Hz）。

（2）在保持目前基站位置不变的情况下增加小区边界比特速率。如 MBMS（多媒体广播和组播业务）在小区边界可提供 1bit/s/Hz 的数据速率。

（3）明显提高频谱效率。如 2 ~ 4 倍的 R6 频谱效率。

（4）无线接入网（UE 到 E-Node B 用户面）延迟时间低于 10ms。

（5）明显降低控制面等待时间，低于 100 ms。

（6）带宽等级为：

① 5、10、20 MHz 和可能取的 15 MHz；

② 1.25、1.6 和 2.5 MHz，以适应窄带频谱的分配。

（7）支持与已有的 3G 系统和非 3GPP 规范系统的协同运作。

（8）支持进一步增强的 MBMS。

上述演进目标涉及系统能力和系统性能，是 LTE 研究中最重要的部分，也是 E-UTRA 和 E-UTRAN 保持最强竞争力的根本。

9.1.3　LTE 基本特征

2G、3G 已经提供了很好的语音网络，LTE 的任务就是在 2G/3G 网络之上叠加一个"宽带数据接入"网络。而由前面所讲 LTE 的设计目标是支持 1.4MHz ~ 20MHz 带宽；峰值数据率：上行>50Mb/s，下行>100Mb/s；频谱效率达到 HSDPA/HSUPA 的 2 ~ 4 倍；提高小区边缘的比特率；用户面延迟（单向）小于 5ms，控制面延迟小于 100ms；降低建网成本，实现从 3G 的低成本演进；追求后向兼容，但应该仔细考虑性能改进和向后兼容之间的平衡；取消 CS（电路交换）域，CS 域业务在 PS（包交换）域实现，如采用 VoIP；对低速移动优化系统，同时支持高速移动。

LTE 的技术创新中有频分多址系统和 MIMO 技术。下行 OFDM 中，用户在一定时间内独享一段"干净"的带宽；上行采用 SC-FDMA，具有单载波特性的改进 OFDM 系统（低峰平比）。下行 MIMO，利用发射分集改善覆盖（大间距天线阵），利用空间复用提高峰值速率和系统容量，利用波束赋形改善覆盖（小间距天线阵），利用空间多址提高用户容量和系统容量；上行 MIMO 采用空间多址以提高用户容量和系统容量。

LTE 所依赖的核心技术中，OFDMA/SC-FDMA 具有简洁的宽带扩展能力，能获得高峰值速率的"正交传输"，同时也是 MIMO 技术的"最佳搭档"。MIMO 是 LTE 高频谱效率的主要来源。

9.2　3GPP 至 LTE 演进的关键技术

LTE 将对 3G 技术进行了极大的发展和改进，且实现了相当的技术跨越。为此，我们有必要对 LTE 计划及其进展情况投入足够的关注。出于以上考虑，下面将对其中的部分关键技术进行一定讨论，主要包括 LTE 的系统结构、链路层和物理层的技术演进。

9.2.1 系统框架的演进

基于降低成本和系统时延的要求，可以考虑对网络体系结构进行改进，如减少节点数目，将有效减少系统处理时间和系统中的接口数量，从而减少呼叫等待时间，也降低了成本。节点数目的减少使控制平面的协议有了相互融合的可能性，其结果是进一步减少呼叫等待时间。在 R6 版本中，基站为终端提供接入点并控制终端的无线接入，同时负责网络流量的控制与管理；无线网络控制器（RNC）则负责对基站进行整体管理，包括对无线资源、本地移动用户和接入情况进行管理和控制，并对传输情况进行优化；GPRS 服务支持节（SGSN）负责管理分组交换数据流量。SGSN 通过帧中继与 BTS 连接，在基站与 GPRS 网关支持节点（GGSN）之间完成移动分组数据的接收与发送。SGSN 与 GGSN 之间是通过基于 IP 协议的骨干网相连接的。GPRS 网关支持节点（GGSN）负责与核心网的连接。在 R6 网络中，GGSN 接收外网标有本网地址的 IP 包，将其通过 SGSN 传送给基站，同时将通 SGSN 接收到的本网分组处理后发送到外网。因此 GGSN 是本地网与外部分组交换网之间的网关，被称为 GPRS 路由器。LTE 的无线接入网将会被极大简化。首先基站会加入无线管理和路由功能，这样网络的层次将会减少，数据传输时延和呼叫建立时延将会被降低，能够满足实时数据业务要求。基站将会成为一个接入点，而核心网将不仅支持移动接入，而且支持固定接入。未来的核心网将不再分成移动网和固定网，而是只有一个全 IP 网络，其结构不再是垂直的，而是平面的。R6 版本中的 RNC、GGSN、SGSN 节点将被融合为一个新的节点，即核心接入网关（The Access Core GateWay，ACGW）。这个新节点具有 R6 版本中 GGSN、SGSN 节点和 RNC 的功能，这样，网络的移动性、安全性、数据传输的效率都将得到保证，同时能够满足网络平滑升级的需要。终端的控制平面与 R6 版本的无线资源控制子层（RRC）相似，而在用户平面，ACGW 控制诸如压缩报头、加密、自动回复等功能。

R6 版本的网络结构如图 9.1 所示，在 LTE 中的网络结构如图 9.2 所示，可以直观地看出网络结构被极大简化了。简化后的体系结构具有以下优点：

（1）由于节点数量减少，使得用户平面的时延大大减少；

（2）节点数量的减少简化了控制平面从睡眠状态到激活状态的过程，使得迁移时间相应减少；

（3）极大降低了系统复杂性，系统内部相应的交互操作随之减少。

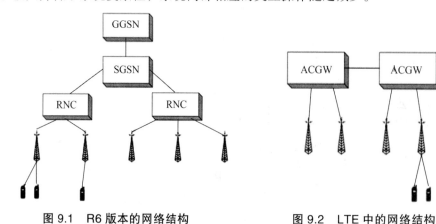

图 9.1 R6 版本的网络结构   图 9.2 LTE 中的网络结构

9.2.2　链路层演进

R6 版本已经可以支持增强型上行链路和 HSDPA，尽管如此，无线接入网（RAN）技术的发展需要进一步对链路层进行改进。一般认为固定长度的无线链路控制（RLC）协议的数据单元（PDU）因为长度不可改变，较小的 PDU 会产生较大数量的包头信息，而较大的 PDU 则会引入大量填充信息，所以灵活程度不够且效率不高。这里将会讨论一种被称为中央数据包（Packet-Central）的链路层改进方案。该方案首先提出两个关于 ARQ 协议的概念。运行于 ACGW 与终端之间的包含 ARQ 功能的 RLC 协议，以及在基站与终端间运行的 MAC 层中的混合 ARQ 协议（HARQ）。RLC 协议位于 HRAQ 协议层之上，而 HARQ 保证了无线资源的高效传输。当发送端向接收端发送了数据包后，将等待应答。按收端如果接收正确时，给发送端发送确认应答（ACK）；接收端如果接收错误时，会给发送端发送否认应答（NACK）；发送端如果在某个设定时间间隔后没有收到应答，则认为发送失败，并立即重新发送。RLC 协议需要一个灵活且安全的目标节点（Anchor Point），以对 hub 接口的拥塞损耗进行处理，而无线接口的传输错误由 HARQ 处理。Packet-Central 方案的关键特征是建立了由数据包到 RLC PDU 的一一映射，使得 PDU 的长度可变，每个 IP 报刚好装入一个 PDU，从而减少了包头信息和填充的无用数据，从而提高了效率。另外，由于每一个 PDU 与 IP 数据报一一对应，使得 IP 数据报对于基站是可见的，于是 MAC 层的调度程序可以将完整的 IP 数据报分解为独立的若干部分。但是本方案存在一个潜在问题：如果 PDU 的长度太大，那么在信号情况不太理想时无法用一个帧来发送，于是基站会要求对 PDU 进行分割。另外，也可以首先将 PDU 编码形成前向纠错（FEC）块，并经速率匹配为 FEC 段，以满足无线资源的要求。如果 PDU 长度太大，将会形成极高的码速，甚至会高于解码速度。于是，结合了加强型冗余 HARQ 后，引入了被称为自治中继的方案，用 PDU 能发送更多数据而不用等待一个 ACK 确认。无线接入网的传输被认为是最有价值的部分。虽然使用了增强型的数据流控制单元，但是依然很难避免拥塞造成的信息包错误。有一个改进的处理方法是把基站当做一个 RLC 的中继节点，向 ACGW 回复 ACK 以要求重发。这就避免了耗时型 ARQ 对空中接口的操作。

9.2.3　物理层和无线资源管理演进

有关 3G LTE 物理层技术的争论主要集中在多址技术、宏分集、小区间干扰和 TDD 等方面。大多数公司主张放弃 3GPP 采用已久的 CDMA 技术，在下行链路中采用 OFDM。OFDM 是一种在多个相互正交的子载波上并行传输数据的方法，在频域把信道分成许多正交子信道，各子信道的载波频谱相互重叠，从而提高了频谱利用率。同时，整个宽带频率选择性信道被分成相对平坦的子信道，每个信道具有很长的符号周期和很窄的带宽，从而使得符号间干扰大大减小了。在多用户条件下，OFDM 系统可以根据不同的用户需求和不同特点的信道灵活地分配子载波，因此 OFDM 能很好地满足不同用户对不同业务的需要。OFDM 使用快速傅里叶变换（FFT）实现调制与解调，在移动高速数据的传输中具有频谱利用率高、抗多径干扰能力强、频率选择性衰落信道下性能不受影响等突出优点，已经成为第四代移动通信系统标准的核心技术之一。而在上行链路，有一种方案是采用动态带宽的单载波 FDMA 技术。上行链路最大的问题是要使终端的有效能量能够覆盖尽可能大的范围，而动态带宽的单载波 FDMA

技术在这个技术指标上有其独到的优势。对于每一个时隙，基站调度程序为每一个发送数据的终端用户分配一个唯一的时频间隔，以保证小区内部各个终端用户发送信号的正交性。时域上的区分可用来区分不同的用户，但是由于终端在传输能量和传输数据总量方面的局限性，频域分配也考虑被应用。单载波 FDMA 技术需要使用大块连续的频域才能确保有效的数据传输，由于终端无法在全频域内发送导频信号，使得上行链路的信号传输条件无法被确定。对于没有远近效应的上行链路，慢速功率控制以及对路径损耗和阴影衰落的补偿已经足够。也有一种考虑是 TDD 系统比较适宜在上下行链路采用相同的传输技术，建议在上行采用带有降 PAPR 措施的 OFDM。相邻小区可以通过频域调度避免小区间干扰，也可以利用不同的扰码或交织序列实现小区间多址，以满足频率复用系数尽可能小的要求。

9.3 LTE 无线传输技术

LTE 在传输技术方面有了很大提高，尤其是在多址技术和多天线技术方面进行了革命性改进。下面就从双工技术、多址技术、MIMO 技术等几个方面来学习无线传输技术。

9.3.1 双工技术

双工技术分为两种：频分双工（Frequency Division Duplex，FDD）和时分双工（Time Division Duplex，TDD）。FDD 指的是上行信号（UE 到基站）和下行信号（基站到 UE）分别在两个频带上发送。TDD 方式中，发送信号和接收信号在相同的频带内，上下行信号在不同的时隙发送。

在 LTE 中，不但要支持 FDD、TDD，还要考虑支持半双工 FDD（Half-duplex FDD，H-FDD）。在 H-FDD 中，基站仍然采用全双工 FDD 方式，终端的发送和接收信号虽然分别在不同的频带上传输，采用成对频谱，但其接收和发送不能同时进行。而在 LTE 中采用 H-FDD 的根本原因是，H-FDD 不像全双工 FDD 那样要求严格的上下行频段保护间隔，所以可以采用一些分散频段；而且 H-FDD 对终端收发双工器的要求比较低；应用 H-FDD 方式可以减小功耗。

9.3.2 宏分集的取舍

分集的基本原理：多个信道（时间、频率或者空间）接收到承载相同信息的多个副本，由于多个信道的传输特性不同，因此信号多个副本的衰落就不会相同。接收机使用多个副本包含的信息能比较正确地恢复出原发送信号。LTE 项目对是否采用宏分集技术进行了研究。

宏分集技术包括上行和下行宏分集两种方式。上行宏分集指的是终端 UE 发送的上行信号被两个或两个以上的基站接收到，并将信号按一定规则进行合并，从而提高信号的性能。下行宏分集指的是下行信号在两个或者两个以上的基站发送，终端 UE 对不同基站来的接收信号进行合并处理。

宏分集技术的取舍决定了系统的网络架构，如果采用宏分集，需要采用 W 的三层网络架构（有 RNC）。在 LTE 中，对于下行信道，如果采用宏分集，就需要在相邻的小区同时为一个 UE 分配相同的频率资源，因此需要消耗两倍的系统资源，而对于支持大宽带数据业务的

LTE，这会造成更大的资源浪费。因此在下行信道中，不采用宏分集。

在 MBMS（多媒体广播多播）中，由于所有基站都广播相同的数据，因此不存在资源重复消耗的问题，所以可以采用宏分集技术。

在 LTE 的上行信道中，采用宏分集技术的讨论集中于系统采用的切换方式。切换方式分为三种：硬切换、软切换和小区间快速切换。真正的宏分集技术是软切换，但是软切换需要有一个"中心节点"，类似于 W 结构中的 RNC，这就与 LTE 要求的扁平化架构不相容。而且 LTE 对用户面和控制面的时延有着苛刻的要求，这要求在 LTE 的上行信道中不可能采用宏分集。

9.3.3　多址技术

1. 下行多址技术

LTE 采用 OFDM 作为下行多址技术方案，并不是说 OFDM 技术比 CDMA 技术先进，而是由于 3GPP 大多数公司的选择。FDMA 与 OFDM 宽带利用率比较如图 9.3 所示。

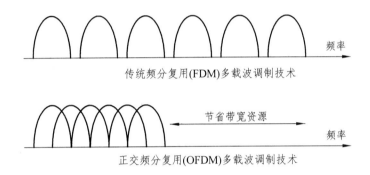

图 9.3　FDMA 与 OFDM 带宽利用率的比较

在传统的 FDMA 多址方式中，将较宽的频带分成若干较窄的子带（子载波），每个用户占用一个或几个频带进行收发信号。但是为了避免各子载波之间的干扰，不得不在相邻的子载波之间保留较大的间隔，这就大大降低了频谱效率。

正交频分复用（Orthogonal Frequency Division Multiplexing，OFDM）将频域划分为多个子信道，各相邻子信道相互重叠，但不同子信道相互正交。OFDM 是多载波调制的一种，将高速的串行数据流分解成若干并行的子数据流同时传输。各个子载波之间完全正交，而且要求同步，所以我们在将时域信号调制到载波之前，在每个 OFDM 信号之前插入一个循环前缀（Cyclic Prefix，CP），CP 的长度要长于主要多径分量的时延扩展。

由于在 OFDM 中子载波可以部分重叠，因此频谱效率高。由于 OFDM 的系统的信号带宽取决于使用的子载波的数量，因此 OFDM 具有很好的带宽扩展性。OFDM 将宽带传输转化为很多子载波上的窄带传输，每个子载波上的信道可以看做水平衰落信道，加上循环前缀 CP 的引入，使得接收机均衡器的复杂度大大降低，所以 OFDM 抗多径衰落方面更有利。

OFDM 可以按两种方式组合信道：集中式（Localized）和分布式（Distributed）。集中式将连续的子载波分配给一个信道，这样既可以在时域调度（CDMA 只能在时域调度），又可以在频域调度，因此能够获得更多的用户增益。但在高速情况下，无法进行频域调度，而分布式将分配给一个子信道的子载波分散到整个带宽，各个子信道的子载波交替排列，从而可以获得与 CDMA 相似的频率分集增益。

OFDM 在不同的频带可以采用不同的调制编码方式以更好地适应信道的频率选择性。而且 OFDM 采用多载波调制更有利于与 MIMO 技术结合。

OFDM 也有一些需要注意的问题，如 PAPR（峰均比）问题。因为 OFDM 是多载波调制，当 N 个具有相同相位的信号叠加在一起时，峰值功率是平均功率的 N 倍，高的峰均比会增加发射机功放的成本和耗电量，这将不利于在上行链路实现，所以要采取一切措施来降低 PAPR。OFDM 调制的另一个主要缺点是受同步的影响较大，由于时间偏移会造成 OFDM 子载波的相位偏移，尤其是在频带边缘的相位偏移最大，如果同步误差和多径扩展造成的时间误差小于 CP，系统就能维持子载波间的正交性。

需要说明的是，OFDMA 是一种多址技术，就和 FDMA，TDMA 一样，而 OFDM 是一种调制方式，OFDMA 采用的调制技术就是 OFDM。

2. 上行多址技术

由于终端 UE 的发射功率有限，因此对上行技术的选择有很大影响。为了降低多载波技术带来的高 PAPR 的影响，在 LTE 中选用单载波 FDMA（SC-FDMA）作为上行多址技术。

在 LTE 研究中，采用了两种衡量标准考察传输技术对上行功率放大器非线性影响，即 PAPR 和 CM（立方度量）。PAPR（峰均比）是传统上比较常用的度量方法，主要表征发送信号的幅度峰值和平均值之间的比。PM 是比 PAPR 更为准确的度量方法，直接表征功放功率的效率降低。PM 与功放输入信号和功放输出信号的三次方成正比，而此三次方项是造成信道失真、三次谐波，从而造成带内干扰和邻道干扰的原因。

单载波（SC）传输技术具有 PAPR/CM 较低的特点。在 LTE 中定义的单载波传输是指其时域信号包络符合单载波特性，从而可以获得较低的 PAPR/CM。但在频域上，仍可通过集中式（Localized）或分布式（Distributed）两种方式实现。Localized 单载波和 Distributed 单载波各有优缺点，但由于在 Localized 方式下，频率误差造成的用户间干扰影响小，因此 LTE 上行采取 Localized 方式。

经过一系列考虑，LTE 最终选择基于频域生成的单载波方法——DFT 扩展 OFDM（DFT-S-OFDM）作为上行 SC-FDMA 传输技术的具体实现方法。原理是在发射机的 IFFT（逆傅里叶变换）处理前对系统进行预扩展处理。其中最典型的就是用离散傅里叶变换进行扩展。将每个用户使用的子载波进行 DFT 处理，由时域转换到频域，然后将各用户的频域信号输入 IFFT 模块，由频域转换到时域，并被发送。经过这样改进，PAPR 就被大大降低了。在接收端进行相反的操作，最后通过 DFT 解扩展恢复用户数据。

9.3.4 MIMO 技术

为了支持 LTE 在高数据率和高系统容量方面的需求，LTE 系统支持多输入多输出（Multiple Input Multiple Output，MIMO）技术。

1. 下行 MIMO 技术

LTE 系统支持下行 MIMO 技术，基本天线配置为 2*2，即 2 天线发送和 2 天线接收，最大支持 4 天线进行下行方向四层传输（这里的天线数目是虚拟的天线数目）。

波束赋形是一种应用于小间距的天线阵列传输技术，主要原理是利用空间信道的强相关性及波的干涉原理产生强方向性的辐射方向图，使辐射主方向的主瓣自适应地指向用户来波方向，如图 9.4 所示。

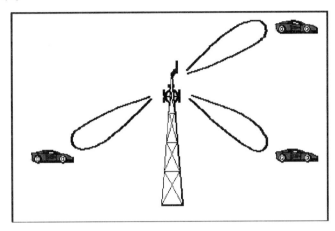

图 9.4　波束赋形

2. 上行 MIMO 技术

LTE 系统支持上行 MIMO 技术，基本天线配置为 1*2，即一根发送天线和两根接收天线，即只考虑存在单一上行传输链的情况。

9.3.5　调制技术

这里首先介绍一下 BPSK、QPSK、16QAM、64QAM 的概念，再理解调制技术就容易了。

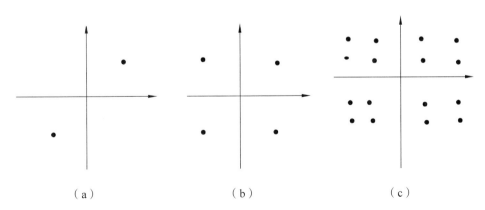

（a）　　　　　　　　　　（b）　　　　　　　　　　（c）

图 9.5　BPSK，QPSK，16QAM 简单星座图

BPSK，二进制频移键控，简单地说就是用 0 和 1 比特来映射星座图中第一象限和第三象限的两个点。例如，1+i，-1+i，如图 9.5（a）所示。这样本来 1 和 0 的码距是 1，但是映射成星座图上的点以后，码距是 $2\sqrt{2}$，码距越大，接收端误判的可能性越小。同理 QPSK 就是用星座图上的四个点分别来映射 00，01，10，11，如图 9.5（b）所示。16QAM 就是用星座图上的 16 个点来分别映射 0000，0001，…，1111，如图 9.5（c）所示。64QAM 就是用星座图上

的 64 个点来映射 000000，000001，……111111。以 64QAM 为例，一个符号位（即星座图上的一个点）可以代表 6 位比特位，因此大大减少码的数量。

9.3.6 小区间干扰抑制技术

现有的蜂窝移动通信系统（如 3G 系统）提供的数据速率在小区中心和小区边缘有很大的差异，不仅影响了整个系统的容量，而且使用户在不同的位置得到的服务质量有很大的波动。新一代宽带无线通信系统都将提高小区边缘性能作为主要的需求指标之一。

OFDM 技术存在严重的小区之间干扰（Inter-Cell Interference，ICI），在 LTE 的早期研究中，提出了小区干扰随机化、小区间干扰消除、小区间干扰协调、回避等方法。

1. 小区干扰随机化

将干扰信号随机化不能降低干扰的能量，但能使干扰的特性近似"白噪声"，从而使终端可以依赖处理增益对干扰进行抑制。可以采用对小区特定的加扰，即对各小区的信号在信道编码和信道交织后采用不同的伪随机码进行加扰，以获得干扰白化效果。或者采用小区特定的交织多址（Interleaved Division Multiple Access，IDMA）对各小区的信号在信道编码后采用不同的交织图案进行信道交织。

2. 小区间干扰消除

对干扰小区的干扰信号进行某种程度的解调甚至解码，然后利用接收机的处理增益从接收信号中消除干扰信号分量。

3. 小区间干扰协调、回避

对下行资源管理设置一定的限制，以协调多个小区的动作，从而避免产生严重的小区间干扰。

本章小结

长期演进（Long Term Evolution，LTE）项目是 3G 的演进，LTE 并非人们普遍误解的 4G 技术，而是 3G 与 4G 技术之间的一个过渡，是 3.9G 的全球标准。它采用 OFDM 和 MIMO 作为其无线网络演进的唯一标准，改进并增强了 3G 的空中接入技术，这种以 OFDM/FDMA 为核心的技术可以被看做"准 4G"技术。本章第简单介绍了 LTE 的目标、技术优势、基本特征。重点阐述了 LTE 采用的双工技术、宏分集技术、多址技术、MIMO 技术、调制技术、小区间干扰抑制技术等无线传输技术。

习　题

1. LTE 的目标是什么？
2. LTE 有哪些技术优势？
3. 相对 3G 来说，LTE 采用了哪些关键技术？

参考文献

[1] 胡国安. 基站建设[M]. 成都：西南交通大学出版社，2011.

[2] 薛玲媛. 移动通信基站建设与维护[M]. 西安：西安电子科技大学出版社，2012.

[3] 魏红，黄慧根. 移动基站设备与维护[M]. 北京：人民邮电出版社，2009.

[4] 张雷霆. 通信电源[M]. 北京：人民邮电出版社，2005.

[5] 韩斌杰，杜新颜，张建斌. GSM 原理及其网络优化[M]. 2 版. 北京：机械工业出版社，2009.

[6] 中兴通讯 NC 教育中心. GSM 移动通信技术原理与应用[M]. 北京：人民邮电出版社，2009.

[7] 中兴通讯股份有限公司.TD-SCDMA 无线系统原理与实现[M]. 北京：人民邮电出版社，2007.

[8] 啜钢. 移动通信原理与系统[M]. 2 版. 北京：北京邮电大学出版社，2009.

[9] 彭木根.TD-SCDMA 移动通信系统[M]. 北京：机械工业出版社，2007.

[10] 华永平. 移动通信原理与设备[M]. 上海：上海交通大学出版社，2003.

[11] 中兴通讯股份有限公司相关设备文档资料.